电网自动化运维专业模块化培训教材

智能配电网运维技术

国网福建省电力有限公司◎编

中国电力出版社
CHINA ELECTRIC POWER PRESS

图书在版编目（CIP）数据

智能配电网运维技术/国网福建省电力有限公司编. —北京：中国电力出版社，2023.11（2025.1重印）
电网自动化运维专业模块化培训教材
ISBN 978-7-5198-8364-5

Ⅰ. ①智… Ⅱ. ①国… Ⅲ. ①智能控制-配电系统-技术培训-教材 Ⅳ. ①TM727

中国国家版本馆 CIP 数据核字（2023）第 232333 号

出版发行：中国电力出版社
地　　址：北京市东城区北京站西街 19 号（邮政编码 100005）
网　　址：http://www.cepp.sgcc.com.cn
责任编辑：薛　红（010-63412346）
责任校对：黄　蓓　李　楠
装帧设计：张俊霞
责任印制：石　雷

印　　刷：中国电力出版社有限公司
版　　次：2023 年 11 月第一版
印　　次：2025 年 1 月北京第二次印刷
开　　本：787 毫米×1092 毫米　16 开本
印　　张：17.5
字　　数：290 千字
定　　价：80.00 元

编写人员名单

主　编　李怡然

副主编　黄秋岑　朱剑峰　郑文玮　陈雪琨

参　编　姚颂青　罗　翔　汪逸帆　张振宇

林孝思　李泽文　林　栋　王珏莹

蔡铭爵　陈青山

前　言

随着世界范围内智能电网热潮的兴起，我国从 2009 年开始开展智能电网的全面建设，其中配电网建设是重要环节之一。十多年以来，配电网架得到全面完善、配电装备水平得到明显提升，随着计算机、通信、互联网等技术快速发展，加之电力企业多年不懈的努力，中国电网水平，特别是配电网建设和管理水平有了质的提升，配电网向着智能化大步迈进。

配电自动化是智能电网的重要组成部分，智能电网的建设，尤其是分布式电源、储能系统、微电网分散接入配电网，以及配电网高可靠性、高效运行的强烈需求，给配电自动化带来了新的挑战和发展契机。配电自动化是以一次网架和设备为基础，以配电自动化系统为核心，综合利用多种通信方式，实现对配电系统的监测与控制，并通过与相关应用系统的信息集成，实现配电系统的科学管理。我国配电自动化建设已由探索、试点阶段逐步走向实用化阶段。随着我国智能电网和能源互联网建设的开展以及近年来电力物联网技术的提出，给配电网装备领域带来了更多新技术与新材料的变革和应用，各类新型传感器在性能、功能上可以满足电力系统多种场景的应用需求，小型化、低功耗、数字化、信息化、物联化的一二次融合设备、台区智能融合终端等新产品应运而生。

为积极服务智能电网对人才的需求，提升配电自动化队伍的运维水平，满足供电企业一线技术人员和管理人员对配电自动化运维技术的需求，打造一批高技术配电自动化人才，国网福建省电力有限公司组织国网福建电科院、地市供电公司等多位生产运维专家，结合现场实际，坚持面向设备、面向现场，完成本册《智能配电网运维技术》书稿编写。

本教材以培养职业技能为出发点，面向一线配电自动化运维技术员，以现场运维为核心，结合案例分析，编制成手册化、工具书化教材。本教材着重介绍了配电自动化基础知识、智能配电终端运维、智能配电通信运维等内容，按照设备全寿命运行流程，分别从调试验收、运行管理、缺陷处理三个阶段详细介绍设备运维措施。编写过程中，广泛征求行业内各专家的实用化建议，充分吸取设备厂商和高校在设备生产和运行研究的先进经验，共同完成编制。

本教材分三部分，第一部分为配电网自动化基础知识，主要由配电网网架结构、配电一次设备认知、智能配网通信、智能配网信息系统、信息安全、智能配电终端认知、新一代配电自动化主站认知、馈线自动化认知、智能配电业务认知九个模块组成，由国网福建电科院罗翔、林栋、张振宇、王珏莹，国网福建技培中心（福建电力职业技术学院）林孝思以及国网厦门供电公司朱剑峰共同编写；第二部分为智能配电终端运维，主要由馈线终端运维技术、站所终端运维技术、故障指示器运维技术、智能台区融合终端运维技术四个模块组成，由国网福州供电公司汪逸帆，国网漳州供电公司郑文玮、姚颂青，国网石狮供电公司蔡铭爵以及国网福建电科院李泽文共同编写；第三部分为智能配电通信运维，主要由有线通信运维技术、载波通信运维技术、无线通信运维技术、网络设备运维技术四个模块组成，由国网漳州供电公司姚颂青、国网泉州供电公司陈青山、国网厦门供电公司朱剑峰以及国网福州供电公司汪逸帆共同编写；全教材由国网福建技培中心（福建电力职业技术学院）陈雪琨汇总，国网福建省电力有限公司李怡然、黄秋岑共同校核。

由于编者自身的认识水平及编写时间的局限性，本教材难免有错误和不妥之处，诚望读者批评指正。

作者

2023 年 10 月

目　录

第一部分　配电网自动化基础知识

模块一　配电网网架结构

【模块描述】

本模块主要介绍配电网网架结构，首先对10kV配电网典型网架进行了分类，随后对每一类网架结构的典型接线方式、优缺点、保护配置方式进行了分析，最后还介绍了国内外部分地区的先进网架结构案例及其保护配置方式。

【学习目标】

1．掌握配电网网架结构的基本概念。

2．掌握典型网架接线方式及其优缺点。

3．了解典型网架的保护配置方式。

【正文】

一、配网网架结构

配电网自动化实施区域的网架结构应布局合理、成熟稳定，其接线方式应满足Q/GDW 10738—2020《配电网规划设计技术导则》和Q/GDW 10370—2016《配电网技术导则》等标准要求。

10kV架空线路典型接线有：三分段单辐射接线、三分段单联络接线、三分段两联络接线（多分段适度联络）；10kV电缆线路典型接线方式有：单环网接线、双射型接线、对射型接线和双环网接线，如图1-1-1所示。

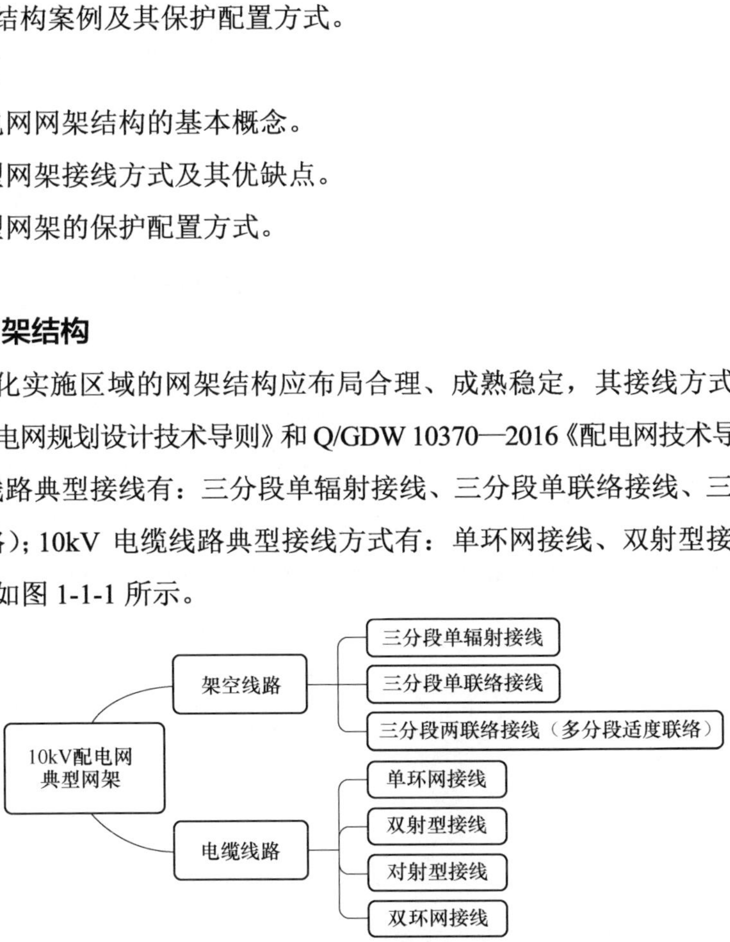

图1-1-1　10kV配电网典型网架接线方式分类

（一）10kV 架空线路典型接线

1. 三分段单辐射接线

在周边没有其他电源点，且供电可靠性要求较低的地区，目前暂不具备与其他线路联络的条件，可采取多分段单辐射接线方式，如图 1-1-2 所示。三分段单辐射接线简单，投资较小、维护方便，但接线方式较不可靠，任一元件的故障都会引起线路供电中断。

图 1-1-2　10kV 架空线路三分段单辐射接线方式

2. 三分段单联络接线

在周边电源点数量有限，且线路负载率低于 50%的情况下，不具备多联络条件时，可采用线路末端联络接线方式，即三分段单联络接线，如图 1-1-3 所示。线路正常运行时，联络开关分闸，分段开关合闸。当线路上存在一处故障时，将故障点两侧最近的开关分闸，其余开关合闸，故障点两侧的负荷分别由两侧的电源进行供电。

图 1-1-3　10kV 架空线路三分段单联络接线方式

3. 三分段两联络接线

在周边电源点数量充足，10kV 架空线路宜环网布置开环运行，一般采用柱上断路器将线路多分段、适度联络，如图 1-1-4 所示（典型三分段、两联络），可提高线路的负荷转移能力，在线路上出现单点故障时，非故障区段可实现快速、就近转电，保障线路的供电可靠性。当线路负荷不断增长，线路负载率达到 50%以上时，采用此结构还可提高线路负载水平。

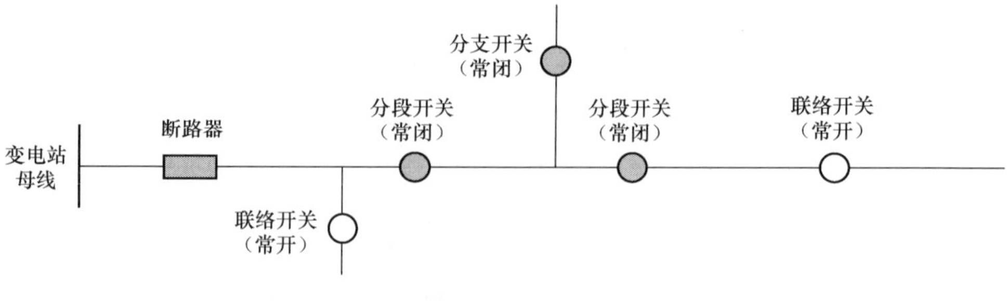

图 1-1-4　10kV 架空线路三分段两联络接线方式

（二）10kV 电缆线路典型接线

1. 单环网接线

自同一供电区域两座变电站的中压母线（或一座变电站的不同中压母线）、或两座中压开关站的中压母线（或一座中压开关站的不同中压母线）馈出单回线路构成单环网，开环运行，如图 1-1-5 所示。电缆单环网适用于单电源用户较为集中的区域。

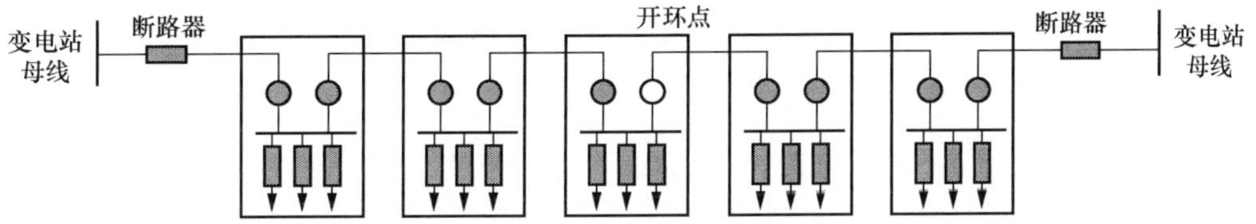

图 1-1-5　10kV 电缆线路单环网接线方式

2. 双射型接线

自一座变电站（或中压开关站）的不同中压母线引出双回线路，形成双射型接线方式；或自同一供电区域的不同变电站引出双回线路，形成双射型接线方式，如图 1-1-6 所示。随着地区的不断发展，以及用户对供电可靠性要求的不断提升，双射型接线方式可过渡到双环网接线方式，如图 1-1-8 所示。

每个客户都能由两路供电，即常说的双“T”接线，任何一回线路事故或检修停电时，都可由另一回线路供电。即使两回线路不是来自两个变电站，而是来自同一变电站的不同母线段，也只有在变电站全停电时，客户才会停电。双射网适用于双电源用户较为集中的区域，接入双射的环网室和配电室的两段母线之间可配置联络开关，母联开关应手动操作。

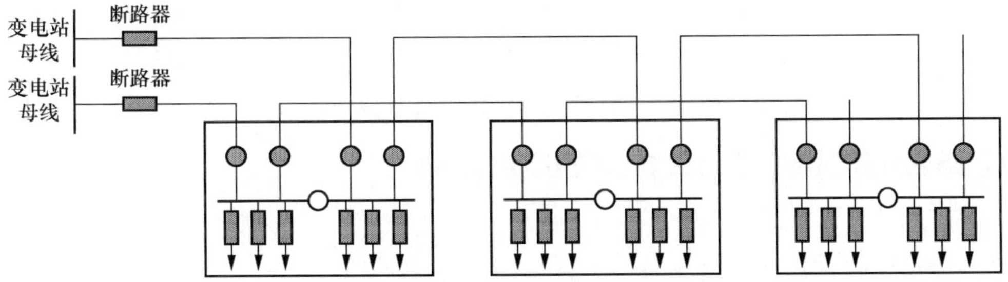

图 1-1-6　10kV 电缆线路双射型接线方式

3. 对射型接线

自不同方向电源的两座变电站（或中压开关站）的中压母线馈出单回线路组成对射型接线方式，一般由双射线改造形成，如图 1-1-7 所示。对射网适用于双电源用户较为集中的区域，接入对射的环网室和配电室的两段母线之间可配置联络开关，母联开关应手动操作。

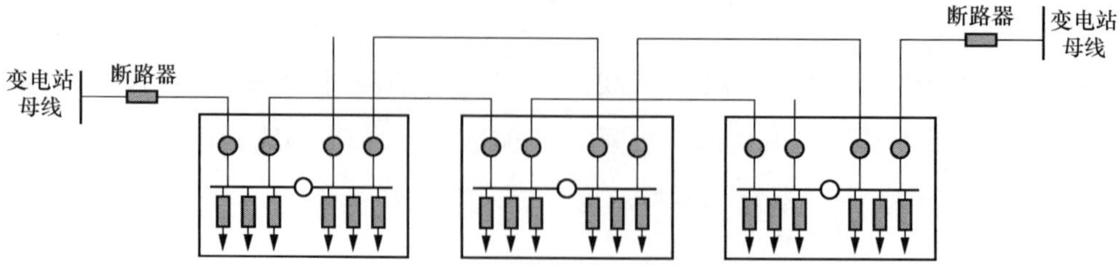

图 1-1-7 10kV 电缆线路对射型接线方式

4. 双环网接线

自同一供电区域的两座变电站（或两座中压开关站）的不同中压母线各引出两对（4 回）线路，构成双环网的接线方式，如图 1-1-8 所示。双环网适用于双电源用户较为集中，且供电可靠性要求较高的区域，接入双环网的环网室和配电室的两段母线之间可配置联络开关，母联开关应手动操作。

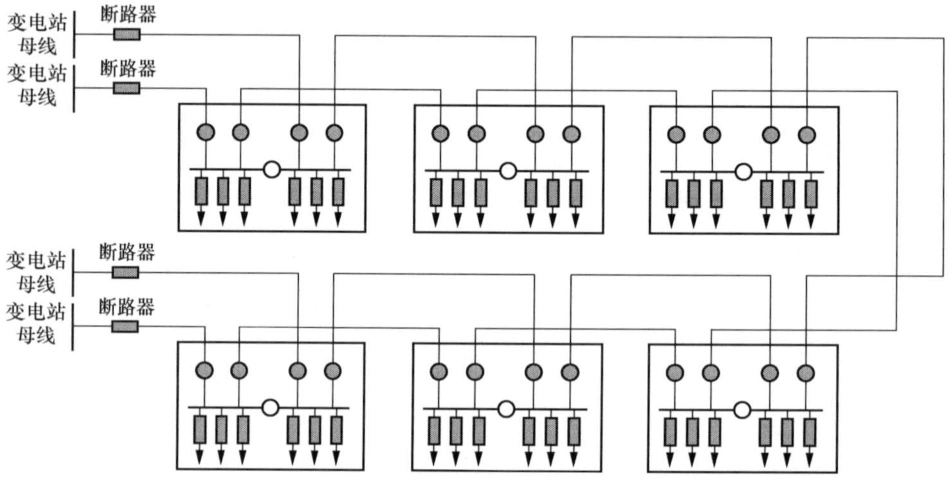

图 1-1-8 10kV 电缆线路双环网接线方式

二、国内外高供电可靠性区域的先进网架案例

1. 国内先进网架案例

（1）上海“钻石型”接线。

网架方面：钻石型配电网（见图 1-1-9）是上海为适应 10kV 配电网发展新要求而总结出的配电网接线形式。钻石型配电网由主干网和次干网组成。10kV 主干电缆网以开关站为核心节点，形成双环网网络结构。开关站开关设备均为断路器，采用单母线分段接线。10kV 次干电缆网以环网站为节点，由同一座开关站不同母线或不同开关站供出，形成单环网或双环网网络结构。

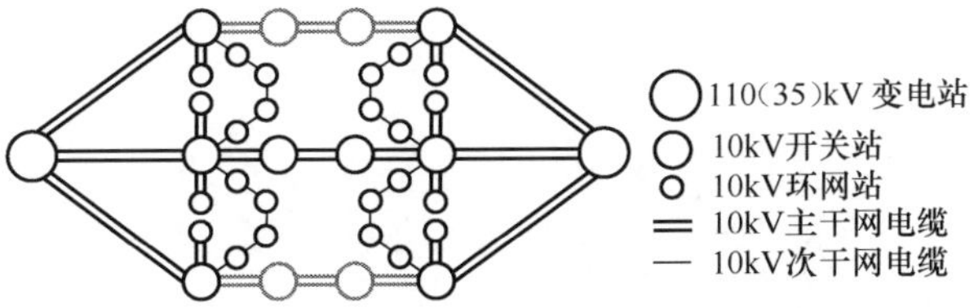

图 1-1-9 上海"钻石型"配电网示意图

保护方面：开关站进出线配置全断路器和独立的差动保护装置实现全纵差保护，可避免分布式电源和微电网接入引起的故障电流变化对现有继电保护的影响，可以更好地接纳分布式电源和微电网接入配电网。自愈系统利用光纤通道，交换开关站间的开关量和故障信息，实现故障情况下非故障区域秒级恢复功能，有效保障负荷的转供能力。

（2）深圳福田"三供一备+光纤纵差"。

网架方面：深圳福田区的核心片区网架结构采用 N 供一备接线，即 N 条电缆线路连成电缆环网运行，另外 1 条线路作为公共的备用线路。非备用线路可满载运行，若某条运行线路出现故障，可以通过公共联络点切换将备用线路投入运行。深圳三供一备接线模式示意图如图 1-1-10 所示。

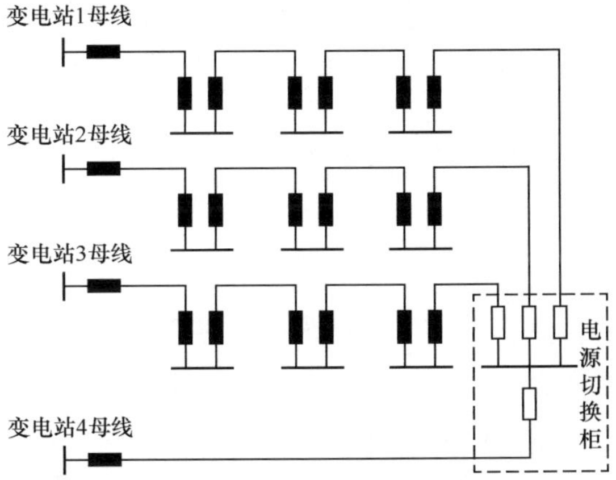

图 1-1-10 深圳三供一备接线模式示意图

保护方面：采用"线路差动+母线差动+网络拓扑保护"的技术路线。3 回主供线路内部采用光纤纵差保护快速隔离故障，备用线路的公共联络点通过配电网自愈，自动进行负荷转供。满足"N-1"准则要求下，设备利用率为 75%。

（3）雄安新区"双花瓣"接线。

网架方面：接线方式由两个"花瓣"组成，每一个"花瓣"来自同一个变电站同一母线，形成一个合环运行线路（图 1-1-11 中左侧环网和右侧环网分别为一个花瓣）。"双花瓣"之间接入的开关站分段开关开环运行、互为备用。"双花瓣"的节点为开关站/配电站。

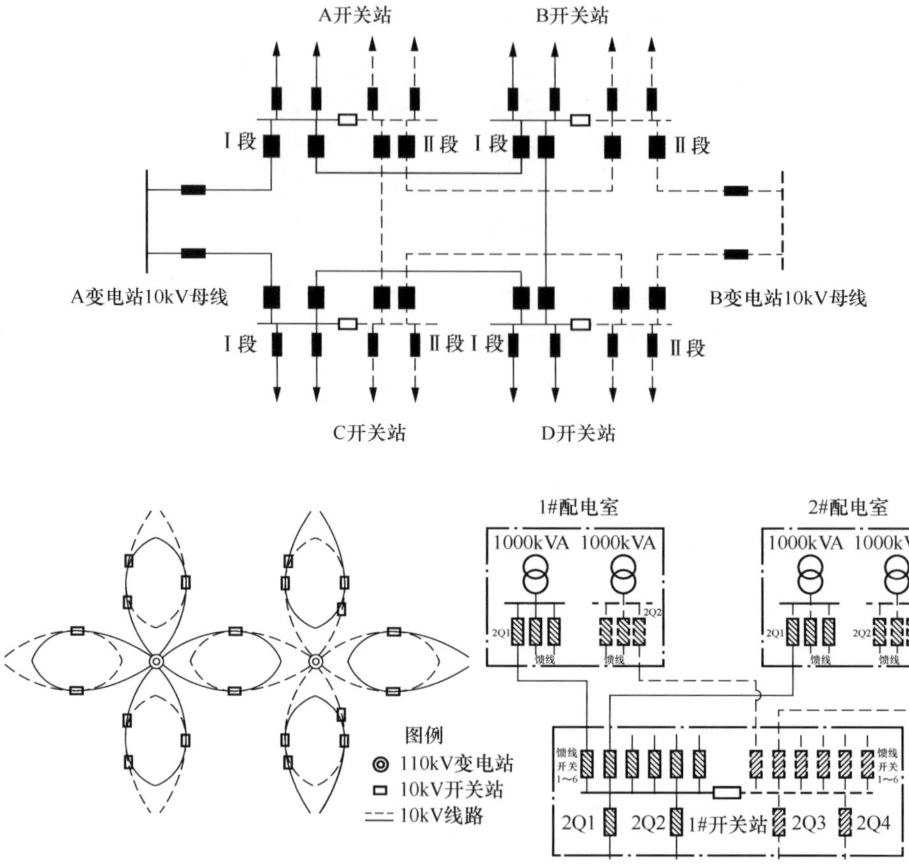

图 1-1-11　雄安“双花瓣”接线示意图

保护方面：为了满足运行需求，线路站点上都配置断路器和光纤纵差保护，当线路任一段发生故障时，其两端站点的光纤纵差保护动作瞬时切开故障区域，非故障区域不受影响。该网架结构特点是合环运行，依靠全站点配置断路器和光纤纵差保障电网安全稳定运行，供电可靠性非常高，但电缆线路投资较大，对于雄安新区要求供电可靠性高的地区可以应用。

2. 国外先进网架案例

（1）新加坡“花瓣式”接线。

网架方面：新加坡花瓣式接线为 22kV 闭环网络。66/22kV 变电站主接线采用单母线分段方式。66/22kV 每条母线的出线不超过 8 条。与本站另一条母线构成环，并且通过联络开关与另一变电站的供电环连接。新加坡“花瓣式”接线示意图如图 1-1-12 所示。

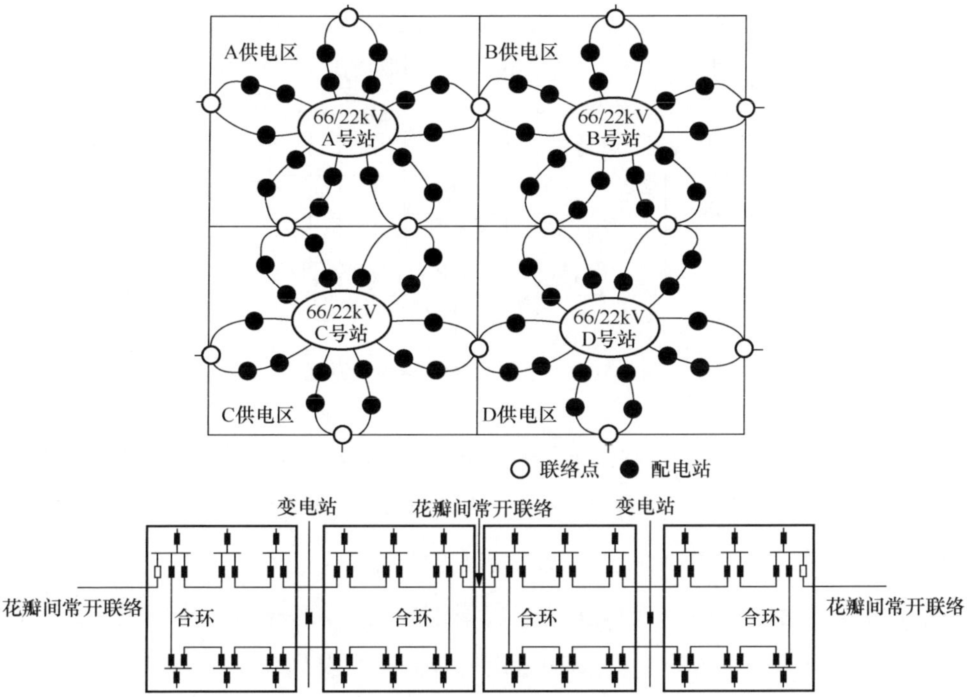

图 1-1-12　新加坡"花瓣式"接线示意图

保护方面：每一 22kV 供电环上供电开关点不超过 10 个，线路开关具有开断故障电流的能力，系统短路水平不超过 25kA，短路切除时间不大于 3s。供电环正常情况下闭环运行，两个开关点之间采用纵联差动保护，在故障时快速切除故障区段，保证所有 22kV 开关都实现远方遥控。新加坡的接线模式可满足"*N*-1-1"安全准则，且线路闭环运行，可实现不停电转供电，供电可靠性高。但线路利用率仅为 50%；系统短路电流水平高，对设备、运行要求较高。

（2）法国巴黎双/三环网接线。

网架方面：巴黎城区 20kV 配电网以双环网或三环网结构为主。由两座变电站的 20kV 出线相互联络，开环运行。每座配电室双路电源分别 T 接自三环网中任意两回不同电缆，其中一路为主供，另一路为热备用。双环网（或三环网）的分段开关和联络开关具有远程遥控功能，中/低压配电室主备两路电源电缆直接从主干电缆上 T 接。巴黎三环式接线示意图如图 1-1-13 所示。

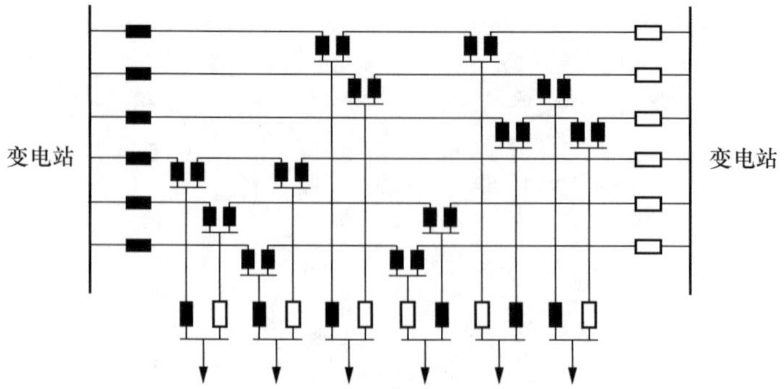

图 1-1-13 巴黎三环式接线示意图

保护方面：采用“常规保护+双接入开关备自投”的技术路线。电缆故障时，配电室主供负荷开关在变电站开关掉闸 3s 后分闸，之后 5s 备用负荷开关合闸，恢复配电室供电，即通过设备自动装置完成，停电时间短，且故障处理方式简单。

巴黎电网的设备水平不高，电缆主要采用集束导线，90%采用直埋敷设方式，但设备的冗余度较高。故障情况下，电网有足够的备用容量实现负荷转供。由此可见，巴黎配电网的高可靠性主要是依靠合理的设备冗余和坚强的网架结构实现。

（3）美国“4×6”接线。

网架方面：美国中压配电网多采用中性点直接接地系统，一般为环网结构并开环运行，33（27）kV 电网采用环形或“4×6”接线模式。四个变电站位于四个节点，组成四边形供电，对角线相连，正常运行时，每条线的中间断路器断开。该接线的经济性和可靠性比传统接线优越，但该接线方式对于电源站和负荷点的地理位置分布有一定要求，目前美国和加拿大已将“4×6”网络接线广泛应用于城市中压配电系统。美国网格状接线示意图如图 1-1-14 所示。

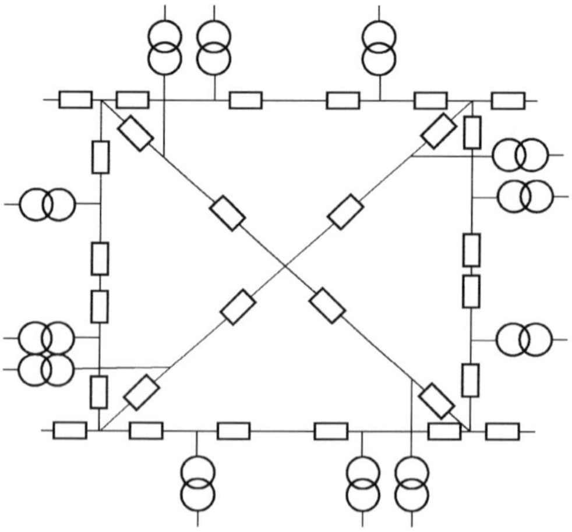

图 1-1-14 美国网格状接线示意图

保护方面：正常运行时分段开关闭合，联络开关打开，负载率最高为75%；任何单电源点故障时，对应支路的联络开关闭合，初始的25%载荷转移到其他3个无故障电源上。

国内外高供电可靠性区域的先进网架总结对比情况见表1-1-1。

表1-1-1　国内外高供电可靠性区域的先进网架总结对比情况

<table>
<tr><th>典型中压馈线组特点</th><th>上级电源</th><th>运行方式</th><th>用户接入</th><th>"N-1"条件下线路最高利用率（%）</th><th>主干节点</th><th>主干保护</th><th>配电自动化</th><th>供电可靠性提升路线总结模式</th></tr>
<tr><td>新加坡"花瓣式"</td><td rowspan="2">"花瓣"内线路来自同一座变电站2台并列运行变压器；"花瓣"间备用联络取自不同变电站</td><td rowspan="2">合环</td><td rowspan="2">配电低压侧备自投</td><td rowspan="2">50</td><td>环网柜</td><td>纵差</td><td>故障段自动判断+人工操作</td><td rowspan="2">合环运行模式</td></tr>
<tr><td>雄安新区"双花瓣"</td><td>单母分段开关站</td><td>纵差+分段备自投</td><td rowspan="3">无特别规定</td></tr>
<tr><td>巴黎"双环网"</td><td rowspan="4">不同变电站</td><td rowspan="4">开环</td><td>配电变压器双接入</td><td>50</td><td>T接</td><td>常规保护+双接入开关备自投</td><td>用户备自投模式</td></tr>
<tr><td>美国"4×6"</td><td rowspan="2">无特别规定</td><td rowspan="3">75</td><td rowspan="2">环网柜</td><td rowspan="2">纵差+联络开关备自投</td><td rowspan="3">主干网自愈模式</td></tr>
<tr><td>深圳福田"三供一备+纵差"</td><td rowspan="2">智能分布式实现自愈控制</td></tr>
<tr><td>上海"钻石型"</td><td>接入次干网，次干满足N-1</td><td>单母分段开关站</td><td>纵差+分段备自投</td></tr>
</table>

模块二　配电一次设备认知

【模块描述】

本模块主要介绍配电一次设备，首先整体介绍了配电一次设备的基本概念及应用场景，随后具体介绍了每一类配电一次设备的主要功能、设备分类、技术参数、主要组成及工作原理等内容。

【学习目标】

1. 掌握各类配电一次设备的主要功能、设备分类、技术参数、主要组成及工作原理。
2. 能够识别各类配电一次设备，并阐述应用场景和主要作用。
3. 能够阐述不同类型设备的优缺点，根据不同需求选用合适的一次设备。

【正文】

配电一次设备是用于接收、输送和分配电能的电气设备，包括变压器、断路器、负荷开关、隔离开关、熔断器、电缆分支箱等。

配电网自动化对一次设备有以下要求：

（1）需要实现遥信功能的开关设备，应至少具备一组辅助触点；需要实现遥测功能的一次设备，应至少具备电流互感器，二次电流额定值宜采用 1A 或 5A；需要实现遥控功能的开关设备，应具备电动操作机构。

（2）一次设备的建设与改造应考虑预留安装配电终端所需要的位置、空间、工作电源端子及接口等。

（3）需要就地获取配电终端的供电电源时，应配置电压互感器或电流互感器，且容量满足配电终端运行和开关操作等需求。

（4）配电网站所内应配置配电终端用后备电源，保证在主电源失电的情况下能够维持配电终端运行一定时间和开关分合闸一次。

一、配电变压器

配电变压器是配电系统中根据电磁感应定律变换交流电压和电流而传输交流电能的一种静止电器，通常装在电杆上或配电所中，一般能将电压从 6～10kV 降至 400V 左右输入用户。作为将电能直接分配给低压用户的电力设备，其运行的各种数据的实时监测是配电自动化系统的一个重要方面。

1. 主要组成

配电变压器的主要部件是铁芯和绕组。铁芯是变压器的磁路，绕组是变压器的电路，二者构成变压器的核心即电磁部分。除此之外，变压器还有油箱、冷却装置、绝缘套管、调压和保护装置等部件。

2. 设备分类

根据应用场景进行划分，可将配电变压器分为公用变压器（简称公变）与专用变压器（简称专变）。公变由电网公司投资、管理，居民小区的变压器、市政工程用变压器等一般为公变；专变一般由用电用户投资，交由电力部门代管，只供投资的业主自己使用，如安装在大中型企业的变压器等。

按材料、制造工艺进行划分，常见的配电变压器包括油浸式变压器、干式变压器、卷铁芯变压器和非晶合金变压器等。干式变压器与油浸式变压器的外观示意图如图 1-2-1 所示。

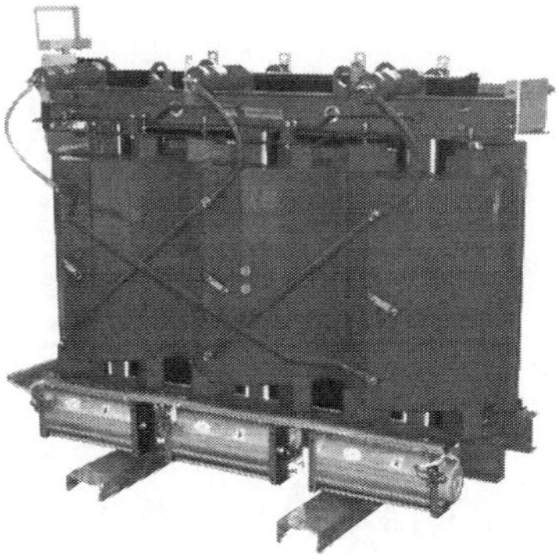

（a）干式变压器

（b）油浸式变压器

图 1-2-1　变压器外观示意图

3. 主要技术参数

（1）额定容量（kVA）：在施加额定电压、额定电流情况下，变压器能连续运行时能输送的容量。

（2）额定电压（kV）：变压器长时间运行时所能承受的工作电压。

（3）额定电流（A）：在允许温升下，变压器能够长期通过的工作电流。

（4）阻抗电压：将变压器的二次绕组短路，一次侧施加电压至额定电流值时，一次电压与额定电压之比的百分数。

两台并列运行的变压器的阻抗电压值要求相同，当变压器二次侧短路时，阻抗电压值将决定短路电流大小，是考虑短路电流热稳定和动稳定及继电保护整定的重要依据。

（5）空载电流：当变压器在一次侧施加额定电压、二次绕组空载时，在一次绕组中通过的电流。变压器中的空载电流起励磁作用，故又称励磁电流，一般以其占额定电流的百分数表示。

（6）空载损耗（铁损）：变压器二次侧开路、一次侧施加额定电压时变压器的损耗。它等于变压器铁芯的涡流损耗和励磁损耗。

（7）负载损耗（铜损）：把变压器的二次绕组短路，在一次绕组额定分接头的位置通入额定电流，在绕组的电阻上所消耗的功率损耗和漏磁附加损耗。

随着社会经济的发展和新材料、新工艺的广泛应用，人们不断研制开发出各种结构形式的低损耗、高性能变压器，配电变压器不断向低损耗、高机械强度、高可靠性、低噪声、少维护方向发展。针对现代化城市的特点，变压器除满足基本技术性能和有较高的安全可靠性之外，还需要满足环境保护、经济运行、节约能源、防灾害等方面的要求。

二、柱上断路器

柱上断路器是指在架空线路上正常工作状态、过载和短路状态下均能关合和开断配电线路的开关电气设备。柱上断路器可以手动或其他方式关合和开断配电线路。在配电线路过载或短路时，可以通过继电保护装置的动作自动将配电线路迅速断开，保证线路其他电气设备的安全。

1. 主要分类

按灭弧介质进行分类，可将柱上断路器分为真空断路器、SF_6断路器、油断路器、自产气断路器、压缩空气断路器和磁吹断路器等。目前，在配电网中常用的是真空断路器、SF_6断路器。真空断路器特别适用于频繁操作和少维护的地方。试验表明，真空断路器的可动部分能耐受 50000 次“合—分”操作而没有较大的磨损痕迹，开断负荷电流时所产生的过电压水平 90%以上不高于 3 倍的额定电压值。它还具有低噪声、不燃爆、体积小、寿命长、可靠性高等优点。在中压配电网中，真空断路器市场占有率较大。

按结构进行分类，可以分为支柱式和共箱式两大类，如图 1-2-2 所示。开关分本体部分和操作机构部分。本体部分是由导电回路、绝缘系统及壳体组成。

(a) 支柱式

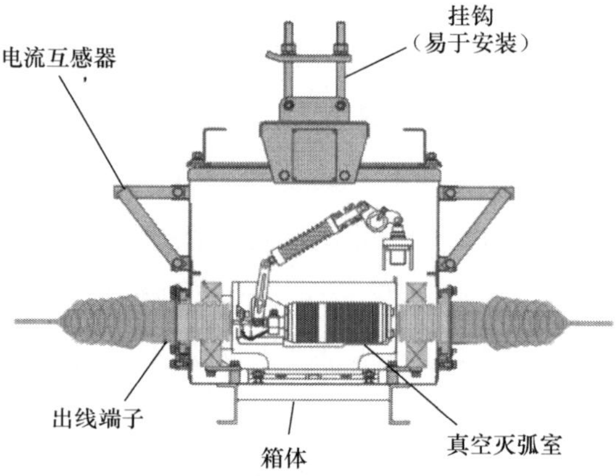

(b) 共箱式

图 1-2-2 柱上断路器

2. 主要技术参数

(1) 额定电压（kV）：断路器能长期工作的标准电压。

(2) 最高工作电压（kV）：约比额定电压高 15%。

(3) 额定电流（A）：指断路器在规定使用和性能条件下可以长期通过的最大电流（有效值）。当额定电流长期通过高压断路器时，其发热温度不应超过国家标准中规定的数值。

(4) 额定短路开断电流（kA）：指在额定电压下，断路器能可靠切断的最大短路电流周期分量有效值，该值表示断路器的断路能力。

（5）额定峰值耐受（动稳定）电流（kA）：指在规定的使用和性能条件下，断路器在合闸位置时所能承受的额定短时耐受电流第一个半波达到电流峰值，反映设备受短路电流引起的电动效应能力。

（6）额定短时耐受（热稳定）电流（kA）：指在规定的使用和性能条件下，在额定短路持续时间内，断路器在合闸位置时所能承载的电流有效值，反映设备经受短路电流引起的热效应能力。

（7）额定短路关合电流（kA）：指在规定的使用和性能条件下，断路器保证正常关合的最大预期峰值电流。

（8）分闸时间（ms）：从分闸指令开始，到所有极弧触头都分离瞬间的时间间隔。

（9）开断时间（ms）：从分闸指令开始，到三相电弧完全熄灭为止的时间。开断时间为分闸时间和电弧燃烧时间（燃弧时间）之和。

（10）合闸时间（ms）：从合闸命令开始，到最后一极弧触头接触瞬间的时间间隔。

（11）分（合）闸不同期时间（ms）：指断路器各相间或同相各断口间分（合）的最大差异时间。

3. 灭弧原理

（1）真空断路器灭弧原理。真空断路器触头装在真空灭弧室内，当触头切断电路时，触头间将产生电弧，由于触头形状和结构的原因，使得真空电弧柱迅速向弧柱体外的真空区域扩散。当被分断的电流接近零时，触头间电弧的温度和压力急剧下降，使电弧不能继续维持而熄灭。此时电弧中的带电离子通过扩散、冷却、复合以及吸附，使真空间的介质强度迅速恢复。同时，触头间也达到了一定距离，能承受很高的恢复电压。所以，一般电流在过零后，不会发生电弧重燃而被分断。

（2）SF_6开关的灭弧原理。SF_6断路器内有两种气压的SF_6气体存在，低压的SF_6气体用于内部的绝缘，一般为3～5个大气压；高压的SF_6气体一般有十几个大气压。在分断过程中，吹气阀打开，高压的SF_6气体从高压区流向低压区，经触头喷口吹向电弧，使电弧熄灭；分断过程结束后，吹气阀关闭，气吹过程结束。SF_6断路器的优点是灭弧能力强，开断容量大，金属短接时间、固有分闸时间和全开断时间短；但其结构比较复杂，辅助设备多，在SF_6气体的低压区和高压区之间要有压缩机和管道。此外，高压的SF_6气体的压力比较大，很容易液化（如在16个大气压下，SF_6气体的液化温度是5℃），因此需要有加热装置。

三、负荷开关

柱上负荷开关是指在架空线路上用来关合和开断额定电流或规定过载电流的开关设备。负荷开关以电路的接通和断开为目的，因此，负荷开关具有短路电流关合功能、短时短路电流耐受能力和负荷电流开断功能。柱上负荷开关按结构分为封闭式和敞开式，按灭弧介质分产气式、压气式、充油式、SF_6式和真空式等。

1. 主要技术参数

（1）额定电压（kV）：指负荷开关能长期工作的标准电压。

（2）额定电流（A）：负荷开关长期正常工作运行并能够开断的最大电流。

（3）额定峰值耐受（动稳定）电流（kA）：指在规定的使用和性能条件下，负荷开关在合闸位置时所能承受的短时耐受电流，反映负荷开关承受短路电流引起的电动效应能力。

（4）额定短时耐受（热稳定）电流（kA）：指在规定的使用和性能条件下，在额定短路持续时间内，负荷开关在合闸位置时所能承载的电流有效值。

（5）额定短路关合电流（kA）：指在规定的使用和性能条件下，负荷开关保证正常关合的最大预期峰值电流。

2. 真空式负荷开关

真空式负荷开关（见图1-2-3）的灭弧装置采用真空灭弧室。当开关分闸时，位于真空灭弧室内的主开关触头分开，电弧在真空介质中自行熄灭。开关没有明显断开点，但开关分合状态可由机械连动装置准确指示。真空式负荷开关灭弧速度快，最大开断电流大，结构相对简单。由于截流效应，真空式负荷开关操作时容易引起截流重燃过电压，尤其是开断5%额定有功负荷的小电流。同时，需要定期检测真空管的真空度，以保证开关的性能和安全。

图1-2-3 真空式负荷开关

四、隔离开关

隔离开关是一种无灭弧功能的开关器件。隔离开关处在分闸位置时，触头间应有符合规定要求的绝缘距离和明显的断开标志；在合闸位置时，能承载正常回路条件下的电流及在规定时间内异常条件（例如短路）下的电流的开关设备。隔离开关处于分闸位置时，有明显可见的开断点和安全距离，可以保证停电检修工作人员的人身安全，因此，它主要安装在高压配电线路的出线杆、联络点、分段处，以及不同单位维护的线路的分界点处。

1. 主要分类

按装设地点的不同，隔离开关可分为户内式和户外式；按绝缘支杆的数目，分为单柱式、双柱式和三柱式；按有无接地开关，分为单接地式、双接地式和无接地开关式；按操动机构类别，分为手动式、电动式和气动式等。

2. 主要技术参数

（1）额定电压（kV）：指隔离开关能长期工作的标准电压。

（2）额定电流（A）：隔离开关长期正常工作运行并能够开断的最大电流。

（3）额定峰值耐受（动稳定）电流（kA）：指在规定的使用和性能条件下，隔离开关在合闸位置时所能承受的短时耐受电流，反映隔离开关承受短路电流引起的电动效应能力。

（4）额定短时耐受（热稳定）电流（kA）：指在规定的使用和性能条件下，在额定短路持续时间内，隔离开关在合闸位置时所能承载的电流有效值。

3. 组成结构

一般柱上隔离开关的结构由导电部分（上）、绝缘部分（中）、底座部分（下）组成，如图 1-2-4 所示。

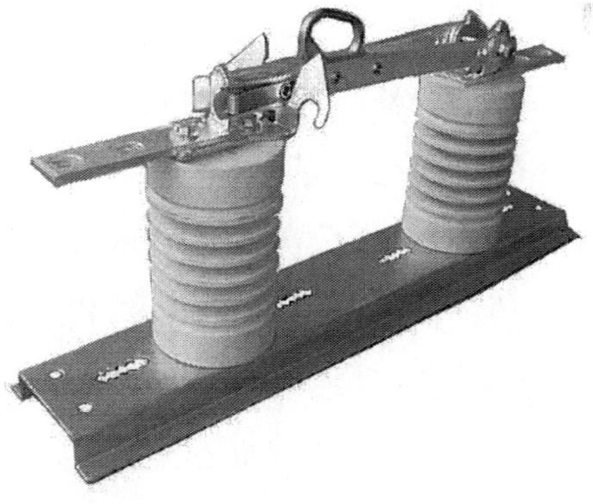

图 1-2-4 隔离开关示意图

（1）导电部分：由一条弯成直角的铜板构成静触头，其有孔的一端可通过螺钉与母线相连接，叫连接板；另一端较短，合闸时它与动刀片（动触头） 相接触。两条铜板组成接触头，又称动触头。静触头安装在电源侧，动触头安装在负荷侧。

（2）绝缘部分：起支撑作用，并使动、静触头与金属接地部分绝缘，一般采用瓷质绝缘或硅橡胶绝缘材料浇铸作为绝缘支柱。

（3）底座部分：由钢架组成，每个单相底座上固定两个支柱绝缘子，支柱绝缘子及传动主轴都固定在底座上。隔离开关的操作方式一般多采用操作绳或操作连杆对操作把加力，通过机械传动机构将动触头断开或合上。

五、熔断器

熔断器主要用于线路及电力变压器等电气设备的短路及过载保护。当电力系统由于过载引起电流超过某一数值、电气设备或线路发生短路事故时，熔断器能在规定的时间内迅速动作，切断电源以起到保护设备保证正常部分免遭短路事故的破坏。熔断器具备结构简单、体积小、重量轻、价格低廉、维护方便、使用灵活等特点。

1. 主要技术参数

（1）额定电压（kV）：长期能够承受的正常工作电压，即安装处电网额定电压。

（2）额定电流（A）：壳体部分和载流部分允许通过的长期最大工作电流。

（3）熔体的额定电流（A）：熔体允许长期通过而不会熔断的最大电流。

（4）极限短路电流（kA）：熔断器所能断开的最大短路电流。

2. 工作原理

熔断器的工作过程可分为四个阶段：①熔体因过载或短路而加热到熔化温度；②熔体的熔化和气化；③触点之间的间隙击穿和产生电弧；④电弧熄灭、电路被断开。熔断器的开断能力取决于熄灭电弧能力；熔体熔化时间的长短，取决于通过的电流的大小和熔体熔点的高低。熔断器的熔化时间和熔体电流的关系曲线称为 *t-I* 曲线，又称安秒特性，是一条反时限特性曲线，每种额定电流的熔断器都有各自的 *t-I* 曲线，如图 1-2-5 所示。

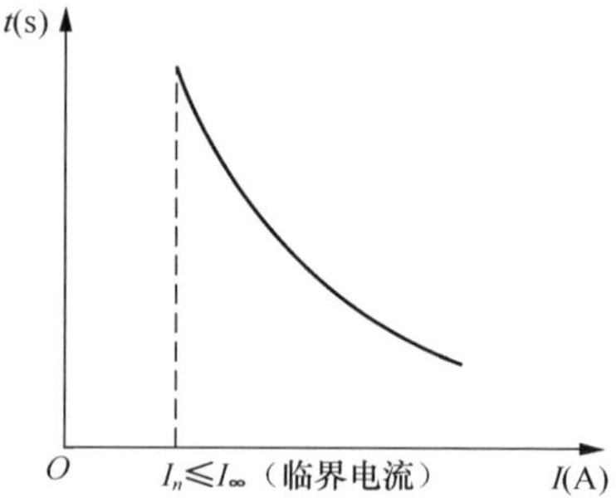

图 1-2-5　熔断器安秒特性曲线

3. 主要分类

熔断器按使用场合分为户内式与户外式。户外跌落式，一般为非限流式。由于跌落式熔断器（见图 1-2-6）是应用喷逐式灭弧原理，在开断大电流时，产气多，气吹灭弧效果好，但在开断小电流时，有可能出现不能灭弧现象。因此选用喷逐式熔断器时要注意下限开断电流。

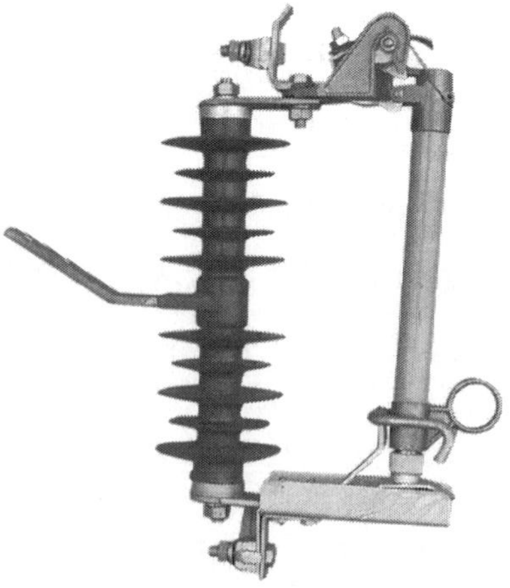

图 1-2-6　跌落式熔断器示意图

熔断器按灭弧性能可分为限流式和非限流式两大类。限流式熔断器能在短路电流未达到最大值之前将电弧熄灭，限制线路短路电流的大小，降低短路对电气设备的损害。而非限流式熔断器通常在短路电流第一次过零之后电弧才熄灭，燃弧时间一般为几十毫秒。

六、开闭所

10kV 开闭所是变电站 10kV 母线的延伸，位于电力系统中变电站的下一级，由变电站送出较大容量的馈线至开闭所，再由开闭所按用户所需送出馈线至用户，其特征是电源进线侧和出线侧的电压相同。开闭所由 10kV 开关柜、母线、控制和保护装置等电气设备及其辅助设施，按一定的接线方式组合而成的电力设施，通常为户内布置，但也有开闭所采用户外型开关设备组装成户外箱式结构。

开闭所起到接受和重新分配 10kV 出线间隔的作用，虽然使整个配电网的投资增加，但减少了高压变电所的 10kV 出线间隔和出线走廊，降低发生故障的概率，可作为配电线路间的联络枢纽，还可为重要用户提供双电源，在可靠性要求较高的地区较为常见。

20 世纪 90 年代开始，10kV 开闭所在我国绝大部分大、中城市开始建设，所用的设备逐步由少油断路器柜过渡到空气负荷开关柜，开关柜的体积大大减小，操作也简单了很多。到了 20 世纪 90 年代中期，灭弧性能更好的真空负荷开关开始在 10kV 配电网中应用，逐步取代空气负荷开关，成为 10kV 开闭所的主要设备。近年来，为保证故障就近隔离，提高供电区域整体供电可靠性，真空负荷开关正被逐步改造为具备开断短路电流能力的断路器。

1. 布点原则

（1）开闭所可以加强对配电网的控制，提高配电网供电的灵活性和可靠性，在重要用户附近或电网联络部位，如政府机关、电信枢纽、重要大楼及有多条 10kV 线路供电的十字路口等可设立开闭所。

（2）开闭所具有变电站 10kV 母线延伸的功能，对电能进行二次分配，为周边用户提供供电电源，因此在用户比较集中的区域，如大型住宅区、商业中心地区、工业园区等可设立开闭所。

（3）因为城市建设及城市景观的需要，旧城改造及城市道路拓宽改造大规模开展，原先的架空线路需“下地”改造为电缆线路。为了解决原先接在架空线路上的分支线及用户的供电电源，必须在改造地块或改造道路的沿线建设部分开闭所或电缆分支箱，为周围用户提供电源。

（4）开闭所应设置在通道通畅、巡视检修方便、电缆进出方便的位置。一般情况下要求开闭所设置在单独的建筑物中，或附设在建筑物一楼的裙房中，尽量不要把开闭所设置在大楼的地下室中，避免地下室潮湿导致设备锈蚀，降低使用寿命，或站房进水引起线路跳闸。

2. 主接线

常见的开闭所接线方式有单母线接线、单母线分段接线和双母线接线 3 种。

单母线接线方式如图 1-2-7（a）所示，一般为 1～2 路进线间隔，若干路出线间隔，接线简单清晰、规模小、投资省，但存在不够灵活可靠，母线或进线开关故障或检修时，均可能造成整个开闭所停电的缺点。这种接线方式一般适用于线路分段、环网，或为单电源用户供电。

单母线分段接线方式如图 1-2-7（b）所示，一般为 2～4 路进线间隔，若干路出线间隔，两段母线之间设有联络开关。优点：用开关把母线分段后，对重要用户可以从不同母线段引出两个回路，提供两个供电电源，当一段母线发生故障或检修时，另一段母线可以正常供电不至于使重要用户停电。缺点：母线联络需占用两个间隔的位置，增加了开闭所的投资，一段母线的供电电源故障或检修，导入第二段母线供电时，系统运行方式会变得复杂。这种接线方式适用于为重要用户提供双电源或供电可靠性要求比较高的场合。

双母线接线方式如图 1-2-7（c）所示，一般为 2～4 路进线间隔，若干路出线间隔，两段母线之间没有联系。优点：供电可靠性高，每段母线均可由两个不同的电源供电，两回电源线路中的任意一回故障或检修，均不影响对用户的供电；调度灵活，能适应 10kV 配电系统各种运行方式下调度和潮流变化的需要。缺点：与开闭所相连的外部网架要强，每段母线要有两个供电电源。这种接线方式适用于为重要用户提供双电源或供电可靠性要求比较高的场合。

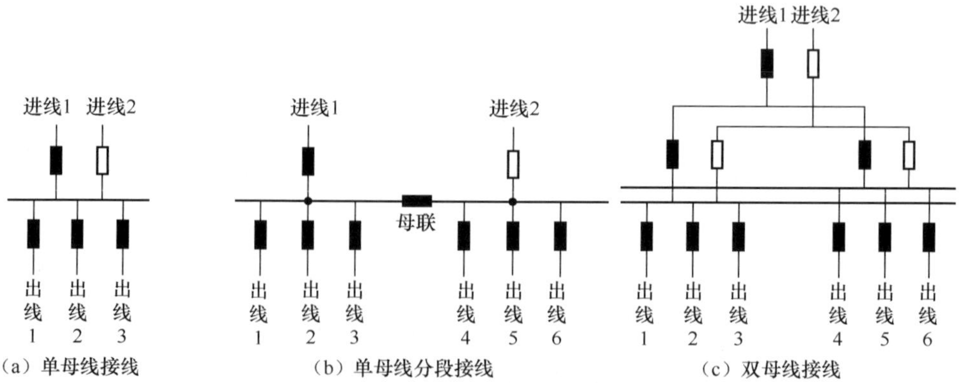

图 1-2-7　开闭所常见接线方式

七、环网柜与环网箱

环网柜从本质上说就是采用负荷开关柜、负荷开关—熔断器组合电器柜或断路器柜组成的交流金属封闭开关设备，由于较多应用在 10kV 及以下电缆线路环网供电，因此被人们称为环网柜。环网柜具有结构简单、体积小、价格低、可提高供电安全等优点，被广泛使用于城市住宅小区、高层建筑、大型公共建筑、工厂企业等负荷中心的配电站以及箱式变电站中。环网柜外观示意图如图 1-2-8 所示。

图 1-2-8　环网柜外观示意图

1. 环网柜基本组成

环网柜的基本组成单元有柜（壳）体、母线、负荷开关、熔断器（或负荷开关—限流熔断器组合电器）、断路器、隔离开关、电缆插接件、二次控制回路等。

（1）柜体：空气绝缘环网柜柜体与常规的交流金属封闭开关设备在工艺和选材上类似，只是结构更简化，柜体体积较小；而 SF_6 气体绝缘环网柜的柜体一般是按 IEC 标准来设计的，壳体由 2.5～3mm 的钢板或不锈钢焊成，在寿命期内一次密封。为了防止内部电弧故障引起爆炸，在壳体上装有防爆膜。

（2）母线：主母线一般根据柜体的额定电流选取，常采用电场分布较好的圆形和倒圆形母排。

（3）负荷开关：多为三工位，具有负荷—隔离—接地等功能，简化了负荷开关柜的结构。

（4）熔断器：多使用全范围限流熔断器，在熔断器两侧设接地开关。当高压熔断器任相熔断时，熔断器顶端撞针触发脱扣装置，联动的负荷开关自动跳闸。

（5）断路器：一般多回路配电单元进线柜采用断路器，多采用 SF_6 断路器或真空断路器。施耐德公司的 SF_6 断路器，采用旋弧加热膨胀灭弧原理，其触头采用简单对接式结构；德国 Calor-Emag 公司在变压器回路中配置 VD4 型真空断路器，断路器处于 SF_6 气体中，其操动机构装在气室外面的面板上。

（6）隔离开关：支路三工位隔离开关结构与负荷开关类似，装在断路器下面，可实现线路侧接地。

（7）电缆插接件：用来连接电缆，它是负荷开关的延伸部分，一般做成封闭的，安全可靠。

（8）二次控制回路：二次控制回路采用集成方式实现就地或远程操作，采用集控制、保护、计量、监视、通信于一体的微机控制管理系统模块，使多回路配电单元向小型化、模块化、智能化方向发展。

2. 环网柜分类

按绝缘介质进行分类，环网柜可分为空气绝缘、SF_6气体绝缘、固体绝缘。空气绝缘环网柜（绝缘介质是空气，灭弧方式是 SF_6 气体），也称为半绝缘环网柜或者半充气环网柜。SF_6气体绝缘环网柜，又称 SF_6全充气环网柜或 SF_6全绝缘环网柜，是指所有的一次设备带电体均密封在 SF_6 气体中。固体绝缘环网柜开关与高压带电部件采用环氧树脂进行整体浇注，以环氧树脂固封作为带电体对地及相间绝缘的新型配电设备，固体绝缘环网柜不排放任何有毒物质，无漏气爆炸与内部燃弧的隐患，具有绝缘性能高、整体强度高、免维护等特点。

按结构进行分类，环网柜可分为单元型和共箱型，一般按每个间隔或每个开关称为一面环网柜。

单元型环网柜每个间隔单独制造，根据现场需求进行组装，优点包括：多种柜型可任意组合，更换方便；可适当备货，缩短生产周期；重量轻，占用生产场地少；气箱及钣金件尺寸小，易于普通设备加工。但同时，单元型环网柜又有对工艺要求较高，试验、安装工序流程较多，增加并柜工序，且须现场安装；顶部母联成本高，安装困难；对钣金件的精度要求较高；增加气压表、顶部绝缘子数量；增加了充气检漏和其他相关试验的次数等缺点。单元型环网柜（顶部扩展）示意图如图 1-2-9 所示。

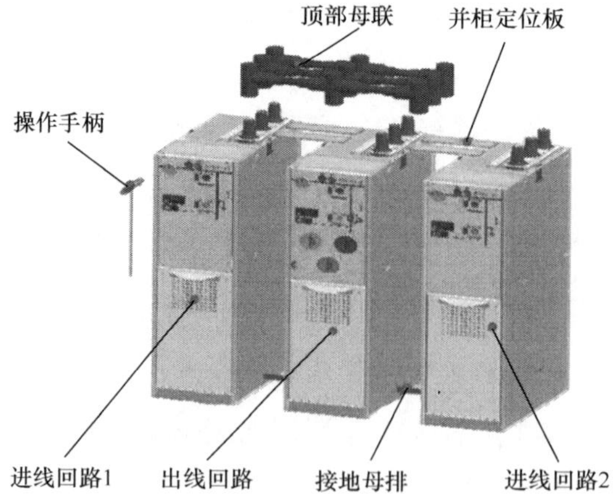

图 1-2-9 单元型环网柜（顶部扩展）示意图

单元型环网柜并柜的方式除了顶部扩展方式之外，还有采用侧面扩展的方式（见图 1-2-10），但这种方式的单回路柜宽会大大增加，且对零部件的精度要求更高。

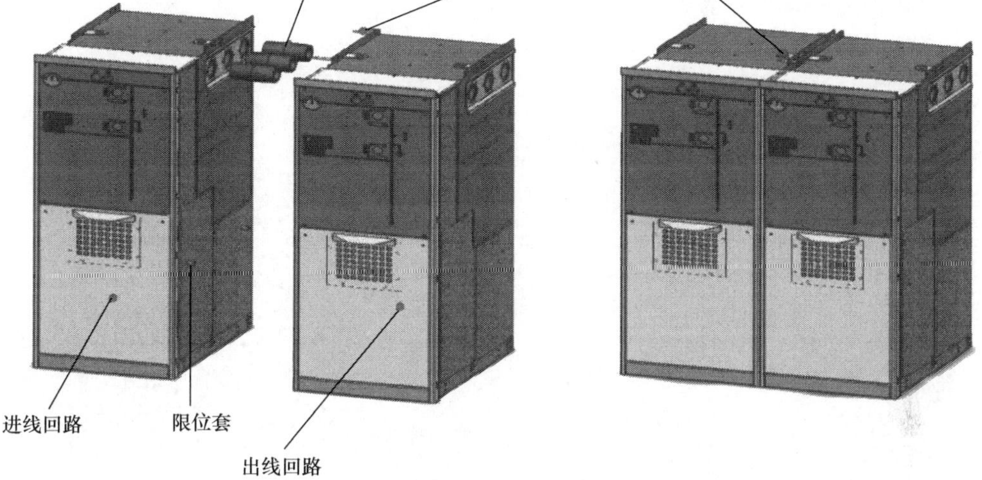

图 1-2-10 单元型环网柜（侧面扩展）示意图

共箱型环网柜采用一体化设计，结构紧凑，安装方便，整个环网柜只需一只气压表，最多两套泄压装置，可一次性完成充气及其他相关试验，除此之外还具有不锈钢板及普通钢材消耗相对较少，若柜型单一，成本较模块型有明显优势等优点。其缺点在于，共箱型环网柜需按用户一次方案施工，无固定柜型；除通用部件外无法预投，生产周期长；重量大，各工序转运过程较不方便；顶部气箱采用贯通式设计，发生故障时的停电范围较大。共箱型环网柜如图 1-2-11 所示。

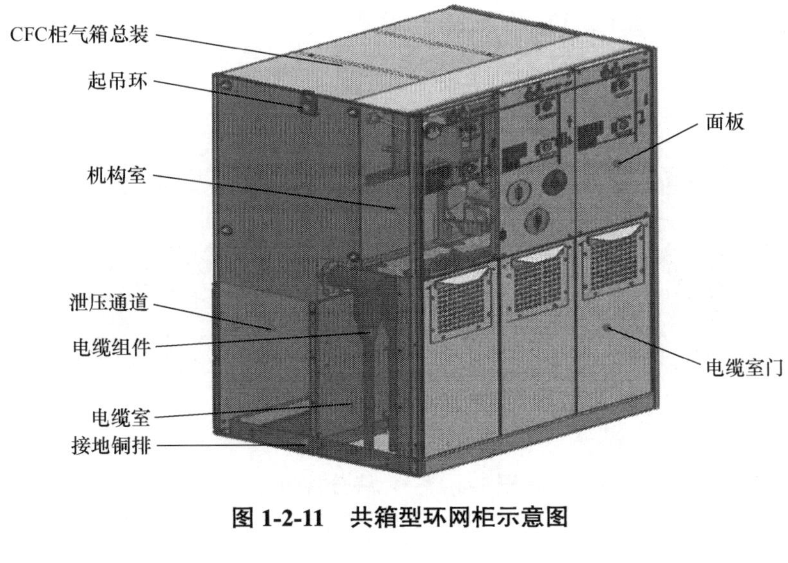

图 1-2-11 共箱型环网柜示意图

3. 环网箱

环网箱（见图 1-2-12），即箱式开闭所，是将环网柜置于一个大箱体内，主要安装于户外的一种开关设备。其箱体外壳主要为不锈钢壳体，也有根据项目现场需求，有 GRC 壳体、SMC 壳体、金属板内衬外挂水泥预制装饰板等。

图 1-2-12 环网箱示意图

八、电缆分接箱

电缆分接箱是一种用来对电缆线路实施分接、分支、接续和转换电路的设备，多用于户外。针对容量不大的独立负荷分布较集中时，可利用电缆分接箱进行电缆多分支的连接。

1. 主要分类

按分支方式进行分类，可分为美式电缆分接箱（采用并联分支方式）和欧式电缆分接箱（采用串联分支方式），如图 1-2-13 所示。

（a）欧式电缆分接箱

（b）美式电缆分接箱

图 1-2-13 电缆分接箱

2. 组成结构

10kV 电缆分支箱主要由箱体外壳、套管（母线）、带电指示器和硅橡胶预制式电缆接头组成，如图 1-2-14 所示。箱体外壳起到保护内部组件免受外界媒质损害的作用，主要是防止污秽及雨水渗入和外界撞击，同时可靠地保证人身安全，因此它应有良好的密封及机械强度和防腐性能。套管（母线）用来支撑、连接电缆接头，其芯部构成母线的一部分，起传输电流的作用，具有良好的导电性能。带电指示器主要用来检测每相是否带电，它通过连接套管（母线）外部的感应电压工作，当母线的电压大于 3000V 时，带电指示器自动发光。硅橡胶预制式电缆接头主要用来与电缆端头金属连接实现电缆分支，因此它具有良好的绝缘和耐热性能，同时能够承受长期的额定工作电压及短时间的各种过电压。

（a）箱体外壳　（b）套管　（c）带电指示器　（d）电缆接头

图 1-2-14　电缆分接箱组成结构

模块三　智 能 配 网 通 信

【模块描述】

本节介绍智能配网通信的概念、智能配网通信的功能、智能配网通信分类及组成结构、各类智能配网通信规约类型及应用。

【学习目标】

建立智能配网通信基础知识，熟悉智能配网通信分类及组成结构，根据智能配电终端通信的需求正确选择通信方式、通信规约。

【正文】

一、概述

智能配网通信是配电自动化系统（简称系统）的重要组成部分，连接着位于配网调控中心的配电主站与分布在配电线路的各类配电远方终端，是配电自动化系统三层结构的中间环节，负责配电主站与配电终端之间的信息传输，其性能及可靠性对整个系统起到非常关键的作用。智能配电网通信的特点，一是点多面广，分布在配电网的各个位置；二是所处运行环境相对恶劣；三是通信方式和手段多种多样。因此，建设和运维存在诸多难点。

配网通信网应遵循技术先进、适度超前的原则，与配电网及配电远方终端同步规划、同步设计、同步建设、同步投运，并根据业务需求明确建设内容，包括通信通道建设、通信设备配置、建设进度等。配电通信专网覆盖区域内，各类配电终端应遵循“应接尽接”的原则接入配电通信网。

目前，配网通信主要方式有光纤通信、配电载波通信、短距离的串口或网络线通信以及无线专网、运营商无线公网等通信方式。从目前的配电自动化系统的技术运用、发展来看，也出于建设和运维成本考虑，所需要的配网通信方式是多种多样的，没有哪一种通信方式能够完全满足系统的需求。而且，某个配电远方终端与配电主站之间的信息传输也可能采用 2～3 种通信接续方式。典型的智能配网通信架构图如图 1-3-1 所示。

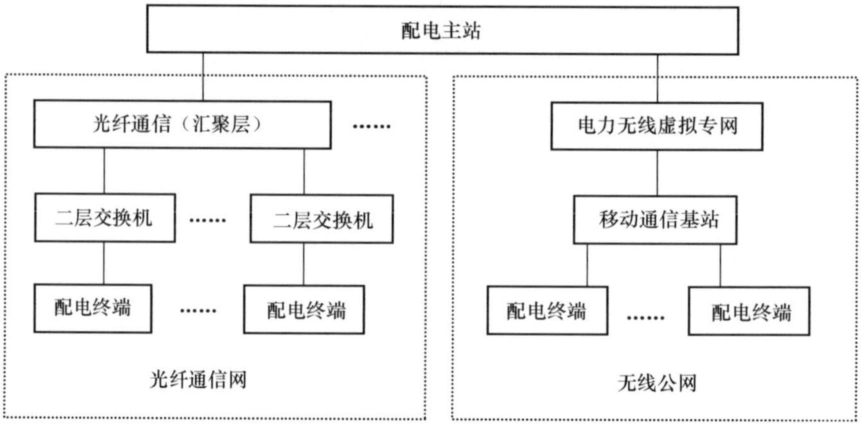

图 1-3-1　典型的智能配网通信架构图

配网通信方式的选择需要考虑以下因素：一是可靠性和安全性；二是建设运维成本的经济性；三是不同的配电终端对信息传输的速率和实时性要求不同；四是通信媒介对环境空间的要求；五是标准性和扩展性。因此，我们需要综合考虑以上因素，针对配电终端的性能要求，因地制宜地采用合适的通信方式。一般情况下，光纤通信由于建设和运维成本较高，主要应用于配网通信的骨干层以及城区配电终端分布密集的区域；配电中压载波通信作为补充方式，而低压载波通信则主要应用在数量众多的低压用户侧；对于面积广大且负荷不集中的农村地区，布设光纤通信无疑是不经济的，因此，主要还是采用无线通信的方式；串行口、网络线通信主要运用在短距离的配电终端接入。

二、智能配网通信的功能

智能配网通信运用在配电主站与配电终端之间的交互信息传输。上行通道：配电终端向配电主站上传采集的各类信息，如遥测、遥信、遥控返校、保护定值上传等信息；下行通道：配电主站向配电终端下达遥控选择、遥控执行、保护定值修改或整定、对时、信号复归等指令。因此，要求配网通信应具备双向信息传输的基本功能。应用案例：配电网发生故障，馈线自动化技术在故障处理过程中，首先配电终端向配电主站上传故障信息，配电主站据此进行拓扑分析、定位故障，随后主站向配电终端下达遥控命令，隔离故障区段并恢复非故障区段供电。

智能配网通信接口应实现标准化，具有兼容性、可扩展性和兼具多类接口类型的特点，以适应不同类型的配电终端对通信需求。

三、智能配网通信分类及组成结构

智能配网通信分为有线通信和无线通信两大类。有线通信是一种通信方式，即利用金属导体、光纤等有形媒介传送信息的方式，特点是受干扰较小，可靠性、保密性强，但建设投入的费用较大。无线通信是指节点间无需导体或线缆连接，在空间进行传播的远距离传输通信，特点是容易受到干扰，保密性差，但无需布设线缆，建设投入的费用比较低廉。智能配网通信可分为以下几个类型：

1. 光纤通信

（1）光纤通信的特点。光信号传输介质是一种由石英玻璃制成的光导纤维。光纤通信的特点有下几个方面：

1）频带宽。传输的光信号是一种电磁波，波长短、频率高，因此可传输信号的频带宽度较大。

2）损耗低。相比于金属介质，光导纤维的损耗则要小得多，每公里损耗可达 0.2dB 以下。此外，光纤传输损耗还有两个特点，一是在全频道内具有相同的损耗，不需要采用均衡器；二是其损耗不会随温度变化而变化，运行环境温度的变化不会造成电平的波动。

3）重量轻。光导纤维非常纤细，一条 48 芯光缆加上包裹的防护层、加强筋、护套等，其直径还不到 20mm；此外光导纤维是玻璃纤维，重量轻。因此，与金属介质的线缆相比，光缆具有直径小、重量轻的特点，敷设布线无需借助大型施工机械。

4）抗干扰能力强。由于光纤传导的是光信号，不受电磁场的作用和影响，所以光纤传输对电磁干扰、工业干扰有很强的抵抗能力。也因为光信号没有电磁辐射，在传输过程中信号不易被窃听，保密性强。

5）保真度高。光信号传输无需中继放大，不会引入新的非线性失真。只要光发射器的线性好，就可以高保真地传输信号，非线性失真指标远高于一般金属介质。

6）可靠性高。通信系统的可靠性与组成该系统的设备数量有关，设备越多，发生故障的概率越高。光纤通信不需要数量众多的放大器，包含的设备数量少，可靠性也就越高。此外光纤设备的寿命都很长，平均无故障工作时间达 50 万小时以上，即使是光发射机一般寿命也在 10 万小时以上。因此，光纤通信具有很高的可靠性。

7）成本低。制作光纤的石英材料来源丰富，随着提炼及制造技术的进步，成本还会进一步降低；而金属介质所需的铜等金属矿产原料有限，价格也会越来越高。

但是，光纤通信系统的建设和运维毕竟还是需要一定的成本，所以一般运用在通信骨干网和配电终端密集的城区。出于经济成本考虑，对于广大的农村地区，由于线路长，配电终端分布的密度较低，且对传输的频带、速率要求不高，一般不采用光纤通信。

（2）常见的光纤元器件。

1）光纤跳线：光纤跳线是由一节经过加强外封装的光纤和两端已与光纤连接好的接头构成。两端接头的型号可以一样，也可以不一样。

2）尾纤：尾纤指一端为接头，另一端为光纤的器件，可以理解为光纤跳线的一部分。例如，将一根光纤跳线从中间剪断就成为两根尾纤了。

尾纤、跳线通常用于室内的设备与设备、设备与光纤之间的连接。

3）光纤接头：光纤接头类型分为以下几种，如图 1-3-2 所示。

FC（ferrule contactor）型：圆形带螺纹，常用于光纤配线架；

ST（Straight Tip）型：圆形卡口，常用于光纤配线架；

SC （Subscriber Cable）型：卡接式方形（大方口），常用于光纤收发器和 GBIC 光模块；

LC（Lucent Connector）型：小方口，常用于连接 SFP 光模块和预端接模块盒。

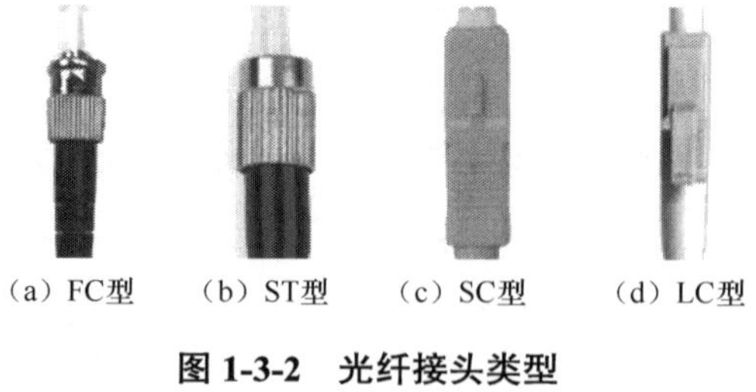

（a）FC型　（b）ST型　（c）SC型　（d）LC型

图 1-3-2　光纤接头类型

（3）配电自动化系统光纤通信的架构。

1）配网通信光纤专网由汇聚层和接入层两层架构组成。由于配电终端点多面广，光纤直接布设到配电主站，无疑是不经济的，而且也不利于后期的运行维护，所以配网通信光纤网根据配电终端分布情况和面积大小，分片区设置多个光纤通信汇聚节点。为了充分利用现有的光纤通信资源且便于运维管理，通信汇聚节点一般设置在变电站或大型开关站（开闭所）。光缆汇聚层由配电主站至光纤通信汇聚节点的光缆网络及三层交换机组成；光缆接入层由通信汇聚节点至配电终端的光缆网络和二层交换机组成。设备汇聚层覆盖至通信汇聚节点；设备接入层覆盖至开闭所、配电室、环网柜等处的配电终端。

2）光缆敷设。对于城区新建（改造）10kV 电缆线路，应同步敷设光缆或预留管道。架空线路光缆类型宜采用 ADSS 或防鼠咬普通光缆；对于需要穿越树林等容易受到小动物破坏且满足带电安全距离的区段，可采用非金属铠装光缆。对于存量电缆线路的站点进行配电自动化改造时，应同步敷设光缆。

3）信息安全防护。根据信息安全防护规定，承载控制类业务的光纤专网设备与承载非控制类业务的光纤专网设备之间应采用物理隔离装置。

承载控制类业务的光纤专网，一般采用工业以太网或 SDH 技术体制，控制类业务经过工业以太网或 SDH 组网汇聚后，采用光传输网传输到配电自动化系统主站。

2. 配电载波通信

电力线载波（PowerLine Communication），是电力系统特有的利用电力线作为传输媒质进行数据传输的一种通信方式，具有成本投资较小、覆盖面广的优点，其最大优势就是无需另行敷设通信线缆，可以利用现有的电力线，这是电力系统分布最广、最经济的有线通信资源。根据电力线缆的电压等级不同分为高压、中压和低压电力线通信。根据调制频带和带宽的不同分为宽带技术和窄带技术。目前在配电自动化系统的远程通信中使用较多的是中压电力线通信技术，即配电载波，其组网技术架构如图 1-3-3 所示。

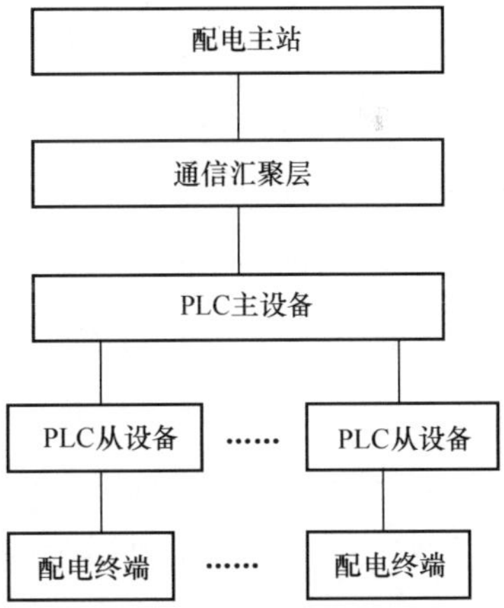

图 1-3-3　配电载波组网技术架构

但是，配电载波技术在配电自动化的应用遇到诸多实际难题：

（1）出于安装条件和经济成本限制，配电载波不能安装阻波器将信号传输限制在通信端点之间，但是配电线路又存在许多分支线路和末端用户变压器，载波信号传输衰减较大，影响通信可靠性。

（2）配电网架结构多变，运行方式也经常改变，影响信号耦合与传输。特别是配电开关断开后，信号传输通路也随之断开，因此必须在开关两侧安装信号耦合接续设备。

（3）阻抗不匹配产生信号反射、叠加造成载波信号幅值降低。

（4）配电线路故障和干扰谐波也会影响配电载波的可靠性，甚至造成信号中断。特别是应用馈线自动化技术时，因线路故障影响配电载波通信质量，使得故障处理过程中断甚至无法进行。

基于上述原因，虽然近年来出现了数字配电线载波技术（DPL），降低了误码率，但配电载波技术很难满足配电自动化对通信的实时性和可靠性的需求，应用较少。目前，因其经济性，易于安装维护的特点，低压载波主要应用在数量众多的用户侧远程抄表、智能台区管理等对实时性要求不高的场合。

3. 同轴电缆信号传输

同轴电缆（Coaxial Cable）是指有两个同心导体，而导体和屏蔽层又共用同一轴心的电缆。最常见的同轴电缆由绝缘材料隔离的铜线导体组成，在里层绝缘材料的外部是另一层环形导体及其绝缘体，最外层由聚氯乙烯的护套包裹。

50Ω 同轴电缆主要用于基带信号传输，传输带宽为 1～20MHz，总线型以太网就是使用50Ω 同轴电缆，在以太网中，50Ω 细同轴电缆的最大传输距离为 185m，粗同轴电缆可达 1000m。

同轴电缆的这种结构，使它具有高带宽和良好的噪声抑制特性。同轴电缆的带宽取决于电缆长度。1km 的电缆可以达到 1～2Gbit/s 的数据传输速率。长距离同轴电缆可以使用中间放大器以改善传输速率。目前，同轴电缆大量被光纤取代，但仍广泛应用于某些局域网。

4. 双绞线数据传输

双绞线（Twisted Pair，TP）是综合布线工程中最常用的传输介质，由两根具有绝缘保护层的铜导线组成的。把两根绝缘的铜导线按一定密度互相绞在一起，每一根导线在传输中辐射出来的电波会被另一根线上发出的电波抵消，可以有效降低信号干扰。双绞线分为非屏蔽双绞线（Unshielded Twisted Pair，UTP） 和屏蔽双绞线（Shielded Twisted Pair，STP）两种。

双绞线一般由两根绝缘铜导线相互缠绕而成，“双绞线”的名字也是由此而来。实际使用时，双绞线是由多对双绞线一起包在一个绝缘电缆套管里的。如果把一对或多对双绞线放在一个绝缘套管中便成了双绞线电缆，但日常应用中一般把“双绞线电缆”直接称为“双绞线”。

普通双绞线可用于 RS-232、RS-485 串行通信，五类线和超五类线可用于以太网通信。五类线的标识是“CAT5”，带宽 100M ，适用于百兆以下的网；超五类线的标识是“CAT5E”，带宽 155M。

（1）RS-232 串行通信。RS-232 接口是常用的计算机通信接口之一，采用电子工业协会（Electronic Industries Association，EIA） 制定的异步传输标准接口。通常 RS-232 接口以 9

个引脚（DB-9）或是 25 个引脚 （DB-25）的形态出现。工业控制的 RS-232 口一般只使用 RXD、TXD、GND 三条线。RS-232 标准规定的数据传输速率为 50、75、100、150、300、600、1200、2400、4800、19200、38400bit/s。

RS-232 标准规定，驱动器允许有 2500pF 的电容负载，因此通信距离受到限制。例如，采用 150pF/m 的通信电缆时，最大通信距离为 15m；若每米电缆的电容量减小，通信距离可以增加。传输距离短的另一原因是 RS-232 的电气接口电路采取的是不平衡传输方式，属单端信号传送，其发送电平与接收电平的差只有 2～3V，存在共地噪声和共模干扰等问题，因此一般只用于 30m 以内的通信。另外，具体通信距离还与通信速率有关，例如，数据传输速率为 9600bit/s 时，采用普通双绞屏蔽线，通信距离可达 30～35m。

（2）RS-485 串行通信。RS-485 是一个定义平衡数字多点系统中的驱动器和接收器的电气特性的标准，该标准由电信行业协会和电子工业联盟定义。使用该标准的数字通信网络能在远距离条件下以及电子噪声大的环境下有效传输信号。RS-485 有两线制和四线制两种接线，四线制只能实现点对点的通信方式，现很少采用。目前常见的是两线制接线方式，这种接线方式为总线式拓扑结构，在同一总线上最多可以挂接 32 个节点。

RS-485 串行通信网络拓扑一般采用终端匹配的总线型结构。在构建网络时，应注意下几点：

1）采用一条双绞线电缆作总线，将各个节点串接起来，从总线到每个节点的引出线长度应尽量短，以便使引出线中的反射信号对总线信号的影响最低。有些网络连接尽管不正确，在短距离、低速率仍可能正常工作，但随着通信距离的延长或通信速率的提高，其不良影响会越来越大，主要原因是信号在各支路末端反射后与原信号叠加，会造成信号质量下降。

2）由于在阻抗不连续点会发生信号的反射，因此应注意保持总线特性阻抗的连续性。以下几种情况易产生这种不连续性：总线的不同区段采用了不同电缆；某一段总线上有过多收发器紧靠在一起安装；将过长的分支线引出到总线。总之，应该采用一条单一的、连续的信号通道作为总线。

3）终端负载电阻问题。在设备少、距离短的情况下，即使不加终端负载电阻整个网络也能很好的工作，但随着距离的增加性能将降低。理论上，在每个接收数据信号的中点进行采样时，只要反射信号在开始采样时衰减到足够低就可以不考虑匹配。通常终端匹配采用终端电阻方法，RS-485 应在总线电缆的开始和末端都并接终端电阻。因为大多数双绞线电缆特性阻抗大约在 100～120Ω，终端电阻值在 RS-485 网络应用中取 120Ω。

（3）RS-232 与 RS-485 的区别：

1）传输方式不同。RS-232 采取不平衡传输方式，即所谓单端通信，收、发端的数据信号是相对于信号的。而 RS-485 则采用平衡传输，即差分传输方式。

2）传输距离不同。RS-232 适合本地设备之间的通信，传输距离一般不超过 30m。而 RS-485 的传输距离可以达到 1000m。

3）传输单位不同。RS-232 只允许一对一通信，而 RS-485 接口在总线上是允许连接多达 128 个收发器。典型的 RS-232 信号在正负电平之间摆动，在发送数据时，发送端驱动器输出正电平在+5～+15V，负电平在−5～−15V。

5. 配网无线通信

配网无线通信包含电力无线专网、无线虚拟专网、无线公网等通信方式，主要用于农村地区以及城区光缆无法覆盖区域的业务接入。

（1）电力无线专网。电力无线专网的频率使用应按照国家相关规定执行，采用无线电管理委员会许可规定的频率，并采取双向鉴权认证、安全性激活等安全措施。电力无线专网应采用信息加密和完整性保护、双向认证鉴权等安全防护机制；同时还应采用不同时频资源、不同基站传输板卡、不同光传输通道、不同核心网设备等方式，实现生产控制大区业务与管理信息大区业务之间的物理隔离。

基站站址应优先选择自有变电站、配电站房、供电所等电力部门自有的场所，并充分有效利用现有机房、电源、杆塔等基础设施，条件不具备时方可考虑新建或租用。租用时应考虑运维和安全要求。无线通信终端分布在高大建筑物遮挡、室内、地下室等环境时，可采用增加基站或光纤射频拉远、无线中继转发等方式进行深度覆盖。

电力无线专网建设和站址选择应优先满足配电光纤网无法覆盖区域的控制类业务需求。电力无线专网覆盖区域内，新建采集类终端应接入电力无线专网，已建的采集类终端应结合电网一次、智能化建设改造等工程，同步改造接入电力无线专网。

（2）无线虚拟专网。配电通信专网覆盖范围外的终端，应根据终端业务选取相应的无线虚拟专网通信。

1）采集类终端，可采用 4G CPN、5G 软切片、5G 硬切片等通信方式。

2）控制类终端，在无线虚拟专网技术及安全指标满足要求前提下，优先采用 5G 硬切片通信。

采用无线虚拟专网通信的各类终端，应使用 13 位专属号段的物联网卡，并具备机卡绑定功能。

电信运营商物联网专用网元设备应屏蔽物联卡语音、短信功能，采用定向流量等通信方式，并向电网企业提供 API 应用程序接口、专用 APN 网络接入技术、PCC 架构、位置定位、静态 IP（即固定 IP 地址）服务、大数据技术等智能通信通道服务，满足配电网通信 SIM 卡可观可视的需求。

（3）无线公网。无线公网即电信运营商提供的无线网络通信服务。目前常用的无线公网通信主要有：通用分组无线服务技术（general packet radio service，GPRS）、第 3 代移动通信技术（3G）、第 4 代移动通信技术（4G）、第 5 代移动通信技术（5G）等。GPRS 是在现有全移动通信系统（GSM）网络上开通的一种新型分组数据传输技术，通过利用 GSM 网络中未使用的 TDMA 信道，提供中速的数据传递，为移动用户提供组式数据业务。采用无线公网通信具有在线率高、快速登录、按数据流量计费、投资成本低等优点。

无线公网通信技术可用于移动通信覆盖完整且信号较好的区域，能够满足实时性能要求不高的配电网自动化数据采集和电量抄表的应用。无线公网通信技术能够满足持续传送数据的要求，还能够进行实时的交互数据传送。

使用无线公网可以实现点对点以及点对多点的数据传输。对于一些分散在农村地区的配电终端来说，建设专用的通信通道投资比较大，使用社会上移动通信运营商提供的无线公网通信服务是一种合适的选择。

相对于其他通信方式，无线公网的不足之处是传输延迟较大，存在“掉线”现象，但能够基本满足大部分配电网自动化应用要求。一些城市配电网自动化系统实际运行情况统计，无线公网的在线率可以达到 80%以上。

考虑到安全防护要求，无线公网和配电网自动化系统主网络之间需要加入正反向物理隔离装置。

目前，基于无线公网的通信技术已经在配电网自动化系统中广泛应用，从实际运行情况来看，能够满足现阶段配电网自动化系统和大部分配电网终端的通信要求，可以将配电终端部署到移动信号覆盖的广大区域。

在应用方面，除了实现基础的遥测、遥信、遥控“三遥”功能以外，实践中无线公网的通信技术还实现了配电网终端参数和保护定值的远端下装、修改。在配电主站把各种系统参数、采集参数、限值参数和网络参数配置好，通过无线公网通信通道下装到配电网终端，方便了配电网终端的维护、升级和管理。

四、配电自动化光纤通信接入网组网技术

1. 设计原则

新建的接入网光缆线路宜采用管道方式或架空敷设，在具备条件的地方应优先选用管道方式敷设；光缆宜采用 ADSS 或普通光缆，10kV 主干光缆通道的光缆芯数不应少于 24 芯。

城市配用电网电缆管道的建设规划应充分考虑终端通信接入网光缆位置，在管道建设时，

应预留光缆专用管孔或子管。

城市配用电网线路入地改造规划应同步考虑光缆规划建设。

配电自动化光纤通信架构包括骨干层、汇聚层和接入层，如图 1-3-4 所示。接入层光缆应以汇聚节点为中心，根据地理位置、道路情况、业务分布状况，将开关站、环网柜、箱式变压器、柱上变压器、配电室、充电站等接入点与汇聚节点建成环型光缆或双归汇聚节点链型光缆，与汇聚节点间光缆无法成环的接入点，可建成链、星、树形结构。

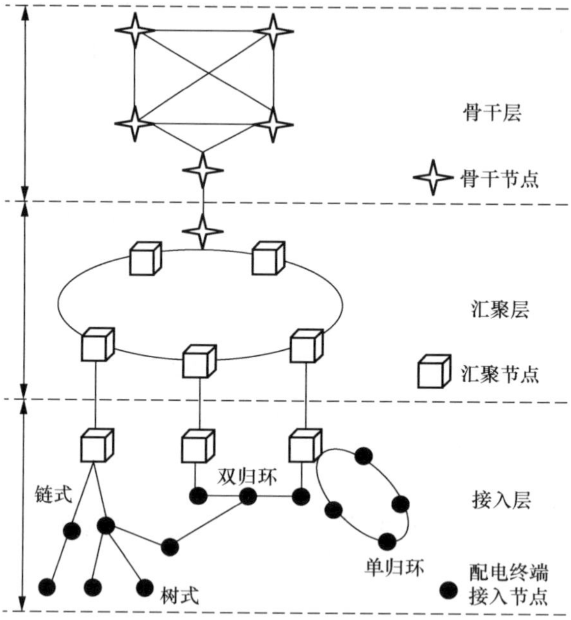

图 1-3-4 配电自动化光纤通信架构图

2. EPON 技术

EPON（Ethernet Passive Optical Network，以太网无源光网络），就是基于以太网的 PON 技术。它采用点到多点结构（P2MP）、无源光纤传输，在以太网之上提供多种业务。EPON 技术将以太网和 PON 技术结合，在物理层采用 PON 技术，在数据链路层使用以太网协议，利用 PON 的拓扑结构实现以太网接入。因此，它综合了 PON 技术和以太网技术的优点：低成本、高带宽、扩展性强、与现有以太网兼容、方便管理等。

（1）基于以太网无源光网络（EPON）是一种单纤数据双向传输的光纤通信技术。EPON 技术始于 20 世纪 90 年代，如今已发展到大规模商用阶段。EPON 系统设备由三部分组成，分别是线路侧设备［光线路终端（Optical Line Terminal，OLT）］、中间分光设备（连接 OLT 和 ONU 的无源设备）、用户侧设备［光网络单元（Optical Network Unit，ONU）］。EPON 系统基本组成如图 1-3-5 所示。

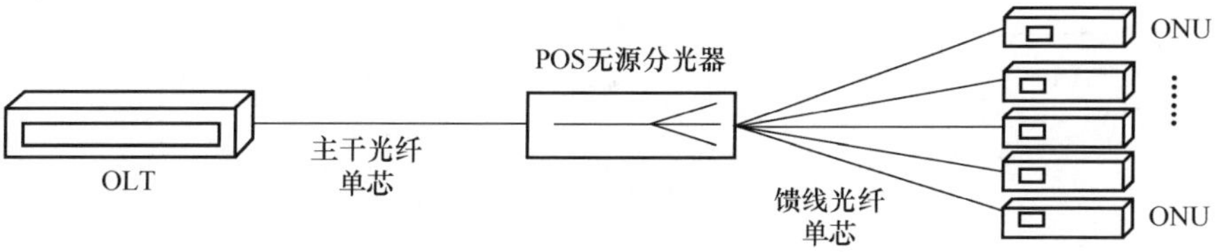

图 1-3-5 EPON 系统基本组成

（2）上下行数据。EPON 系统采用 WDM 技术，实现单纤双向传输。

下行数据流采用广播技术：所有的 ONU 都能收到相同的数据，但是通过 LLID 来区分不同的 ONU 的数据，ONU 过滤广播报文来接收属于自己的数据。

上行数据流采用 TDMA 技术：OLT 统筹管理 ONU 发送上行信号的时刻，发出时隙分配帧。ONT 根据时隙分配帧，在 OLT 分配给它的时隙中发送自己的上行信号。

（3）EPON 技术特点：

1）无源分光器无需机房、有源设备，易维护、低成本。

2）传输距离长达 20km。

3）节约骨干段光纤资源，降低成本。

4）无源光分配网 ODN 灵活布放，最大支持 1∶64 分光。

5）支持多种业务，满足不同的 QoS 要求。

6）减少网络层级、减少故障点。

配网通信的光缆大部分是随着配电网电缆走向敷设的，因此通信网络结构应尽量与配电网线缆结构符合。常用的 EPON 网络有单链路结构（见图 1-3-6）和双链路结构（见图 1-3-7）。

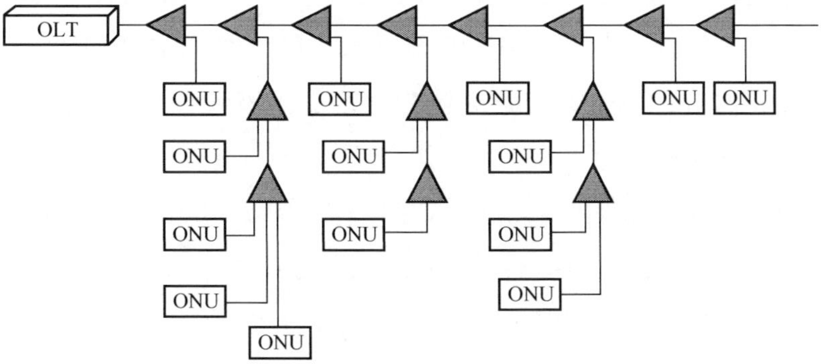

图 1-3-6 单链路结构

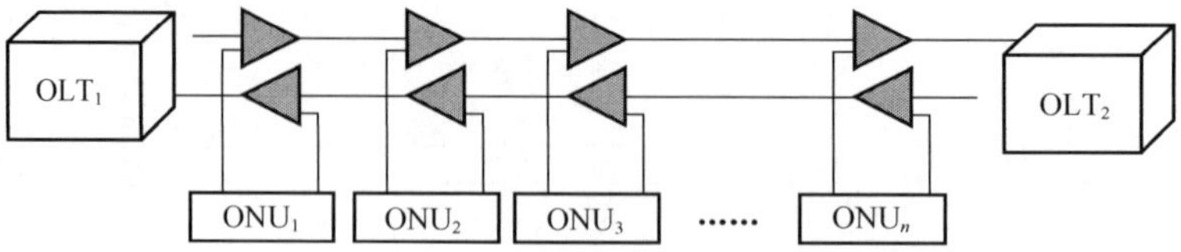

图 1-3-7　双链路结构

3. 工业以太网

工业以太网是在以太网和 TCP/IP 技术的基础上开发出来的一种工业用通信网络，主要应用于工业控制领域。它是通过采用减轻以太网负荷、提高网络速度、交换式以太网和全双工通信、流量控制及虚拟局域网等技术来提高网络的实时响应速度，从而达到技术上与商用以太网兼容。

工业以太网在产品的强度、适用性、实时性、互可操作性、可靠性、抗干扰性和本质安全等方面能满足工业控制现场的需要。

工业以太网组网结构。在配电网通信的运用中，网络拓扑设计采用骨干、汇聚、接入三层结构。

（1）骨干层：选取配电主站、分局、县公司局本部、部分大型 220kV 变电站等重要节点，部署骨干路由器，实现骨干节点互联与汇聚节点接入。

（2）汇聚层：选择 110kV 变电站或大型开闭所节点部署汇聚路由器，实现与骨干路由器互联并提供接入层节点接入，实现接入层子站与骨干层数据转发。

（3）接入层。包含工业三层交换机及二层交换机。三层交换机安装在变电站、开闭所、配变站等汇聚节点。三层交换机作为环网柜、开闭所等配电自动化节点二层设备的集中汇聚点，承担变电站与配电站房的数据转发。二层交换机汇聚至三层交换机并接入汇聚路由器，三层交换机和二层交换机均采用二层方式，通过划分 VLAN 方式实现业务逻辑隔离。

原则上每台三层交换机允许 64 个配电终端接入，每个子环网原则上允许接 20 个终端。如果单台三层交换机超出 64 个终端，需要考虑增加三层汇聚交换机。二层接入交换机优先采用环型拓扑接入三层交换机。

三层交换机就是具有部分路由器功能的交换机（见图 1-3-8），工作在 OSI 网络标准模型的第三层：网络层。三层交换机能够实现快速的大型局域网内部的数据交换，其路由功能够做到一次路由，多次转发。对于数据包转发等规律性的过程由硬件高速实现，而路由信息更新、路由表维护、路由计算、路由确定等功能，由软件实现。三层交换技术就是二层交换技术+三层转发技术。传统交换技术是在 OSI 网络标准模型第二层——数据链路层进行操作的，而三层交换技术是在网络模型中的第三层实现了数据包的高速转发，既可实现网络路由功能，又可根据不同网络状况做到最优网络性能。

图 1-3-8　三层交换机

二层交换机工作于 OSI 模型的第二层（数据链路层），故而称为二层交换机，如图 1-3-9 所示。二层交换技术的发展已经比较成熟，可以识别数据帧中的 MAC 地址信息，根据 MAC 地址进行转发，并将这些 MAC 地址与对应的端口记录在自己内部的一个地址表中。

二层交换机工作原理：①由于二层交换机对多数端口的数据进行同时交换，这就要求具有很宽的交换总线带宽。如果二层交换机有 N 个端口，每个端口的带宽是 M，交换机总线带宽超过 N×M，那么二层交换机就可以实现线速交换；②二层交换机记忆端口连接的 MAC 地址，写入地址表；③二层交换机一般都含有专门用于处理数据帧转发的 ASIC（Application specific Integrated Circuit）芯片，因此可以实现快速转发。

图 1-3-9　二层交换机

二层交换机工作流程：①二层交换机从某个端口收到一个数据帧时，先读取包头中的源 MAC 地址，这样它就知道源 MAC 地址的机器是连在哪个端口上的；②然后读取数据帧头中的目的 MAC 地址，并在地址表中查找相应的端口；③如地址表中存在与这目的 MAC 地址对应的端口，把数据帧直接复制到这端口上；④如表中找不到相应的端口则把数据帧广播到所有端口上，当目的机器对源机器回应时，二层交换机又可以记忆目的 MAC 地址与哪个端口对应，在下次传送数据时就不再需要对所有端口进行广播了。

不断地循环这个过程，对于全网的 MAC 地址信息都可以记忆到，二层交换机就是这样建立和维护它自己的地址表。

4. 工业以太网与 EPON 的对比

工业以太网交换机和工业 EPON 作为目前两种最为重要的配网通信解决方案，各有其特点。EPON 可以通过分光器形成点到多点网络模式，非常适合配网的实际分布情况。各 ONU 采用并联方式接入，抗多点失效能力强。缺点是所有业务处理都集中在 OLT 上，OLT 稳定性显得非常重要。由于光分路器增加损耗，限制网络长度，一般不超过 20km。对于新增节点的扩容，通过更换光分路器即可增加方向，非常方便。

工业以太网交换机主要采用分段冗余、相交环、相切环等方式，提高组网的可靠性，但抗多点失效能力弱。其对等通信模式，单个节点失效不会对全网造成致命影响。而通过选择合适的光模块，传输距离最多可达 100km。

（1）工业以太网。

优点：通过设备中继提供长距离的传输和覆盖，组网方式比较简单；

缺点：网络拓扑不灵活；系统可靠性不高。

（2）EPON。

优点：网络拓扑灵活；网络可靠性更高（ONU 故障不影响其他设备）；

缺点：传输距离受限；组网相对复杂，需进计算光通道衰耗。

五、智能配网通信规约类型及应用

1. 配电自动化通信规约基本概念

通信规约是为保证数据通信网中通信双方能有效、可靠通信而规定的一系列约定，也称通信协议。这些约定包括数据的格式、顺序和速率、数据传输的确认或拒收、差错检测重传控制和询问等操作。

早期的电力系统远动通信协议是自发形成的，各个电力自动化设备制造商以及电力企业根据自身的设备及应用情况，开发出了许多不同的通信协议。所应用的电力远动通信规约版本有近百种，它们互相之间不兼容，各种自动化设备之间难以直接互联，给自动化系统集成带来了极大的不便。为改变这一局面，国际电工委员（IEC）成立 TC57 技术委员会，开始制定电力远动通信协议。已颁布的通信协议有 IEC 60870-5 系列远动通信协议体系、IEC 60870-6 系列计算机数据通信协议体系以及 IEC 61334-4（中国等同采用的标准为 DL/T 790.4）系列使用配电载波的配电网自动化通信协议。

早期在配电网自动化中使用的协议有 Modbus、SC1801、DNP3.0、部颁循环式规约等。近年来，IEC 60870-5-101/104 获得了广泛的应用。中国是 IEC 成员国，原则上等同采用 IEC

标准，相应地颁布了与 IEC 60870-5-101/104 标准等同的 DL/T 634.5101-2002 和 DL/T 634.5104-2009 标准。现在，国内的配电网自动化系统普遍使用 IEC 60870-5-101/104 远动通信协议。

现有的 IEC 60870-5-101/104 通信规约采用面向过程的抽象数据模型，就是将监控信息抽象为模拟量、状态量、遥控量等几种类型的数据打包传输，没有对数据模型做出统一的规定，通信配置调试工作量大，不能实现配电网自动化设备的即插即用。为解决这些问题，IEC TC57 成立了专门的工作组，研究扩展变电站自动化通信标准 IEC 61850，使其覆盖整个电力远动通信。因此，配电网自动化系统通信规约应用的发展趋势是 IEC 61850 标准。

现在国际标准化组织（ISO）新颁布的通信协议，都是依据开放式系统互联模型标准（OSI）制定的。OSI 模型将通信协议分成物理层、数据链路层、网络层、传输层、会话层、表示层和应用层七个层次的内容。但并不是所有的通信协议都符合 OSI 模型，如早期的循环远动协议 DL 451-1991、查询式远动协议 SC1801 就没有 OSI 模型规定的层次划分。目前，在计算机网络通信中应用比较广泛的 TCP/IP 协议，由于制定时间较早，只是包含了一部分传输层及网络层的内容，不完全符合 OSI 模型。按照 OSI 模型要求制定通信协议是发展趋势，目前 ICIEEE 等国际性组织制定的通信协议如 IEC 60870-5-101、ICCP（TASE2）等都是符合 OSI 模型结构的。

实际应用的通信规约，有两个含义：一是指一个完整的数据传输协议组或体系，它包含了一个具体应用中两个通信实体进行数据交换需要的所有层次上的协议，如 IEC 60870-5-101 协议，包含了物理层、链路层及应用层三个层次的内容；二是指一个具体层次上的通信协议，如 TCP/IP 只包含传输层、网络层的部分内容，因此它必须与其他层次的协议配合，才能实现数据交换。

2. IEC 60870-5-101 规约

IEC 60870-5-101 规约（简称 IEC 101 规约）规定了配电自动化系统中配电主站和配电终端之间以问答方式进行数据传输的帧格式、链路层的传输规则、服务原语、应用数据结构、应用数据编码、应用功能和报文格式。

IEC 101 规约术语：

控制站（启动站，在非平衡传输中就是主站）。

被控站（从动站，在非平衡传输中就是厂站、终端）。

控制方向（由控制站到被控站的传输方向）。

监视方向（由被控站到控制站的传输方向）。

控制域（C=Control，平衡式和非平衡式的控制域不同）。

链路地址域（A=Address）。

类型标识（TI=Type Identification）。

可变结构限定词（VSQ=Variable Structure Qualifier）。

传送原因（COT=Cause Of Transmission）。

应用服务数据单元（ASDU）。

品质描述词（QDS）。

时标（短时标 CP24Time2a 和长时标 CP56Time2a）。

帧校验和（CS=Check Sum）。

（1）基于三层参考模型“增强性能体系结构（EPA）”的规约结构，如图 1-3-10 所示。

从 GB/T 18657.5 选用的应用功能	用户进程
从 GB/T 18657.4 选用的应用信息元素	应用层（第 7 层）
从 GB/T 18657.3 选用的应用服务数据单元	
从 GB/T 18657.2 选用的链路传输规则	链路层（第 2 层）
从 GB/T 18657.1 选用的传输帧格式	
从 ITU-T 建议中选用	物理层（第 1 层）

图 1-3-10　基于三层参考模型“增强性能体系结构（EPA）”的规约结构

如果分层开发，由于应用服务数据单元（ASDU）结构基本相同，则 IEC 101 规约和 IEC 60870-5-104 规约可以考虑共用同一个应用层代码，代码通用性好且便于维护（但由于传输原因、ASDU 公共地址、信息对象地址等字节数目均不同，给共用应用层代码带来困难）。

（2）链路层与应用层。链路层负责控制通信过程，应用层负责处理用户数据，两者关系如图 1-3-11 所示。

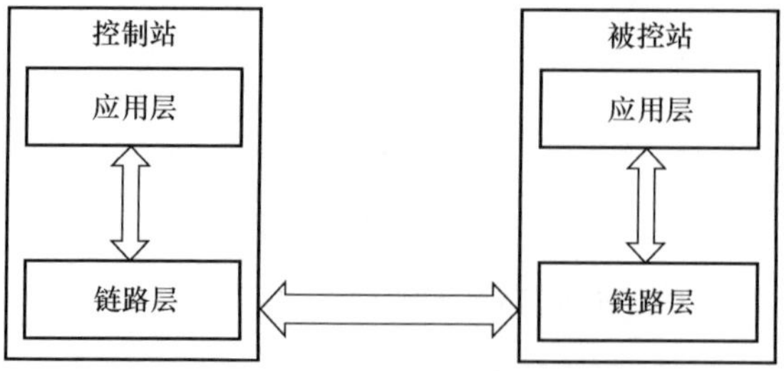

图 1-3-11　链路层与应用层关系图

链路层不解析 ASDU；被控站不直接以 ASDU 帧回答控制站；应用层只处理 ASDU，不介入链路层的过程控制。

（3）网络拓扑结构有以下四种：点对点、多点对点、多点共线和冗余通道，如图 1-3-12 所示。

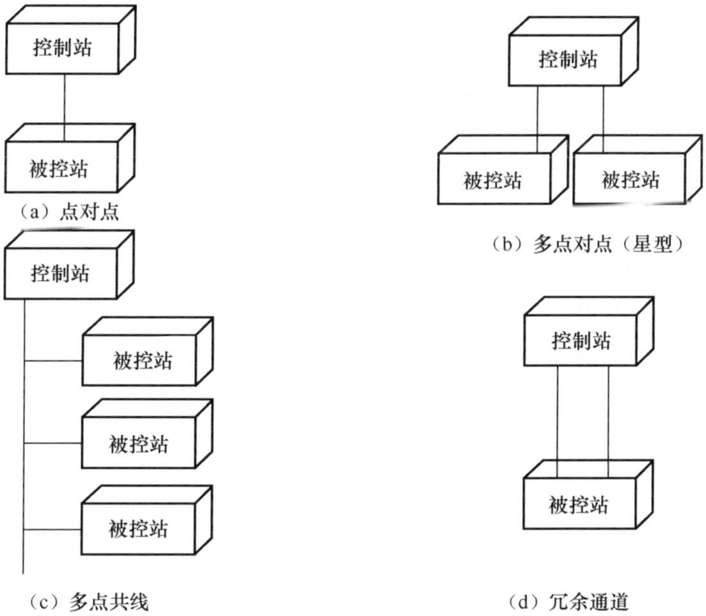

图 1-3-12 网络拓扑结构

（4）非平衡模式的控制域（Control），如图 1-3-13 所示。

<table>
<tr><td rowspan="2">RES</td><td rowspan="2">PRM</td><td>FCB</td><td>FCV</td><td>2^3</td><td>2^2</td><td>2^1</td><td>2^0</td></tr>
<tr><td>ACD</td><td>DFC</td><td colspan="4">功能码（Function Code）</td></tr>
</table>

图 1-3-13 非平衡模式的控制域

RES：保留位，必须置 0。

PRM：信源信息，1 表示控制站→被控站，0 表示被控站→控制站。

FCB：帧计数位，用来消除传输中信息的丢失和重复。

FCV：帧计数有效位，1 表示 FCB 的变化有效，0 则表示变化无效。

ACD：访问要求，1 表示有 1 级数据传输的访问要求。

DFC：数据流控制位，1 表示更多的后续报文将引起数据溢出。

FC：功能码，通信报文中具体问答的含义，上行与下行含义不同。

（5）类型标识（Type Identification）。

1=不带时标的单点信息 M_SP_NA_1（遥信）

2=带 CP24Time2a 时标的单点信息 M_SP_TA_1（遥信）

3=不带时标的双点信息 M_DP_NA_1（遥信）

4=带 CP24Time2a 时标的双点信息 M_DP_TA_1（遥信）

9=带品质的测量值，规一化值 M_ME_NA_1（遥测）

11=测量值，标度化值 M_ME_NB_1（遥测）

13=测量值，短浮点数 M_ME_NC_1（遥测）

20=带变位检出的成组单点信息 M_PS_NA_1（遥信）

21=不带品质描述词的规一化测量值 M_ME_ND_1（遥测）

30=带 CP56Time2a 时标的单点信息 M_SP_TB_1（遥信）

31=带 CP56Time2a 时标的双点信息 M_DP_TB_1（遥信）

45=单点遥控命令 C_SC_NA_1（遥控）

46=双点遥控命令 C_DC_NA_1（遥控）

70=初始化结束 M_EI_NA_1

100=总召唤命令 C_IC_NA_

103=时钟同步命令 C_CS_NA_1

104=测试命令 C_TS_NA_1

105=复位进程命令 C_RP_NA_1

106=延时获得命令 C_CD_NA_1

（6）IEC 101 规约的平衡式与非平衡式传输的规则对比，见表 1-3-1。

表 1-3-1　　IEC 101 规约的平衡式与非平衡式传输规则对比

非平衡式	平衡式
控制站启动所有报文传输，被控站仅在被查询时发送报文	每个站都可以启动报文传输，这些站既是控制站又是被控站，称为综合站
链路工作在半双工或全双工状态，但典型为半双工	链路工作在全双工状态
链路支持控制站启动的 3 种传输服务（S1，S2，S3）	只使用 S1（发送/无回答）、S2（发送/确认）两种服务
适用于所有拓扑结构，典型为点对点结构	限于点对点和多点对点的拓扑结构，尤其是多点共线结构中存在公用物理通道，必须工作在非平衡模式
有问才有答，不问则不答	不问就答，从动站主动上送数据
广泛采用	极少采用

（7）非平衡链路层服务的组合，见表 1-3-2。

表 1-3-2　　非平衡链路层服务的组合

控制方向的功能码和服务	监视方向允许的功能码和服务
<0>复位远方链路	<0>确认：认可或者 <1>确认：否定认可
<1>复位用户进程	<0>确认：认可或者 <1>确认：否定认可
<3>发送/确认用户数据	<0>确认：认可或者 <1>确认：否定认可
<4>发送/无回答用户数据	无回答
<8>访问请求	<11>响应：链路状态
<9>请求链路状态	<11>响应：链路状态
<10>请求 1 级用户数据	<8>响应：用户数据或者 <9>响应：无所请求的用户数据
<11>请求 2 级用户数据	<8>响应: 用户数据或者 <9>响应：无所请求的用户数据

（8）平衡链路层服务的组合，见表 1-3-3。

表 1-3-3　　平衡链路层服务的组合

控制方向的功能码和服务	监视方向允许的功能码和服务
<0>复位远方链路	<0>确认：认可或者 <1>确认：否定认可
<1>复位用户进程	<0>确认：认可或者 <1>确认：否定认可
<2>发送/确认链路测试功能	<0>确认：认可或者 <1>确认：否定认可
<3>发送/确认用户数据	<0>确认：认可或者 <1>确认：否定认可
<4>发送/无回答用户数据	无回答
<9>请求链路状态	<11>响应：链路状态

（9）非平衡式传输的通信过程。

1）通信双方需要设定的系统参数。

a. 链路地址域：1 个字节，只有配网自动化系统可以设置为两个字节；

b. 应用服务数据单元公共地址：1 个字节，只有配网自动化系统可以设置为两个字节；

c. 传输原因：1 个字节（可以是一个或两个字节）；

d. 信息对象地址：2 个字节（可以是两个或三个字节）；

e. 信息对象地址范围，尤其是遥信量的地址范围；

f. 控制方向遥控/遥调选用的 ASDU 类型（被控站一般自适应）；

g. 监视方向遥测遥信选用的 ASDU 类型（控制站一般自适应）。

2）通信过程。

a. 请求远方链路状态。双方通信的第一步，是建立连接的过程，也称“握手”。控制站请求远方链路状态，如果无应答，则始终发送该帧。

如果收到的报文中 FC≠B，则始终发送该帧。

Tx: 10 49 ADDR CS 16 //请求链路状态

Rx: 10 0B/2B ADDR CS 16 //链路状态完好

例如：

Tx: 10 49 01 4A 16

Rx: 10 0B 01 0C 16

b. 复位远方链路——被控站远方初始化。双方通信的第二步，是链路建立后双方初始化的过程。被控站响应“肯定确认（ACK）”报文后链路连接正式建立；复位远方链路后，双方的变量均被复位和进行初始化，之前任何挂起传输的报文均被舍弃；复位远方链路后，被控站必须发送“初始化结束”帧。

Tx: 10 40 A CS 16 //复位远方链路

Rx: 10 00/20 A CS 16 //肯定确认

例如：

Tx: 10 40 01 41 16

Rx: 10 20 01 21 16

被控站正常运行，在收到控制站的“复位远方链路”命令后进行初始化（控制站重启），回答复位链路确认报文时将 ACD 置 1。

ACD 置 1 后，控制站必然请求 1 级数据，这时被控站发出“初始化结束”报文，这意味着此时控制站可以进行总召唤获取全数据。

Tx: 10 40 01 41 16 //复位远方链路

Rx: 10 20 01 21 16 //肯定确认且有 1 级数据

Tx: 10 7A 01 7B 16 //请求 1 级数据

Rx: 68 09 09 68 28 01 46 01 04 01 00 00 02 77 16 //初始化结束帧

c. 总召唤。总召唤命令（也称为站召唤命令）是控制站向被控站发出的要求传输用户数据的命令，用来获取全部数据（遥信、遥测、电度）以刷新全部测点的实时值。

第一次的总召唤命令必须在控制站完成对被控站初始化过程后进行，其余的总召唤命令可以周期性进行，周期是一个可配置参数。

总召唤应答帧中先送遥信或先送遥测都可以，通常先送遥信。

总召唤应答总召唤命令示例帧中通常采用 SQ=1 的 VSQ。

总召唤命令示例如图 1-3-14 所示。

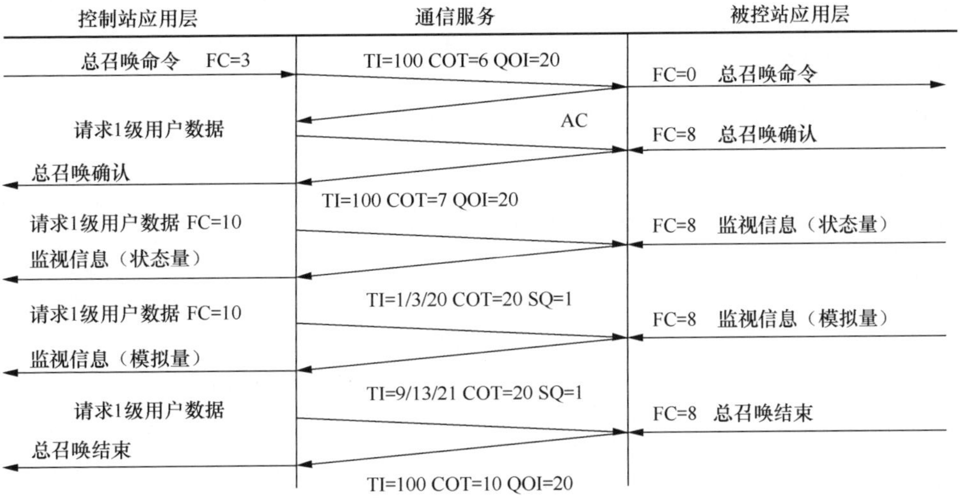

图 1-3-14　总召唤命令示例

Tx: 68 09 09 68 73 01 64 01 06 01 00 00 14 F4 16　//总召唤

Rx: 10 20 01 21 16 //肯定确认且有 1 级数据

Tx: 10 5A 01 5B 16//请求 1 级数据

Rx: 68 09 09 68 28 01 64 01 07 01 00 00 14 AA 16　//总召唤确认

Tx: 10 7A 01 7B 16//请求 1 级数据

Rx: 68 A8 A8 68 28 01 14 A0 14 01 21 00 00 00 FF FF 00 00 00 …

…… ……　//重复请求 1 级或 2 级数据，直至数据全部上传完毕

Tx: 10 5A 01 5B 16//请求 1 级数据

Rx: 68 09 09 68 08 01 64 01 0A 01 00 00 14 8D 16　//总召唤结束

总召唤不宜过于频繁，原因如下：

a）总召唤过程中必然会降低某些测点数据的实时性。

b）可中断的总召唤过程会因为插入正常的问答通信过程而变得冗长，以至于影响总召唤数据的及时更新。

总召唤设定的周期需要根据数据量的多少灵活调节，数据量越大则周期需要设定的越长，建议不低于 10min。

允许在总召唤过程中下发遥控、遥调命令，提高遥控成功率。

总召唤报文应采用地址连续方式上送以提高传输效率，即 SQ=1。

d. 时钟同步（校时）。获取传输延时（Transmission Delay）：

Tx：68 0A 0A 68 73 01 6A 01 06 01 00 00 67 72 BF 16

Rx：10 20 01 21 16

Tx：10 5A 01 5B 16

Rx：68 0A 0A 68 28 01 6A 01 07 01 00 00 04 73 13 16

发送传输延时：

Tx：68 0A 0A 68 73 01 6A 01 03 01 00 00 04 01 E8 16

Rx：10 00 01 01 16

发送校时：

Tx：68 0F 0F 68 53 01 67 01 06 01 00 00 C3 75 02 13 0C 08 0B 2F 16

Rx：10 20 01 21 16

Tx：10 7A 01 7B 16

Rx：68 0F 0F 68 08 01 67 01 07 01 00 00 3F 68 01 13 0C 08 0B 53 16

由于传输延时已在被控站内存缓存，一般情况下只在初始化结束后的第一次时钟同步需要执行这 3 个步骤，以后在链路正常通信过程中的校时只发送时钟同步命令即可。

严格来说，校时需要先获取传输延时，再发送传输延时，最后再时钟同步。但在使用过程中，许多厂家没有严格按照校时规定执行，造成没有延时确认，从而在互操作性上有障碍。

e. 请求 1 级数据或 2 级数据。通道传输最多的任务是请求 1 级数据或 2 级数据，尤其是 2 级数据；请求 1 级数据还是 2 级数据，取决于被控站的上送报文，ACD=1，则请求 1 级数据；ACD=0，则请求 2 级数据；在响应 2 级用户数据时，被控站如无 2 级用户数据但有 1 级用户数据，可以用 1 级用户数据响应；在响应 2 级用户数据时，被控站既有 1 级用户数据又有 2 级用户数据，通常先回答本次的 2 级用户数据，同时置 ACD=1，期望控制站下次请求 1 级数据时响应 1 级数据。

在响应 2 级用户数据时，被控站既有 1 级用户数据又有 2 级用户数据，可直接用 1 级用户数据响应以保证 1 级数据的实时性。

Tx: 10 5B 01 5C 16//请求 2 级数据

Rx: 68 1A 1A 68 08 01 15 05 03 01 7F 40 08 4B 80 40 78 4B …

Tx: 10 7B 01 7C 16//请求 2 级数据

Rx: 68 0E 0E 68 08 01 15 02 03 01 71 40 78 25 73 40 20 25 …

Tx: 10 5B 01 5C 16//请求 2 级数据

Rx: 68 0A 0A 68 28 01 15 01 03 01 7C 40 08 C0 27 16

Tx: 10 7A 01 7B 16//请求 1 级数据

Rx: 68 0C 0C 68 08 01 01 02 03 01 01 00 00 E4 00 00 F5 16

Tx: 10 5B 01 5C 16//请求 2 级数据

Rx: 10 09 01 0A 16//无请求数据（可用 E5 代替）

Tx: 10 7B 01 7C 16//请求 2 级数据

……

f. {分组召唤}

g. {遥控/遥调}

h. {时钟同步}

i. {计数量召唤}

j. 遥信事件

遥信事件分为 SoE 事件与非 SoE 事件。当发生事件时，被控站需要向控制站传输两次信息，第一次传不带时标的状态变位信息（Change of State），稍后传输带时标的状态变位信息（Sequence of Event）；

SoE 事件推荐采用长时标（CP56Time2a）的 ASDU，不推荐使用短时标（CP24Time2a）的 ASDU。

所有含时标的 ASDU 帧不论时标长短都不产生变位动作。

（10）非平衡式传输的通信过程回顾。

Tx: 10 49 01 4A 16 //请求链路状态

Rx: 10 0B 01 0C 16 //B=链路状态完好

Tx: 10 40 01 41 16 //复位远方链路

Rx: 10 20 01 21 16 //肯定确认且有 1 级报文

Tx: 10 7A 01 7B 16 //请求 1 级数据

Rx: 68 09 09 68 08 01 46 01 04 01 00 00 02 57 16//初始化结束帧

Tx: 68 09 09 68 53 01 64 01 06 01 00 00 14 D4 16//总召唤

Rx: 10 20 01 21 16 //肯定确认且有 1 级数据

Tx: 10 7A 01 7B 16 //请求 1 级数据

Rx: 68 09 09 68 28 01 64 01 07 01 00 00 14 AA 16//总召唤确认

Tx: 10 5A 01 5B 16 //请求 1 级数据

Rx: 遥信、遥测的数据帧

Tx: 10 7A 01 7B 16 //请求 1 级数据

Rx: 68 09 09 68 08 01 64 01 0A 01 00 00 14 8D 16//总召唤结束

（11）报文解析示例。

1）遥测帧示例。

68 C8 C8 68 08 01 09 C0 14 01 01 40 F6 03 00 FC 03 00 00 00 …

08: 控制域，FC=8 表示以数据响应请求帧

01: 链路地址域 A=1

09: 类型标识 TI=9，测量值，规一化值

C0: SQ=1 表示有序，信息对象个数 Number=40H=64 个

14: 传输原因 COT=20，表示响应总召唤

01: 信息对象公共地址=1

01 40: 信息体地址=4001H，减去遥测起始地址 4001H 后为 0，表示从第 0 点开始

F6 03 00: 第 0 个遥测值=03F6H=1014，00 为品质描述词

FC 03 00: 第 1 个遥测值=03FCH=1020，00 为品质描述词

……

2）遥信帧示例。

68 C8 C8 68 28 01 01 CB 14 01 69 01 00 01 01 00 00 00 00 01 …

28: 控制域，ACD=1 表示有 1 级数据，FC=8 表示以数据响应请求帧

01: 链路地址域 A=1

01: 类型标识 TI=1，不带时标的单点信息

CB: SQ=1 表示有序，信息对象个数 Number=4BH=75 个

14: 传输原因 COT=20，表示响应总召唤

01: 信息对象公共地址=1

69 01: 0169H 即 361，减去遥信起始地址 0001H 后=360，即从 360 点开始

从 360 开始遥信状态依次为分，合，合，分，分，分，分，合…

3）遥控/遥调帧示例（见图 1-3-15）。

Tx: 68 09 09 68 73 01 2D 01 06 01 12 60 80 9B 16 //遥控选择，遥控号 17 控分

Rx: 10 20 01 21 16

Tx: 10 5A 01 5B 16

Rx: 68 09 09 68 08 01 2D 01 07 01 12 60 80 31 16 //遥控选择确认（返校）

Tx: 10 7B 01 7C 16

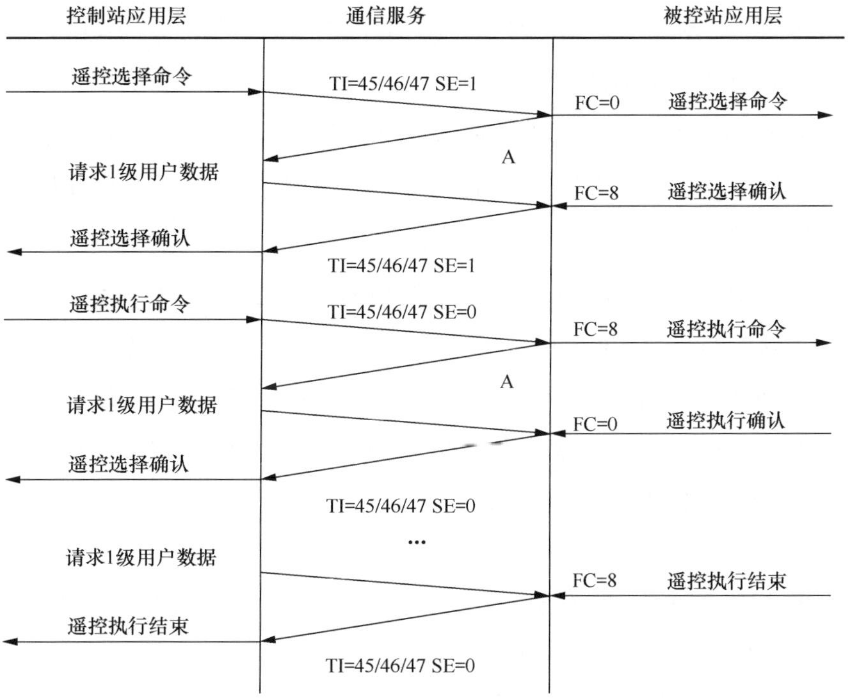

图 1-3-15 遥控/遥调帧示例

Rx: 68 0E 0E 68 08 01 15 02 03 01 60 40 E8 9A 67 40 E0 F0 3D 16 //遥测//遥控执行前传送的 2 级数据，这是在返校后操作员不可能立即下发遥控命令所致。

……

Tx: 68 09 09 68 53 01 2D 01 06 01 12 60 00 FB 16 //遥控执行

Rx: 10 20 01 21 16

Tx: 10 7A 01 7B 16

Rx: 68 09 09 68 28 01 2D 01 07 01 12 60 00 D1 16 //遥控执行确认

Tx: 10 5A 01 5B 16

Rx: 68 09 09 68 28 01 01 01 03 01 DF 00 00 0E 16 //变位遥信

Tx: 10 7A 01 7B 16

Rx: 68 09 09 68 08 01 2D 01 0A 01 12 60 00 B4 16 //遥控结束

3. IEC 60870-5-104 规约

IEC 60870-5-104 规约（简称 IEC 104 规约）是 IEC 101 规约的网络应用，是 IEC 60870-5 系列标准之一，采用平衡模式，适用于配电主站与配电终端之间用以太网方式传输数据，是目前常用的网络规约。IEC 104 规约能够满足配电自动化系统对电力监控系统通信实时、可靠等要求。

由于以太网的通信容量大和 TCP/IP 规约的开放性好的特点，以太网是配电自动化系统的站内局域网的必然发展趋势。IEC 104 规约把 IEC 101 规约的应用服务数据单元（ASDU）用网络规约 TCP/IP 进行传输的标准，该标准为远动信息的网络传输提供了通信规约依据。采用 IEC 104 规约组合 IEC 101 规约的 ASDU 的方式后，可很好的保证规约的标准化和通信的可靠性。

（1）IEC 104 规约特点。IEC 104 规约是国际电工委员会（IEC）为了满足 IEC 101 远动通信规约用于以太网实现而制定的。它的网络层规约为 TCP/IP 协议，应用层规约采用 IEC 101 规约的 ASDU。为了保证应用层 ASDU 的通信可靠性，又包装了 APCI 传输接口，规定了应答和重发机制。IEC 104 规约与 IEC 101 规约同属 IEC 60870-5 系列标准的配套标准，它们共享相同的应用数据结构和应用信息元素的定义和编码，因此给数据的处理带来极大的方便。

（2）IEC 104 规约概述。技术背景：适应和引导配电自动化的发展，规范远动设备的技术性能，实现自动化设备的交互操作性。

应用的协议：基于 TCP/IP 的面向连接的网络服务。对应规约中的服务端与客户端，配电主站为客户端（控制站），配电终端为服务端（被控站）。

IEC 104 规约将 IEC 101 规约与 TCP/IP 提供的网络传输功能相组合，使得 IEC 101 规约在 TCP/IP 内各类网络类型得到应用。IEC 104 规约处于应用层位置；IEC 104 规约规定传输层使用的是 TCP 协议，以保证传输数据可靠性。IEC 104 规约对应的端口是 TCP 端口，端口号为 2404。

IEC 104 规约定义了三种报文格式：I 格式，S 格式，U 格式。I 格式报文用于传递信息，包含了应用服务数据单元 ASDU；S 格式报文用于当没有 I 格式报文回应的情况下，回应确认报文的接收，它不包含 ASDU；U 格式报文用于数据传输的过程控制，主要实现子站进行数据传输（STARTDT）、停止子站的数据传输（STOPDT）和 TCP 链路测试（TESTFR），它也不包含 ASDU。

例如，配电主站与配电终端之间利用基于 TCP/IP 的 IEC 104 规约进行数据通信。主站的选择命令下发后，终端进行选择确认，然后主站的执行令下发，当终端验证执行后，回应主站执行确认令。最后当断路器的变位信号产生后，终端主动上送变位信息。整个通信过程中，都是利用 IEC 104 规约的 I 格式报文传送信息。

（3）IEC 104 规约结构，如图 1-3-16 所示。

与 IEC 101 规约相比帧结构的变化。保留一个字节的启动字符 68H 和一个帧长 L，删除第二个启动字符和第二个帧长 L。增加传输层所需要的 4 个控制字节，因此最短的帧含 6 个字节，没有校验和结束字符。

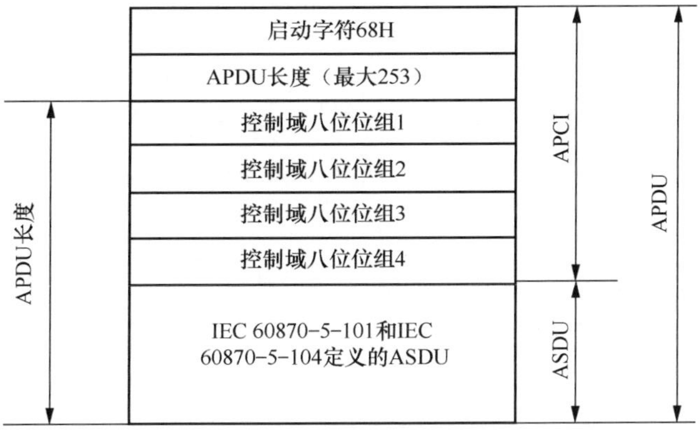

图 1-3-16　IEC 104 规约结构

（4）三种帧类型。

1）I 格式（见图 1-3-17）。用于编号的信息传输，APDU 包括 APCI 和 ASDU 控制域第一个八位位组的第一位比特=0 定义了 I 格式。

8	7	6	5	4	3	2	1
发送序列号 N(S)							0
发送序列号 N(S)							
接收序列号 N(R)							0
接收序列号 N(R)							

图 1-3-17　I 格式帧

I 格式的控制域定义了发送序列号和接收序列号，用于保护报文不至丢失和重复传送。

发送方发送信息时增加发送序号；接收方确认对方的发送序号时增加接收序号。在双向传输 I 帧的情况下，同时可确认对方的发送数据帧。发送方每发送一个 I 格式报文，其发送序号应加 1，接收方每接收到一个与其接收序号相等的 I 格式报文后，其接收序号也应加 1。每次重新建立 TCP 连接后，主站和子站的发送和接收序号都清零。

Rx: 68 FA 00 00 00 00 0D 1E 03 00 … //变化遥测

Rx: 68 FA 02 00 00 00 0D 1E 03 00 … //变化遥测

Rx: 68 FA 04 00 00 00 0D 1E 03 00 … //变化遥测

Tx: 68 0E 00 00 06 00 64 01 06 00 … //总召唤激活

Rx: 68 0E 06 00 02 00 64 01 07 00 … //总召唤确认

Rx: 68 8C 08 00 02 00 01 FF 14 00 … //响应总召唤遥信

Rx: 68 8C 0A 00 02 00 01 FF 14 00 … //响应总召唤遥信

注意上述各帧中发送和接收序号的变化。

2）S 格式（见图 1-3-18）。用于编号的监视功能，APDU 只包括 APCI，控制域第一个八位位组的第一位比特=1 并且第二位比特=0 定义了 S 格式。

<table>
<tr><td>8</td><td>7</td><td>6</td><td>5</td><td>4</td><td>3</td><td>2</td><td>1</td></tr>
<tr><td colspan="6">0</td><td>0</td><td>1</td></tr>
<tr><td colspan="8">0</td></tr>
<tr><td colspan="7">接收序列号 N(R)</td><td>0</td></tr>
<tr><td colspan="8">接收序列号 N(R)</td></tr>
</table>

图 1-3-18 S 格式帧

在本身没有 I 帧发送的情况下，用于确认接收到的 I 帧。

Rx: 68 8C 0A 00 02 00 01 FF 14 00 …

Tx: 68 04 01 00 0C 00

……

Rx: 68 FD 1A 00 02 00 0D B0 14 00 …

Rx: 68 FD 1C 00 02 00 0D B0 14 00 …

Rx: 68 FD 1E 00 02 00 0D B0 14 00 …

Tx: 68 04 01 00 20 00

Rx: 68 FD 20 00 02 00 0D B0 14 00 …

3）U 格式（见图 1-3-19）。用于未编号的控制功能，APDU 只包括 APCI，控制域第一个八位位组的第一位比特=1 并且第二位比特=1 定义了 U 格式。

<table>
<tr><td>8</td><td>7</td><td>6</td><td>5</td><td>4</td><td>3</td><td>2</td><td>1</td></tr>
<tr><td colspan="2">TESTFR</td><td colspan="2">STOPDT</td><td colspan="2">STARTDT</td><td rowspan="2">1</td><td rowspan="2">1</td></tr>
<tr><td>确认</td><td>生效</td><td>确认</td><td>生效</td><td>确认</td><td>生效</td></tr>
<tr><td colspan="8">0</td></tr>
<tr><td colspan="8">0</td></tr>
<tr><td colspan="8">0</td></tr>
</table>

图 1-3-19 U 格式帧

START：启动命令；STOP：停止命令；TEST：测试命令。在同一时刻，STARTDT、STOPDT 或 TESTFR 中只有一个功能是激活的。

启动命令

启动生效：68 04 07 00 00 00

启动确认：68 04 0B 00 00 00

终止命令

终止生效：68 04 13 00 00 00

终止确认：68 04 23 00 00 00

测试命令

测试生效：68 04 43 00 00 00

测试确认：68 04 83 00 00 00

（5）IEC 104 规约通信过程。

1）TCP 连接建立。TCP 连接是 IEC 104 规约通信的前提，而不是 IEC 104 规约自身报文的内容，因此接收方看不到发出的报文。

TCP 连接成功表明：物理网络已经畅通；socket 连接已经建立。

TCP 连接建立后，发送序号和接收序号均清零。

2）启动生效/确认。控制站发出启动生效命令，被控站启动确认。

Tx: 68 04 07 00 00 00　//启动生效

Rx: 68 04 0B 00 00 00　//启动确认

3）总召唤示例（见图 1-3-20）。

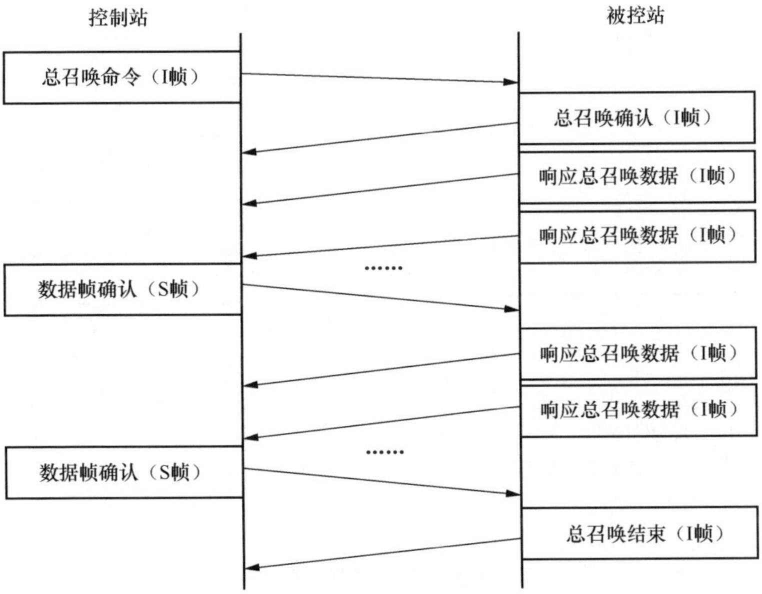

图 1-3-20　总召唤示例

Tx: 68 0E 00 00 00 00 64 01 06 00 01 00 00 00 00 14//总召唤激活

Rx: 68 0E 00 00 02 00 64 01 07 00 01 00 00 00 00 14//总召唤确认

Rx: 68 8C 02 00 02 00 01 FF 14 00 01 00 01 00 00 …//接收响应总召唤的遥测/遥信帧

……

Tx: 68 04 01 00 12 00 //发送 S 格式确认帧

Rx: 68 0E 2E 00 02 00 64 01 0A 00 01 00 00 00 00 14//总召唤结束帧

4）时钟同步（见图 1-3-21）。

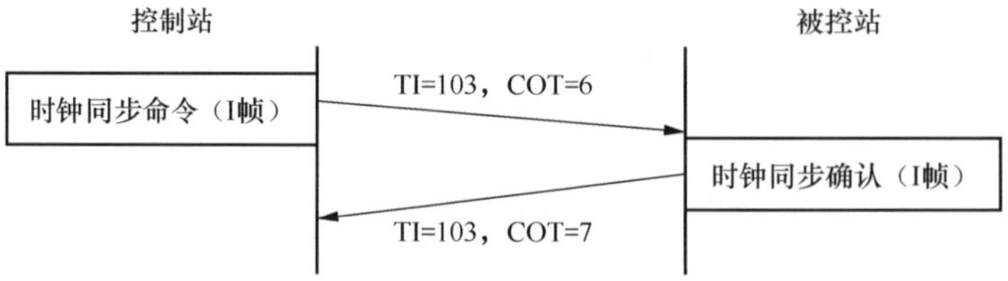

图 1-3-21　时钟同步示例

5）变化数据上送（见图 1-3-22）。IEC 104 规约采用平衡传输模式，主要体现在变化数据主动上送，而不需要控制站询问。IEC 101 规约中的请求 1 级数据和请求 2 级数据的机制在 IEC 104 规约中未采用。

被控站主动上送变化数据，控制站如果有 I 数据帧下发则在 I 帧中的接收序号体现接收帧，如果没有 I 帧下发，则通过 S 帧确认。

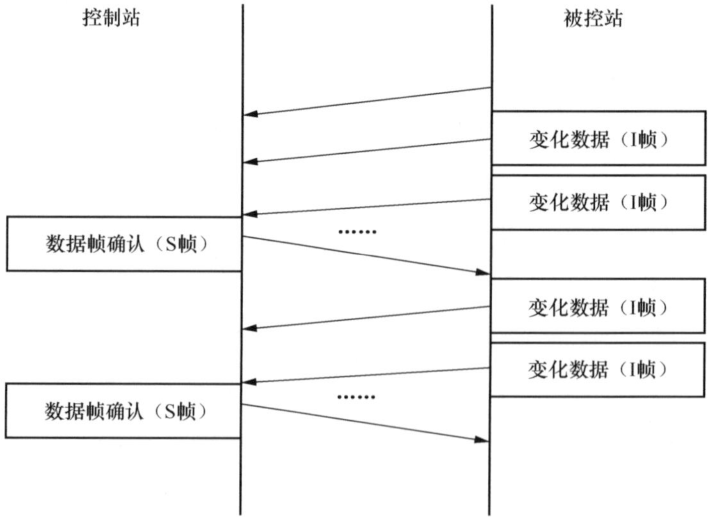

图 1-3-22　变化数据上送示例

Rx: 68 28 90 19 B2 00 09 05 03 00 01 00 …

Rx: 68 28 92 29 B2 00 09 05 03 00 01 00 …

Rx: 68 16 94 19 B2 00 09 02 03 00 01 00 …

Tx: 68 04 01 00 96 19（S 帧）

Rx: 68 1C 96 19 B2 00 09 03 03 00 01 00 …

Rx: 68 10 98 19 B2 00 09 01 03 00 01 00 …

Rx: 68 1C 9A 19 B2 00 09 03 03 03 01 00 …

……

Tx: 68 04 01 00 A0 19（S 帧）

（6）测试过程（见图 1-3-23）。控制站和被控站在规定时间段内（t3）没有数据传输（超时）要启动测试过程，每接收一帧（I 帧、S 帧或 U 帧）重新触发定时器 t3，双方都可以发起测试，对方要回应确认帧。如果在 t1 时间内未收到确认帧，则测试方需主动关闭连接，随后主动打开。如果收到对方发来了测试帧，本身就不必发测试帧。

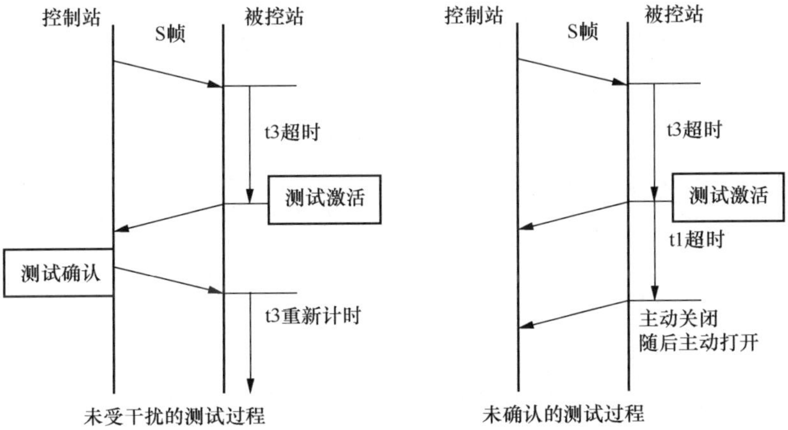

图 1-3-23 测试过程示例

Tx: 68 04 43 00 00 00

Rx: 68 04 83 00 00 00

或

Rx: 68 04 43 00 00 00

Tx: 68 04 83 00 00 00

（7）遥控过程（见图 1-3-24）。

单点遥控命令（ASDU=45） C_SC_NA_1

双点遥控命令（ASDU=46） C_DC_NA_1

传输原因（COT）

控制方向

<6>:= 激活 //用于遥控选择

<8>:= 停止激活 //用于遥控撤销

监视方向

<7>:= 激活确认 //用于遥控返校

<9>:= 停止激活确认 //用于遥控撤销确认

<10>:= 激活终止 //用于报告遥控完成

8	7	6	5	4	3	2	1	
S/E	QU					0	SCS	单命令
S/E	QU					DCS		双命令

图 1-3-24 遥控过程示例

SCS（Single Command State）

<0>:= 分/开 <1>:= 合/关

DCS（Double Command State）

<1>:= 分/开 <2>:= 合/关

<0>或<3>:= 不允许

S/E（Select/Execute）

<0>:= 执行 <1>:= 选择

遥控帧（见图 1-3-25）。

Tx: 68 0E CA 00 B2 02 2D 01 06 00 01 00 03 60 00 81//遥控选择

Rx: 68 0E B2 02 CC 00 2D 01 07 00 01 00 03 60 00 81//遥控返校

……

Tx: 68 0E CC 00 B8 02 2D 01 06 00 01 00 03 60 00 01//遥控执行

Rx: 68 0E B8 02 CE 00 2D 01 07 00 01 00 03 60 00 01//执行确认

……

Rx: 68 0E BC 02 CE 00 2D 01 0A 00 01 00 03 60 00 01//执行结束

遥控号=6003-6001=2

遥控性质：控合

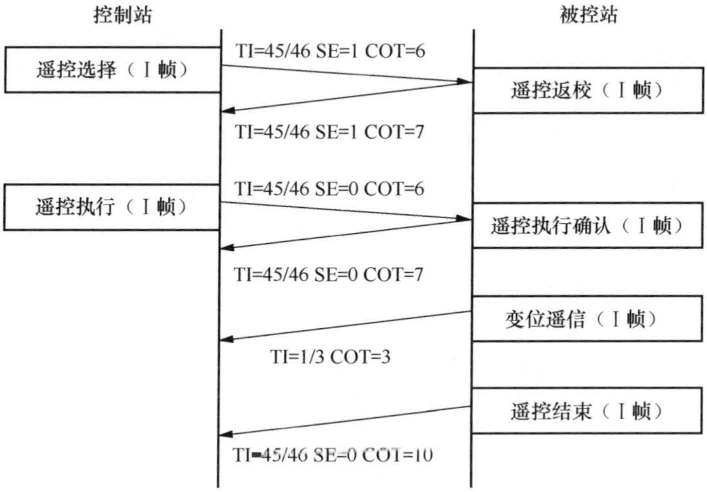

图 1-3-25　遥控帧示例

模块四　智能配网信息系统

【模块描述】

本模块主要介绍配电网常用的信息管理系统，包括监控与数据采集系统（SCADA）、地理信息系统（GIS）、电网生产管理系统（PMS）这几种一次设备。首先整体介绍了配电一次设备的基本概念及应用场景，随后具体介绍信息管理系统，支撑了电网的生产各个方面，是电网数字化的主要组成部分。

【学习目标】

1．认识掌握监控与数据采集系统（SCADA）的基本概念、应用。

2．认识地理信息系统（GIS）的基本概念、应用。

3．认识电网生产管理系统（PMS）的基本概念、应用。

【正文】

一、概述

随着现代通信、计算、网络和控制技术的发展信息技术运用领域的不断开拓，信息与能源技术的结合已然成为一种发展的必然趋势，而这种结合也催生了一个新的概念——智慧能源，即利用先进的信息技术，提升能源管理水平，实现能源进一步的精密化调控。由于电网在能源领域的基础性，智能配电网技术的发展成为其中的核心之一。

传统电网在能源利用效率、环保性等方面的问题比较突出。2008 年北美电力系统的能源使用效率约为 1/3，发电和输配电的能源损耗却占到 2/3。同时，65%以上的电力均来自化石能源（煤、天然气），对于环境污染较大。为解决这些问题，未来智能电网将改进现有电网的运行结构，基于新能源构建的大量分布式发电设施将被引入电网系统，电力的供应将多元化；同时电力终端的用电模型也将变得更加弹性。未来智能电网将表现出与许多分布式计算系统相类似的特性，智能配电网的研究将与计算网络系统的联系更加紧密。

传统电力系统目前面临着一系列问题，如峰值使用时的“电荒”、信息获取的不及时造成的设备利用率低。在这样背景下智能电网技术应运而生，智能电网和传统电网之间的区别如图 1-4-1 所示。因此，智能配电网系统主要解决以下几个方面的问题：

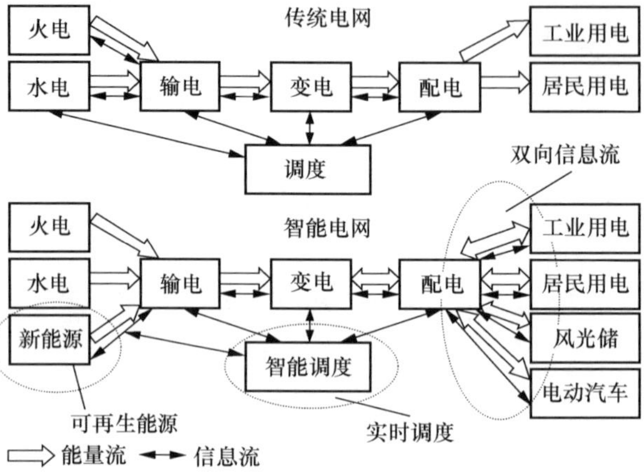

图 1-4-1　传统电网和智能电网的区别示意图

（1）保证电网安全、稳定和可靠性的同时提高设备利用率。由于电网系统高度耦合，调度控制不当，单一故障可引发连锁故障，甚至引起大面积停电事故和设备损坏，从而导致不可估量的直接和间接损失，故电网系统对于可靠性的要求非常高。智能配电网信息系统就是要在保证安全可靠的基础上解决广域信息的采集、传递、分析和处理问题。

（2）实现发电与用电的互动。电网的基本特征是发电与用电的平衡。从终端用户的角度讲，用户可以通过智能电力终端获取到电网的运行参数（比如电力的成本，自己各种设备的用电量），从而对自己的电力使用情况进行调整。而对于电网系统来说，则可以根据用电设备的用电信息构建精确的负荷模型，有效地提高供电效率。传统电网的建设基于发—输—变—配—用的单向思维，大量冗余造成浪费，智能电网可以靠与负荷互动来削峰填谷和减少热备用。如果测量和通信问题得到解决，通过控制达到瞬间平衡，那么迄今靠“试探”来达到平衡的各种稳定措施都可以重新设计。

（3）间歇式可再生能源的接入。目前，有的省内分布式光伏整体呈现大规模开发、以低电压等级分布式接入实现清洁能源的就地消纳。但光伏发电都具有随机性、间歇性，显著增加了配电网电压和功率控制的难度。另外，光伏机组缺少支撑电力系统安全稳定运行的控制性能，容易导致大范围光电脱网并引发后续配网稳定问题，解决这一问题需要毫秒级控制。

由此可见，智能配电网需要解决传统配电网信息系统在信息采集、传输、处理和共享等多方面的瓶颈，而这些问题的解决则依赖于正在逐渐发展的物联网技术。物联网的核心技术涵盖从传感器网络至上层应用系统之间的物理状态感知，信息表示、信息传输和信息处理在智能配电网信息系统体系中的通信、安全及上层应用等各个方面将起到重要支撑作用。对于智能配电网来说，通信系统是实现数据传输的关键和核心，其主要通过光纤和电力载波通信的形式实现。

二、智能配电网的关键信息系统

（一）SCADA 系统

1. SCADA 系统的定义

监控与数据采集系统（SCADA）是一种控制系统架构，包括计算机、网络数据通信和图形用户界面，用于对机器和过程进行高级监控。它还包括传感器和其他设备，如可编程逻辑控制器，电气设备的接口等。目前，计算机控制是提高电力系统网络可靠性、优化运行、智能控制和保护的最具成本效益的解决方案之一。

2. SCADA 体系结构

（1）硬件。通常 SCADA 系统分为两个层面，即客户/服务器体系结构。服务器与硬件设备通信，进行数据处理和运算。而客户用于人机交互，如用文字、动画显示现场的状态，并可以对现场的开关、阀门进行操作。还有一种“超远程客户”，它可以通过 Web 发布在 Internet 上进行监控。硬件设备（如 PLC）一般既可以通过点到点方式连接，也可以以总线方式连接到服务器上，点到点连接一般通过串口（RS232），总线方式可以是 RS485、以太网等连接方式。典型的 SCADA 硬件配置图如图 1-4-2 所示。

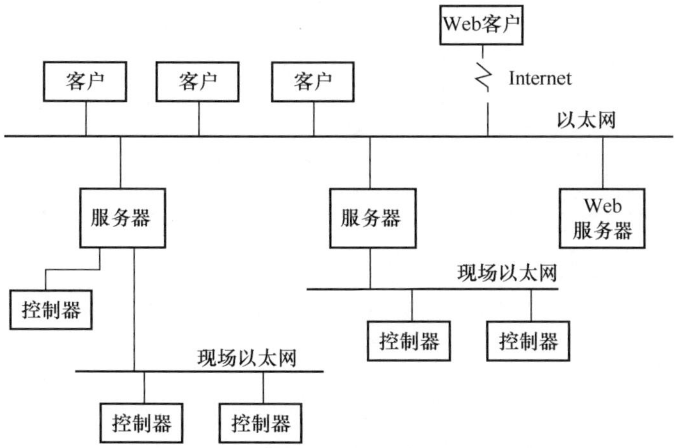

图 1-4-2　典型的 SCADA 硬件配置图

（2）软件。SCADA 由很多任务模块组成，每个任务模块完成特定的功能。位于一个或多个机器上的服务器负责数据采集、数据处理（如量程转换、滤波、报警检查、计算、事件记录、历史存储、执行用户脚本等）。服务器间可以相互通信。有些系统将服务器进一步单独划分成若干专门服务器，如报警服务器、记录服务器、历史服务器、登录服务器等。各服务器逻辑上作为统一整体，但物理上可能放置在不同的机器上。分类划分的好处是可以将多个服务器的各种数据统一管理、分工协作，缺点是效率低，局部故障可能影响整个系统。

（3）通信。SCADA 系统中的通信分为内部通信、与 I/O 设备通信和外界通信。客户与服务器间以及服务器与服务器间一般有三种通信形式：请求式、订阅式与广播式。设备驱动程序与 I/O 设备通信一般采用请求式，大多数设备都支持这种通信方式，当然也有的设备支持主动发送方式。SCADA 通过多种方式与外界通信。如 OPC，一般都会提供 OPC 客户端，用来与设备厂家提供的 OPC 服务器进行通信。因为 OPC 有微软内定的标准，所以 OPC 客户端无须修改就可以与各家提供的 OPC 服务器进行通信。SCADA 通信结构如图 1-4-3 所示。

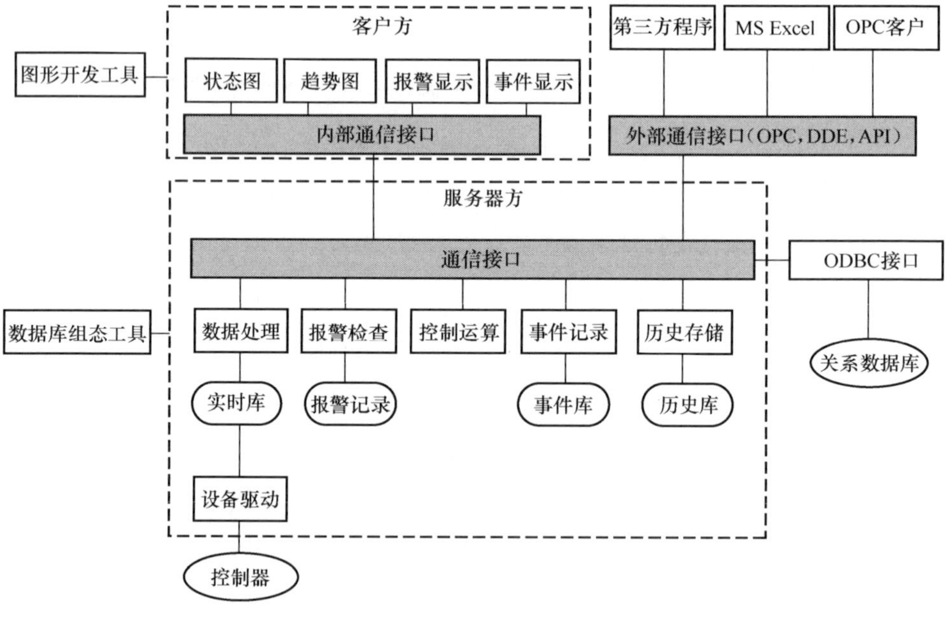

图 1-4-3　SCADA 通信结构

3. SCADA 在配电网系统中的系统结构

（1）远程终端。RTU 在 SCADA 系统中与各种传感器直接连接是处理和执行仪表数据的主要组件。这些 RTU 是实时可编程逻辑控制器（PLC），负责将远程站信息正确转换为数字形式，以便调制解调器传输数据，还转换从主单元接收的信号，以便通过执行机构和开关盒控制过程设备。

（2）主终端单元（MTU）。中央主机服务器或服务器称为主终端单元，有时也称为 SCADA 中心。它通过在预定扫描期间执行读取和写入操作来与多个 RTU 通信。此外，它还执行控制、报警、与其他节点联网等。

（3）通信系统。通信网络在中央主机服务器和现场数据接口设备和控制单元之间传输数据。传输媒介可以是电缆、无线电、电话、卫星等，也可以是这些媒介的任意组合。

（4）操作员工作站。这些是由标准 HMI（人机界面）软件组成的计算机终端，并与中央主计算机联网。这些工作站是操作员终端，其请求信息并将信息发送到主客户端计算机，以便监测和控制远程现场参数。

4. SCADA 在配电自动化中的应用

SCADA 系统在电力系统中的应用最为广泛，技术发展也最为成熟，具有先进的数据采集能力，其在电力系统运行中发挥着重要支撑作用。它作为能量管理系统（EMS 系统）的一个最主要的子系统，有着信息完整、提高效率、正确掌握系统运行状态、加快决策、能帮助快速诊断出系统故障状态等优势，现已经成为电力调度不可缺少的工具。它对提高电网运行的可靠性、安全性与经济效益，实现电力调度自动化与现代化，提高调度的效率和水平方面有着不可替代的作用。通常，在配电侧，SCADA 可通过构建配网自动化框架和远程监控的方式来协调、控制和操作配电终端来收集数据。

现代 SCADA 系统用自动化设备取代了配电系统中执行配电任务和手动过程的体力劳动。SCADA 通过提供操作实时视图、数据趋势和日志记录、维持所需电压、电流和功率因数、生成警报等功能，最大限度地提高了配电系统的效率。

SCADA 使用智能电子设备（或 RTU）对配电系统中的各种设备进行自动监测、保护和控制。它在故障状态下恢复电力服务，并保持所需的操作条件。SCADA 通过减少停电持续时间来提高供电可靠性，并使配电系统的运行具有成本效益。因此，SCADA 监控整个配电系统。SCADA 的主要功能列举如下。

（1）变电站控制自动化。在变电站房自动化系统中，SCADA 执行母线电压控制、母线负载平衡、循环电流控制、过载控制、变压器故障保护、母线故障保护等操作。

SCADA 系统持续监控变电站内各种设备的状态，并相应地向远程控制设备发送控制信号。此外，它还收集变电站的历史数据，并在发生电气事故或故障时生成警报。

如图 1-4-4 所示，连接到变电站设备的各种输入/输出（I/O）模块收集现场参数数据，包括开关、断路器、变压器、电容器和电池的状态、电压和电流大小等。RTU 收集 I/O 数据，并通过网络接口模块传输到远程主单元。

主终端单元接收并记录信息，在 HMI 上显示，并根据接收到的数据生成控制动作。该中央控制器还负责生成趋势分析、集中报警和报告。

数据历史记录、工作站、主终端单元和通信服务器通过控制中心的局域网连接。具有标准协议通信的广域网（WAN）连接用于在现场站点和中央控制器之间传输信息。

因此，通过实现变电站控制的 SCADA，最终提高了网络的可靠性，并通过测量和控制命令的高速传输将停机时间降至最低。

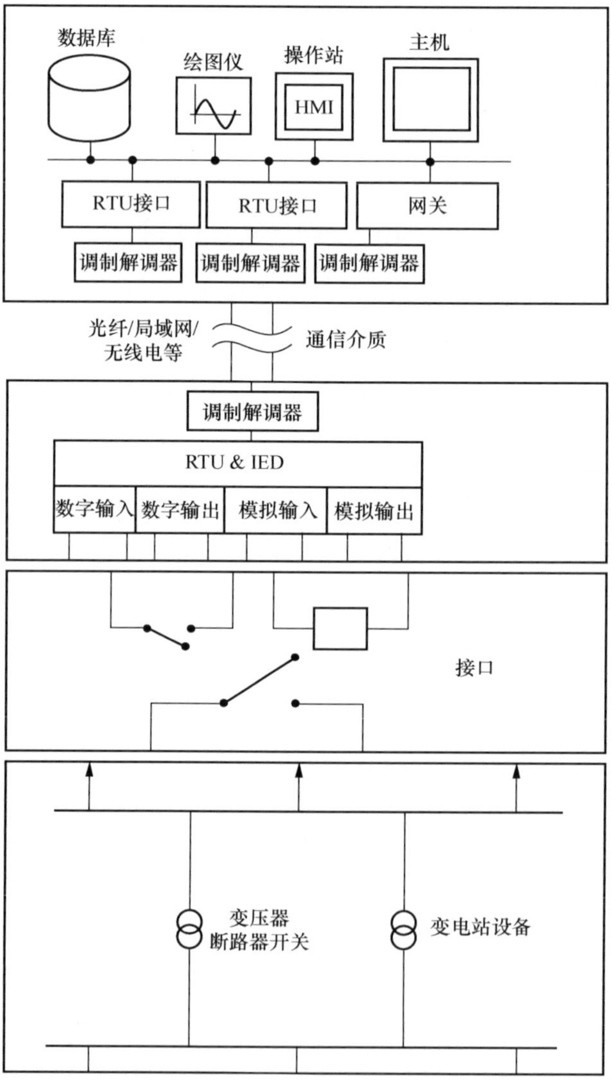

图 1-4-4 基于 SCADA 的变电站控制系统

（2）馈线自动化。如图 1-4-5 所示，馈线自动化包括馈线电压或 VAR 控制和馈线自动切换。馈线电压控制执行电压调节和电容器放置操作，而馈线切换处理各种馈线的远程切换、故障检测、故障位置识别、隔离操作和恢复服务。

在该系统中，SCADA 架构通过使用部署在各个馈电站的无线故障检测单元来连续检查故障及其位置。此外，它还便于远程电路切换和馈线参数及其状态的历史数据收集。

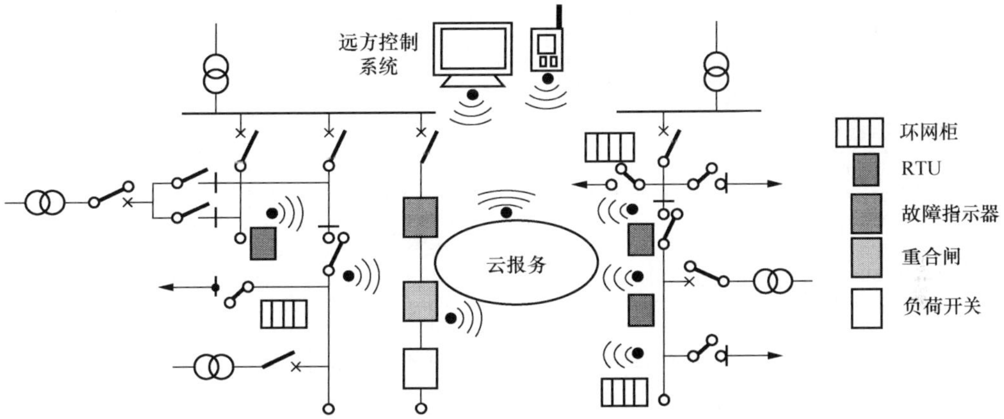

图 1-4-5　基于 SCADA 的馈线控制系统

在上述典型的 SCADA 网络中，不同的馈线（地下和架空网络）通过模块化和集成设备实现自动化，以减少停电次数和持续时间。地下和架空故障检测设备提供关于瞬态和永久故障的准确信息，以便在远程侧可以执行预防和纠正措施，以降低故障的可重复性。地下和架空网络的环形主单元和远程控制单元（RTU），负责维护和操作任务，如远程负载切换、电容器组插入和电压调节。整个网络与通信介质连接，以便于在中央监测站进行远程能源管理。

（3）用户负载控制自动化。这种类型的用户端自动化实现了远程负载控制、自动抄表和计费生成等功能。它为大型消费者提供能源消耗，并按需或按时段提供适当的定价。还可以检测到电表被篡改和盗窃，并相应地断开远程服务。一旦问题得到解决，它将重新连接服务。图 1-4-6 显示了使用 SCADA 的集中式电表数据管理系统。这是一个简单且经济高效的解决方案，可用于自动计费。在这种情况下，带有通信单元的智能电表提取能耗信息，并将其提供给中央控制室和本地数据存储单元。在中央控制室，AMR 控制单元自动检索、存储和转换所有电表数据。每个仪表上的调制解调器或通信设备提供中央控制和监控室与远程站点之间的安全双向通信。

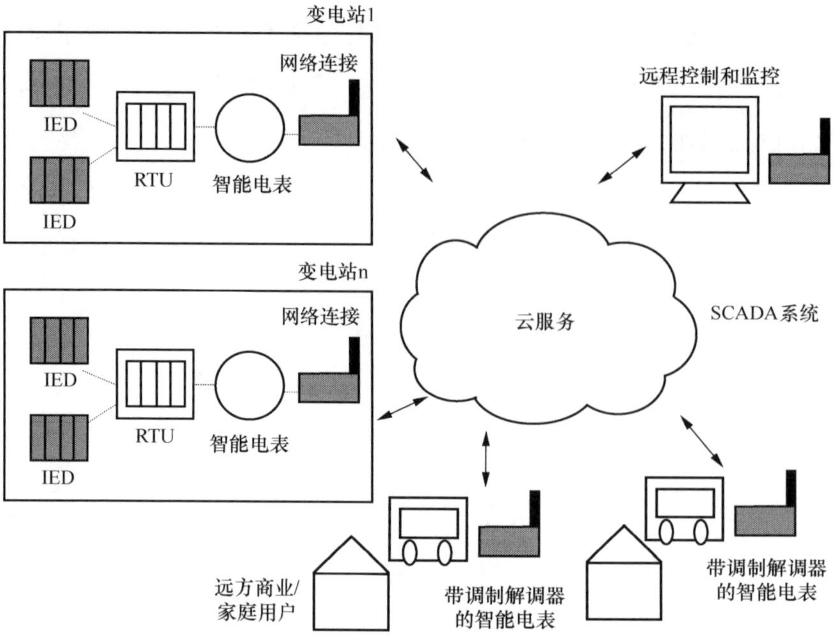

图 1-4-6　基于 SCADA 的用户负载控制自动化

（二）GIS 系统

1. GIS 系统的概述

地理信息系统（GIS）是一个能够收集、存储、检索、分析和显示地理数据的信息系统，它在配电系统中起重要的作用。由于需要准确的网络资产最新信息，分布式系统中的规划问题可以通过使用 GIS 等新方法和特定技术来解决。GIS 有助于电网公司发现其投资和风险的新情况，并允许同时评估技术、财务和环境因素。GIS 已被证明是一个连接数据库信息（如账单材料账户）的可行系统。GIS 现在被广泛用于电力输电网络的映射和建模。在 GIS 的帮助下，网络中的所有变化都可以在更短的时间内、更准确地定期更新。GIS 提供了涵盖配电网络的广泛解决方案。GIS 建立在地图绘制的基础上，从而创建了一个综合数据的可视化界面。除了正常的数据库之外，还可以通过各种空间属性（如距离、接近度和高程）来检查信息。GIS 还有助于优化网络路径，从而确定距离最短、最快、成本最低的最佳路径。GIS 的应用在现代电力系统规划、分析和控制中发挥着重要作用，它通过将空间数据与电网的传输和其他资产相关联来改善电力系统的可视化。

2. GIS 在配电系统的应用

（1）优化电气线路布线。输电线路的布线非常复杂，尤其是配电线路的走线问题。为了建设某条线路，线路可能会经过某些已经有人居住的地方或不适合定位输电塔的区域。GIS 作为技术工具，在输电线路的选择过程中，可充分结合环境数据，包括区域类别、土壤类型和地质特征，寻找曲线最小的直线线路，提供最佳的工程和经济解决方案。GIS 系统显示的线路如图 1-4-7 所示。

另外，GIS 可用于分析输电线路合适自然区域的选择，从而将环境破坏降至最低，例如将森林地区的树木数量降至最低，除了位置特征外，还可基于电气和材料特性实施最佳路径算法，在地图上可视化网络有助于做出适当的决策。

图 1-4-7 GIS 系统显示的线路

（2）预测负荷增长。预测未来负荷增长量并预测负荷增量的位置称为负荷预测。空间负荷预测是电力规划的重要组成部分，整个规划工作都依赖于此，地理信息系统技术为配电系统数据与土地利用和开发数据的融合提供了一个良好的平台。负荷预测包括总功率、分类负荷、负荷曲线和负荷分布。为了预测电力领域的需求和负载分布，应根据地理位置将总供电区域划分为几个足够小的区域，其中包括指示不同客户负载的多个需求点。每个部分收集空间数据，并预测每个小区域的未来负荷增长。收集空间信息可以在地理信息系统（GIS）平台上执行。为了预测地理区域的负荷增长，需要数据，如当前的土地利用、交通基础设施、山坡和城市中心，以及预期新增负荷的位置。可以根据这些负荷预测来规划未来的系统。负荷预测数据可用于预测未来的负荷中心、确定项目优先级、确定变电站属性需求、控制需求增长率和高负荷密度。GIS 系统显示用电量需求的增长如图 1-4-8 所示。

（3）灾难管理和故障定位。GIS 通过将空间数据与传输线路（如动画）相关联，增强了电力系统的可视化，使其成为显示地理参考实时电力系统数据（如电压和线路负载监测）平台。地理信息系统信息存储在地理地图层中，便于将输电网络条件与其他相关信息（如天气、植被生长和道路网络）联系起来。GIS 中集成的实时天气数据提高了操作员的态势感知能力。

例如，在这种系统的帮助下，一线人员可读取识别区域的天气锋面图，快速识别并筛选停电风险大的电气设备。结合 SCADA 数据，操作员可以启动调度命令，以保护系统免受潜在级联故障的影响。

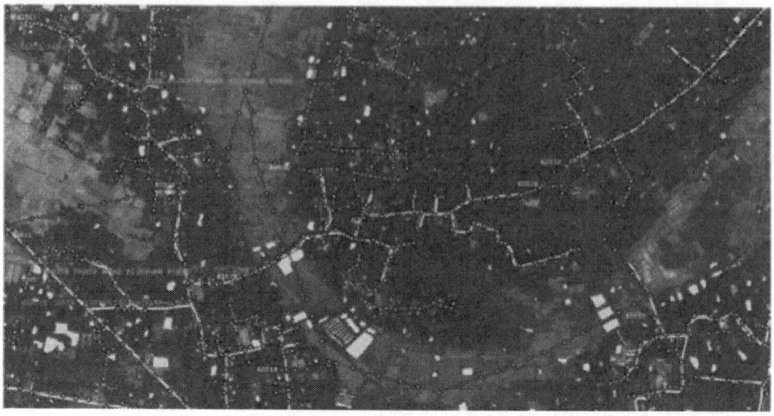

图 1-4-8 GIS 系统显示用电量需求的增长

GIS 地图可以与实时线路负载信息相结合，以识别闪络和故障风险增加的线路。这样的线路就可以被视为应急分析中的候选线路。相反，如果电压、负载或发电概况的映射可以用于可视化整个系统的运行条件，例如过载部件，并帮助操作员只需看一眼屏幕就可以定位电网中的故障点。基于快速定位，可以打开更详细的数字显示，以进一步调查异常网络情况的来源和可能的解决方案。在地理信息系统地图中，颜色表示威胁的严重程度，地图中的位置与问题区域的地理位置相对应。一旦在地图上找到故障点，操作员就可以采取预防措施，确保异常情况不会发展为全系统停机。GIS 系统显示的故障定位如图 1-4-9 所示。

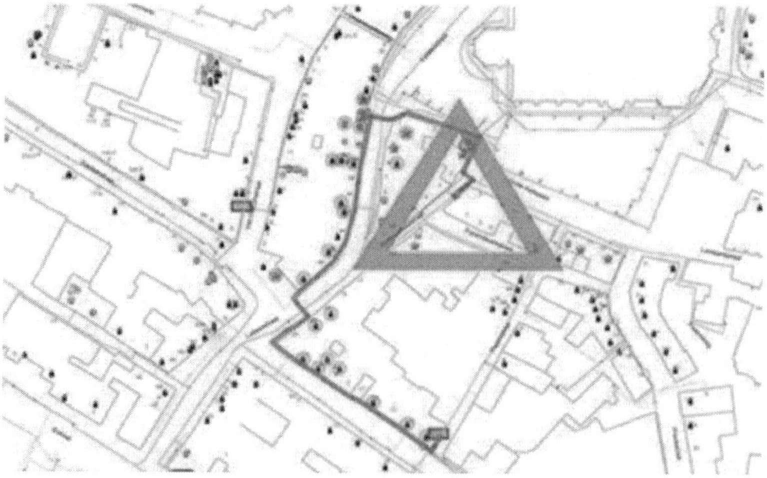

图 1-4-9 GIS 系统显示的故障定位

（三）PMS 系统

电网生产管理系统（PMS）是各级电网生产常用的生产管理系统。当前 PMS2.0/GIS1.6 作为公司的核心系统，支撑了 20 多套业务系统应用，其中 18 套业务系统为强关联，同时还支撑多种移动业务应用，主要系统关系如图 1-4-10 所示。

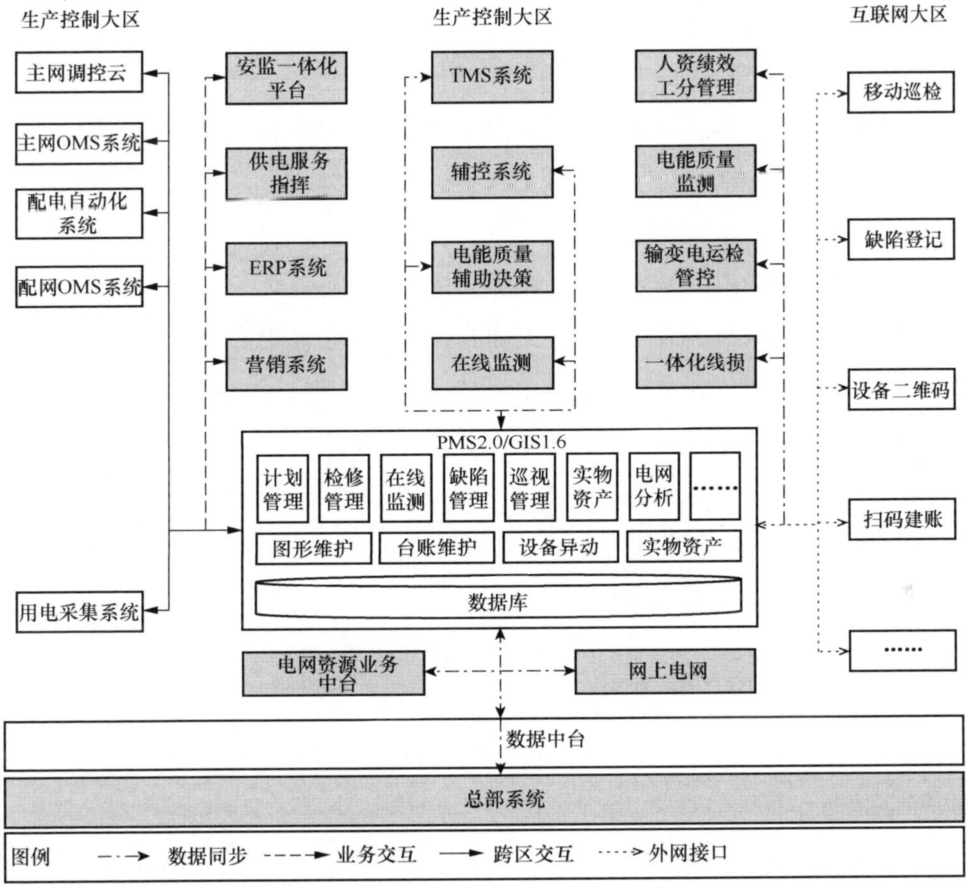

图 1-4-10　PMS 系统的模块大区示意图

PMS 系统是国家电网有限公司（简称国网公司）统推的生产管理系统，正在开展 PMS3.0 版本设计，目前公司主网部分使用 PMS2.0 系统开展业务，配网部分由于国网公司 PMS2.0 系统不完全满足福建业务需求，使用基于 PMS2.0 共库建设的外挂辅助插件开展业务。

PMS3.0 版本是下一代生产管理系统，是公司设备资产管理数字化技术平台，通过统筹应用企业级业务中台、数据中台、人工智能平台、物联管理平台等数字新基建成果，推进“大云物移智链”新技术与设备状态监测、集中监控、配电自动化等传统电网技术深度融合，科学构建技术、业务和数据架构，目前国网公司正在组织开展顶层设计。

GIS 平台主要分为支撑生产应用的 GIS1.6 平台以及还未实用化的下一代 GIS2.0 平台，GIS1.6 是当前生产业务应用的核心系统，平台技术较为老旧，不支持云上部署，目前输变电部分使用国网公司统推的 C/S 客户端，配网中压使用福建定制版 C/S 客户端，低压部分正在推广 WEB 版的轻量级建模工具；GIS2.0 是微服务的新架构，支持云上部署，除数据库和部分底层服务外，均已经上云部署，同时已经完成将 GIS1.6 数据全量和增量抽取至 GIS2.0 的功能验证，目前处于试点验证阶段，数据库和底层服务均具备上云条件或技术储备，下一阶段将开展全面上云工作。

电网资源业务中台是总部根据企业发展需要开展的建设成果，通过整合电网资源及共性业务沉淀，形成企业级电网资源共享服务中心，经过两年建设，目前已经完成第一阶段验收工作，正在开展第二阶段试点验证。

数据中台是总部以应用需求为导向，沉淀共性数据服务能力，打造的“数据可见、组件成熟、体系规范”数据平台，面向公司各专业、各基层单位和外部合作伙伴提供敏捷开放的数据分析和共享服务，福建公司作为试点单位之一，正在开展试点相关工作，已经初步具备对外服务能力。

目前基于 GIS1.6 数据开展的业务平台还有配网 GOMS、营销 GIS、网上电网以及一体化线损等业务系统，主要应用方式有两种：一是通过抽取 GIS1.6 的数据开展业务应用；二是基于 GIS1.6 的空间信息服务开展业务应用。

模块五 信 息 安 全

【模块描述】

本模块介绍信息安全和计算机病毒。首先介绍了信息安全的基本概念、信息安全的分类。随后介绍了计算机病毒的基本概念、特点、传播途径、常见的病毒、采取的防范措施。

【学习目标】

1．掌握信息安全基本概念、信息安全分类。

2．掌握计算机病毒的基本概念、特点及传播途径。

3．了解常见的计算机病毒、常用的法治措施。

【正文】

信息安全已经渗透到每个人的生活、工作、社交等日常活动中，其重要性不言而喻。

国际上，经济犯罪、网络诈骗层出不穷，各种网络攻击、网络风暴乃至曝光的棱镜门事件，此起彼伏。据统计，全球已有162个国家组建网络战部队，国际社会对信息安全的重视程度越来越高，越来越多的国家将信息安全列为国家安全的重要组成部分，纷纷采取措施，强化网络空间信息安全。党和国家领导人对信息安全也高度重视，提出“没有网络安全就没有国家安全，没有信息化就没有现代化”。我们国家已经将信息安全上升为国家安全，信息安全作为国家安全的重要组成部分，写入国家安全体系中。在立法方面，我国在信息安全方面也颁布实施了多部法律，其中有《中华人民共和国网络安全法》《中华人民共和国数据安全法》《中华人民共和国个人信息保护法》等多部的法律法规。在信息化时代，个人信息保护已成为广大人民群众最关心、最直接、最现实的利益问题之一，守护信息安全成为全社会的共同责任。

一、信息安全基本概念

信息安全是指信息网络的硬件、软件及其系统中的数据受到保护，不受偶然的或者恶意的原因而遭到破坏、更改、泄露，系统连续可靠正常地运行，信息服务不中断。通过加强信息安全防护，提高信息安全水平，使内部信息不受外部威胁。

（一）信息安全五个要素

目前信息网络安全包括五个基本要素：机密性、完整性、可用性、可控性与可审查性。在日常工作中，通过对这五个要素进一步细化，严格按照细化的项目逐一检查，通过检查可以判断该网络是否安全。

1. 机密性

检查信息在存储、使用、传输过程中的安全性，确保信息不会泄露给非授权的用户或者实体。

2. 完整性

检查信息在存储、使用、传输过程中，授权用户或者实体不恰当地修改；检查信息完整性，在存储、使用、传输过程中不被恶意篡改，保持信息内部和外部的一致性。

3. 可用性

确保授权用户或实体，按照权限职责、使用期限，对信息及资源的正常使用不会被异常拒绝，允许其可靠、及时、适当地访问信息及资源。

4. 可控性

检查信息及信息系统的物理实体及软件资源，始终处于合法所有者或实体的有效掌握与控制下。

5. 可审查性

通过检查信息系统使用日志、痕迹等，或者备用系统比对分析等手段，确保能对出现的安全问题提供调查的依据和手段。

（二）信息安全分类

按照信息存在的环境和传递过程，信息安全大体上可分为以下几类：

1. 基础信息设施安全

基础信息设施包括计算机网络系统，语音广播、电视、电话等通信系统，包括保障通信系统的电力供应系统等。国家基础信息设施一旦遭到破坏、散失功能甚至故障瘫痪，将给广大人民群众、社会经济活动等造成灾难性后果。因此，基础信息设施安全是信息安全的重大问题。

2. 信息系统安全

信息系统安全指整个信息体系的安全，包括信息系统结构的安全、信息系统运行的安全、信息系统的柔韧性、在信息系统遭到破坏以后的自我恢复能力等。保证信息系统安全的主要任务是防止信息体系被干扰、阻塞、中断、混乱和利用，避免信息系统恶化甚至完全瘫痪。

3. 信息内容安全

信息内容安全是信息交流的主体和核心。首先需确保储存、传输、使用过程中，信息内容不被泄露。其次必须确保信息内容的完整性和一致性，即确保信息内容不被有选择地修改、删除、增加、伪造和重排甚至损毁。

4. 信息过程安全

信息过程包括信息的获取、存储、显示、变换、传递和处理等环节。信息过程的安全包括机密信息和敏感信息的安全传送、接收，即信息加密问题；信息的安全获取、存储和处理，即信息访问权限控制问题；在信息传递和变换的过程中防止合法用户的位置、身份、账号、密码等机密信息的暴露问题。此外，在信息的发送端和接收端，因信息显示的电磁泄漏引起的安全问题等。

5. 信息设备安全

信息设备由电子、电磁、声学和光学器件等组成，除了物理摧毁之外，人为设置的无线电干扰、激光束和粒子束对电子设备的定向照射、“芯片细菌”对电路芯片的嗜蚀和纳米级机器人对电路的破坏，以及某些病毒对硬件电路的侵害等，均可造成信息设备的安全问题。

6. 网络信息安全

网络信息安全主要包括过滤不良信息；防止非法用户进入网络存取敏感信息、保证网络共享数据和信息的安全；允许合法用户不受限制地访问和使用网络资源；保证网络互联的安全，使用安全的网络协议；不断堵塞协议的不安全漏洞；防病毒、防黑客。

二、计算机病毒

所谓计算机病毒（computer virus），是指一种能够通过自身复制、传染、起破坏作用的计算机程序。由于它具有隐蔽性、潜伏性、传染性及破坏性等类似于生物病毒的特征，故取名为计算机病毒。自从 20 世纪 80 年代莫里斯编制了全社会第一个"蠕虫"病毒程序至今，已出现了多个不同类型的计算机病毒。我国在 1994 年 2 月 18 日正式颁布实施了《中华人民共和国计算机信息系统安全保护条例》(简称《条例》)，在《条例》第二十八条中明确指出：计算机病毒，是指编制或者在计算机程序中插入了破坏计算机功能或者毁坏数据、影响计算机使用，并能自我复制的一组计算机指令或者程序代码。

（一）计算机病毒的主要特点

1. 潜伏性

大部分的病毒感染系统之后一般不会马上发作，它可以长期隐藏在系统中。可以隐蔽在操作系统、可执行文件或者数据文件中。在潜伏期中，它并不影响系统的正常运行，只是悄悄地进行传播、繁殖，使更多的正常程序成为病毒的"携带者"，一旦满足触发条件，病毒才发作。

2. 破坏性

计算机病毒的主要目的是破坏计算机系统，使系统资源和数据文件遭到干扰、侵占甚至被摧毁。有的计算机病毒仅仅干扰软件的正常运行而不破坏该软件；有的计算机病毒会无限制地侵占系统资源，降低运行速度使系统无法正常运行；有的计算机病毒可以毁掉部分数据和程序，使之无法恢复；有的恶性病毒甚至可以毁坏整个系统，导致系统崩溃。

3. 传染性

计算机病毒一旦进入计算机，就开始寻找能感染的程序，并进行复制感染。传染性即自我复制能力，是计算机病毒最根本的特征，也是计算机病毒和正常程序的本质区别。

正常的计算机程序一般是不会将自身的代码强行连接到其他程序上的。而病毒是具有高超技巧的程序，它能使自身的代码强行传染到一切符合其传染条件的未受到传染的程序上。计算机病毒可通过各种可能的渠道，例如磁盘、计算机网络去传染其他的计算机。这样一来，可以很快把病毒传播到整个系统，并迅速蔓延到整个计算机网络。

4. 隐蔽性

计算机病毒虽然是一个程序，但它并不是以一个独立的文件存在，病毒程序总是隐藏在其他文件或程序中，不容易被发现。

5. 可激发性

计算机病毒可以在特定条件下被触发。计算机病毒程序可以按照设计者的要求，在满足一定条件下实施病毒攻击。例如当指定的日期、时间或特定的条件出现时，在某个点上激活并发起攻击。

6. 针对性

病毒的编制者往往有特殊的破坏目的，可以针对特定的计算机和特定的操作系统展开攻击，因此不同的病毒，攻击的对象也不同。

当然，计算机病毒除以上主要特征外，还有非法性、不可预见性等。

（二）计算机病毒的传播途径

计算机病毒具有自我复制和传播的特点，因此，研究计算机病毒的传播途径是极为重要的。计算机病毒的传播主要通过以下几种途径。

1. 通过存储介质

通过使用可以移动的存储介质，包括早期的磁盘、U 盘、CD、移动硬盘等途径传播计算机病毒。由于使用带有病毒的存储介质，使机器感染病毒，并传染给未被感染的“干净”的磁盘。大量的存储介质交叉使用，合法或非法的程序拷贝，不加控制地随便在机器上使用各种软件，造成了病毒的感染、泛滥、蔓延。

2. 通过网络

网络为计算机病毒的传播提供了新的“高速公路”，特别是随着网络技术的发展、互联网的普及，计算机会通过通信或数据共享时感染上病毒。通过 Internet 感染计算机病毒的途径有：电子邮件、BBS、下载、即时通信软件等。例如美丽莎病毒、我爱你病毒等就是完全依靠网络传播的。

（三）计算机病毒识别

被计算机病毒感染的计算机系统，症状很多，凡是电脑运行不正常的都可能与病毒有关。因为具体病毒程序的实现过程不同，表现出来的症状也各不相同，通过不同的症状，从目前所发现的计算机病毒的情况来看，主要症状有以下几种：

（1）计算机系统出现死机。重复地进行电脑启动或者出现不能正常启动的现象。有时会出现异常蜂鸣声或者其他的异响。

（2）电脑的启动过程异常，主要表现为：启动速度慢、时间长；启动过程加载了一些其他的程序等。

（3）计算机出现卡顿，运行速度明显变慢。

（4）无故增加了很多新的文件，存储盘容量无故变小。

（5）数据或者可执行文件消失，或者文件名包括文件的后缀名改变，造成数据丢失或者文件不可执行。

（6）在执行程序时出现蓝屏或者其他异常画面。

（7）计算机的键盘、打印机发生异常现象。如一直打印一些杂乱的符号文字等。

（四）常见病毒介绍

1. 蠕虫病毒

蠕虫是一种通过网络传播的恶性病毒，它具有病毒的一些共性，如传播性、隐蔽性、破坏性等，同时具有自己的一些特征，如不利用文件寄生（有的只存在于内存中）、对网络造成拒绝服务，以及和黑客技术相结合等，在产生的破坏性上，蠕虫病毒也不是普通病毒所能比拟的，网络的发展使得蠕虫可以在短短的时间内蔓延整个网络，造成网络瘫痪。

“熊猫烧香”也是一种蠕虫病毒的变种，而且是经过多次变种而来的。它能感染系统中 exe、com、pif、src、html 和 asp 等文件，还能中止大量的反病毒软件进程并且会删除扩展名为 gho 的文件。被感染的用户系统中所有 exe 可执行文件全部被改成熊猫举着三根香的样子，因此也称为“熊猫烧香”病毒。中毒计算机还可能会出现蓝屏、频繁重启以及系统硬盘中数据文件被破坏等现象。

蠕虫病毒的一般防治方法是：使用具有实时监控功能的杀毒软件，并且注意不要轻易打开不熟悉的邮件附件。

2. 木马病毒

木马病毒因古希腊特洛伊战争中著名的特洛伊木马而得名，是指在计算机中有一个后门程序。计算机黑客会利用后门程序来操控电脑。传染方式是通过电子邮件附件发出，捆绑在其他的程序中。该病毒特性是会修改注册表、驻留内存、在系统中安装后门程序、开机加载附带的木马。木马病毒有很强的隐蔽性，会随着操作系统的启动而启动。

一旦病毒发作，可以定时地发送该用户的个人信息数据到木马程序指定的地址；并可任意控制此计算机，进行文件删除、拷贝、改密码等非法操作；黑客可以利用控制的大量感染木马病毒的计算机发送大量的数据包攻击一些特定的目标，造成被攻击目标瘫痪。

防范措施是要求用户提高警惕，不下载和运行来历不明的程序，对于不明来历的邮件附件也不要随意打开。

3. 钓鱼病毒

“钓鱼病毒”具有比较强的隐蔽性。“钓鱼网站”提供一个虚假的“某某网站”的登录界面，诱使受害人填写个人信息。还有一种钓鱼手段，钓鱼者通过邮件系统发送包含木马病毒、黑客软件、恶意代码、间谍软件等病毒程序，受害者一旦点击，电脑就可能感染病毒。

4. 手机病毒

手机中的软件，一般由 JAVA、C++等语言编写，所以也会遭到病毒攻击。病毒一般通过发生短信、彩信、电子邮件、蓝牙共享、浏览网站、下载铃声等手段传输病毒。感染病毒后，可能会造成手机死机、个人信息泄露、自动发送邮件、自动拨打电话等，甚至会损坏手机硬件，造成手机无法使用等情况。

在使用手机时需注意的相关防范措施：

（1）未知或者乱码的信息，及时删除。

（2）通过蓝牙或者红外等外部陌生的访问连接请求不要接受。

（3）使用正规的软件，在正规的网址下载软件。

（4）不要浏览一些高风险网站；不要点击未知的链接网址。

（五）计算机病毒的防治

计算机病毒防治工作的基本任务是：在计算机的使用管理中，利用各种行政和技术手段，防止计算机病毒的入侵、存留、蔓延，通常可采取如下预防措施：

（1）加强信息安全意识。从思想上重视病毒防范工作，注重保护个人信息安全，不随意点击未知的程序等，尽可能减少信息在网络的共享，尽可能地不要共享移动存储设备等。对信息要求比较高的场所，关闭一些无用的设备端口等。定期更新修改相关系统、账号的使用密码，尽量采用复杂、高强度的密码。

（2）所有电脑、节点均需安装反病毒软件。定期查杀病毒，及时更新病毒软件版本，及时更新病毒库。

（3）对外来的或者网上下载的数据、软件，在使用前先病毒检测再使用。对一些来历不明的邮件及附件先不要打开，先进行病毒检测处理后再使用。

（4）系统或者服务器中一些重要数据、参数、软件等需定期备份。

（5）发现计算机系统的任何异常现象，应及时采取检测和杀毒措施。

（6）注意国家公布防范病毒的相关信息。

模块六　智能配电终端认知

【模块描述】

本模块重点介绍了馈线终端（FTU）、站所终端（DTU）、故障指示器等常见配电终端的分类、功能及应用情况。

【学习目标】

1. 掌握各类配电终端的原理、结构、功能及应用场景。

2. 根据不同的应用场景，选择适配的终端。

3. 理解配电自动化终端对现代智能配电网建设的重要性，在配电网建设改造中合理规划自动化终端建设和应用。

【正文】

一、馈线终端（FTU）

为提升线路运行感知能力，支撑中压配电网的精益化运行管理。架空线路柱上断路器逐渐开始配备馈线终端（Feeder Terminal Unit，FTU），用于实现对配电系统运行情况的监控，包括开关状态、电能参数、短路或接地故障时电压电流变化情况，以及执行配电主站下发的分合闸指令与馈线终端定值修改指令，对配电设备进行调节和控制，实现故障区域定位与隔离和非故障区域快速复电的功能。

1. 主要分类

馈线终端（FTU）按照功能进行分类，主要可分为“二遥”馈线终端和“三遥”馈线终端。“二遥”馈线终端具备遥信、遥测功能，能够采集线路的开关量和模拟量信号，如电压信号、电流信号、开关状态、储能情况等。“三遥”馈线终端除了具备遥信、遥测功能之外，还具备遥控功能，配电主站可以通过遥控功能实现柱上开关的远程分合闸。除此之外，馈线终端（FTU）还具备对时功能、事件顺序记录（Sequence of Event，SOE）功能、事件记录功能、定值远方修改和召唤定值功能等。

馈线终端（FTU）按结构、安装方式进行分类，可以分为罩式馈线终端和箱式馈线终端（见图1-6-1），通过实践验证，罩式馈线终端更适合在户外条件下长期使用，所以馈线终端的结构逐渐统一成罩式结构。

（a）箱式馈线终端　　（b）罩式馈线终端

图1-6-1　馈线终端

馈线终端（FTU）按馈线终端与柱上开关的结合程度进行分类，可分为普通馈线终端

（FTU）、一二次成套开关设备、一二次融合开关设备。

2. 研究应用情况

国内馈线终端（FTU）起步较早，从最初的涌流控制器，到看门狗，最终发展成为馈线终端。早期的馈线终端分为罩式馈线终端和箱式馈线终端，相比于箱式馈线终端，罩式馈线终端面板朝下，便于运维人员现场查看和操作，同时雨水也会顺罩式壳体的外表面流下，不易进入终端内部，所以馈线终端的结构逐渐统一成罩式结构。

从馈线终端（FTU）与柱上断路器的配合情况来看，最初的馈线终端与柱上断路器相互独立，由不同厂家完成设计，没有规范的接口，一、二次设备之间的适配性差。为解决一、二次设备间适配性差的问题，国网公司牵头制定相关标准，实现柱上断路器和馈线终端（FTU）外观结构、接口方式和运维方式标准化设计，称作一、二次成套开关。一、二次成套开关由柱上断路器、馈线终端（FTU）、电源 PT 和控制电缆组成，如图 1-6-2 所示。

现在的馈线终端（FTU）正朝着一、二次融合的方向发展，将一次本体设备、高精度传感器与二次终端设备融合，采用一体化设计，实现“可靠性、小型化、平台化、通用性、经济性”目标。一、二次深度融合柱上断路器安装现场如图 1-6-3 所示。

图 1-6-2　一、二次成套开关组成示意图

图 1-6-3　一、二次深度融合柱上断路器安装现场

二、站所终端（DTU）

中压配电柜的推广应用以及电网智能化建设需求，推动了站所终端（Distribution Terminal Unit，DTU）的功能升级和完善。当前站所终端（DTU）已经安装在开关站、配电室、环网柜、箱式变电站等各个位置，完成遥信、遥测、遥控和馈线自动化功能。具有自动故障检测和识别功能，与配电网自动化主站和子站系统配合，实现多条线路的测量控制、隔离故障区域并且恢复非故障区域供电，从而提高供电可靠性和配电网的智能化。

1. 主要分类

站所终端（DTU）按结构进行分类，可分为集中式站所终端、分散式站所终端两类。集中式站所终端是指站所终端各组成模块采用集中组屏安装模式，各间隔保护及测控功能一体化集中于站所终端（DTU）中，实现各间隔信息的汇总并上送配电主站。集中式站所终端主要安装于 10kV 环网箱中。集中式 DTU 安装及通信示意图如图 1-6-4 所示。

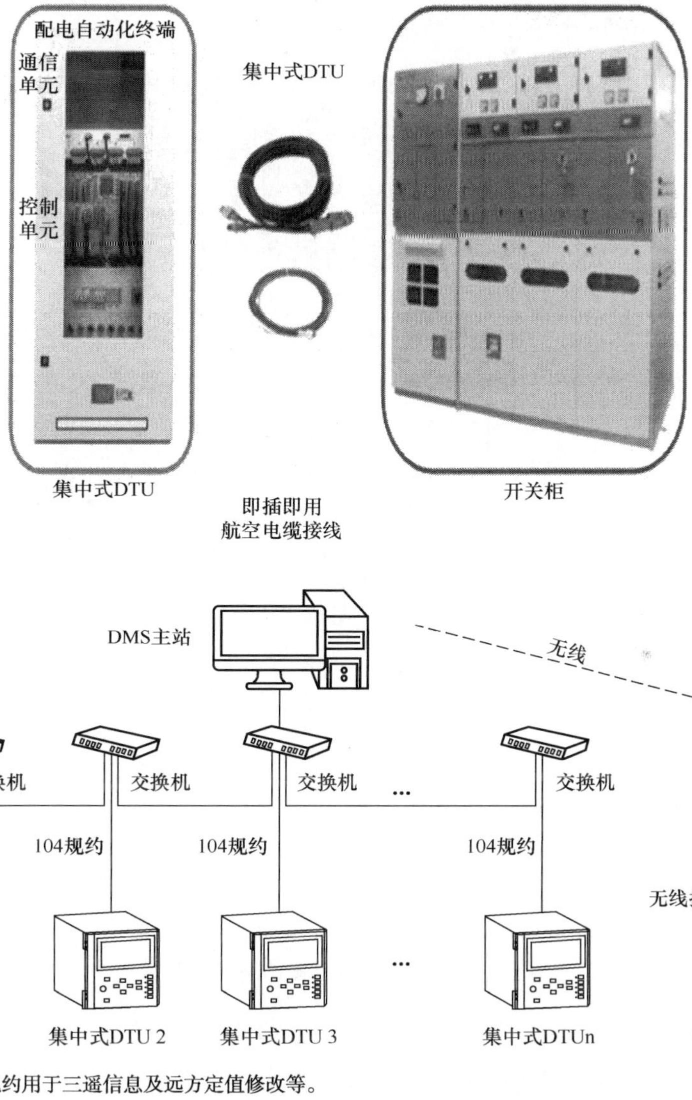

图 1-6-4　集中式 DTU 安装及通信示意图

分散式站所终端是指站所终端由若干个间隔单元和公共单元组成，间隔单元安装在各环网柜间隔柜内，公共单元集中安装，间隔单元和公共单元通过总线连接。间隔单元实时采集各个间隔的数据并发送至公共单元；公共单元收集、汇总各间隔单元数据，统一上送至配电主站。分散式站所终端一般安装于 10kV 开关站、环网室和配电室等站房内部。分散式 DTU

安装及通信示意图如图 1-6-5 所示。

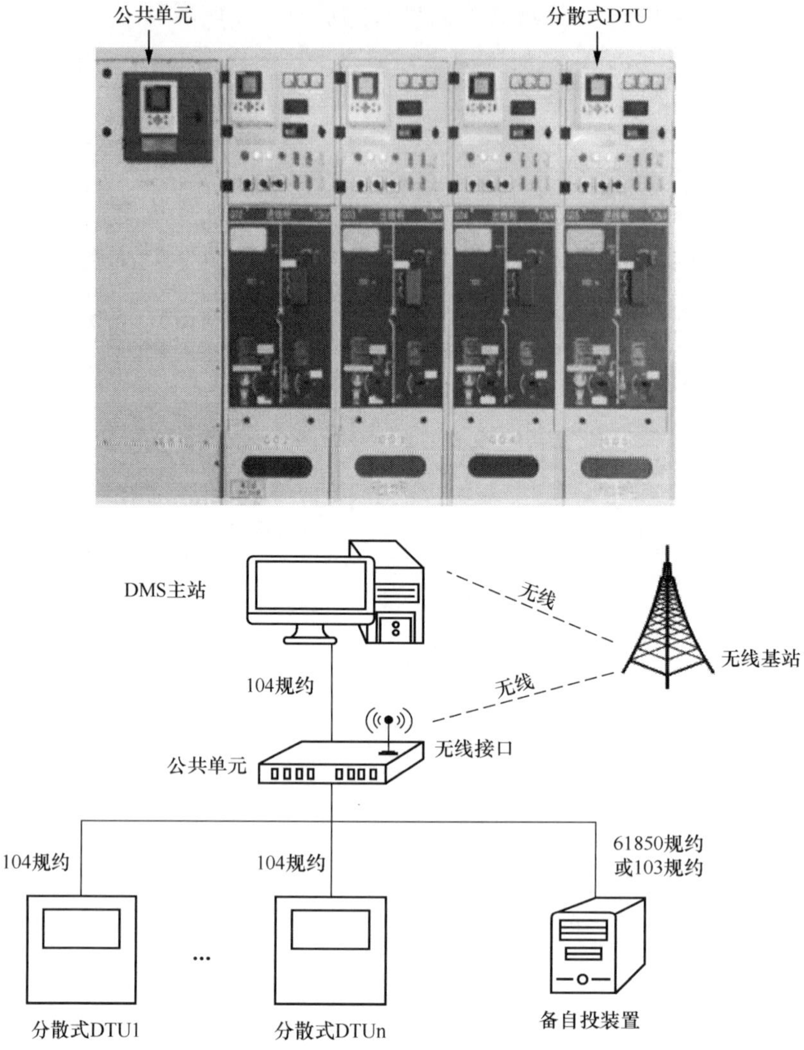

注：104规约、61850规约、103规约用于三遥信息及远方定值修改等

图 1-6-5 分散式 DTU 安装及通信示意图

2. 研究应用情况

（1）基本情况。与馈线终端（FTU）类似，随着站所终端（DTU）的推广应用，参与的厂家数量越来越多，早期规范只针对关键参数和功能，导致各厂家只注重满足现有规范，没有充分考虑到厂家间的兼容性。单个厂家设备现场安装调试顺利，但多厂家联调时，不兼容性就逐渐凸显。不同厂家的设备接口、调试工具、参数配置等都有不同，导致同一地方每新增一个供货厂家，就需要新增配置工具，学习不同的配置流程、配置参数，给一线人员带来了较大负担，也阻碍了站所终端（DTU）功能的实用化推广。所以，站所终端（DTU）的发展也同样需要经历一二次成套、一二次融合的阶段。

（2）技术方案。为解决站所终端（DTU）现存问题，需要明确站所终端（DTU）应用范围和定位、优化终端结构设计、完善终端功能。

1）明确站所终端应用范围和定位：将原有强调环网柜状态监测和分析功能修改为站所终端是安装在配电网开关站、配电室、环网柜、箱式变电站等处的配电终端，完成数据采集、远程控制、故障就地动作，线损测量、通信等功能，同时具备接收当地一次设备状态监测数据并分析处理能力，明确站所终端（DTU）的定位和功能。

2）优化终端结构设计：站所终端（DTU）各组成模块间采用标准化接口设计，实现终端装置级互换，提高终端兼容性；提升终端防护能力，满足防凝露要求。

a. 模块化设计：终端采用模块化可扩展设计，由核心单元、操作模块、电源模块和后备电源构成。各模块均采用标准化设计，模块间采用标准化线束连接。站所终端结构（DTU）机柜布置示意图如图 1-6-6 所示。

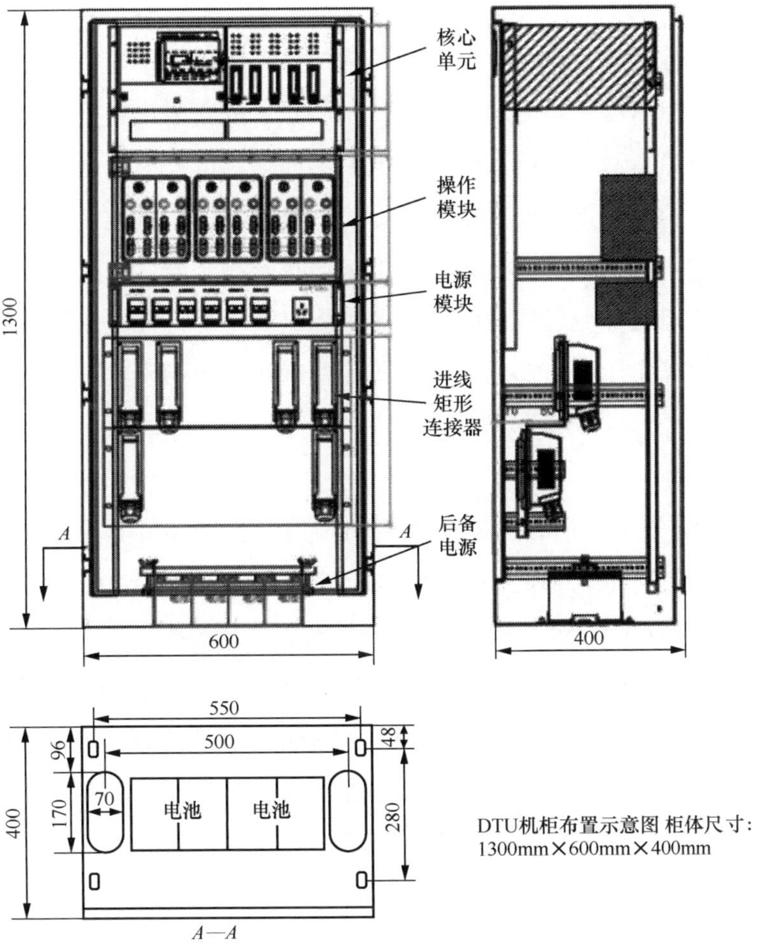

图 1-6-6 DTU 机柜布置示意图

b. 防凝露设计：在终端各模块标准化设计同时，提高模块结构设计水平，对装置结构、材质提出相关要求；终端内部 PCB 板件进行三防处理，使得在凝露环境下，板件也能正常工作。

3）完善终端功能：通过标准化提升终端故障处理能力，采纳先进技术，适应未来发展。增加具备不同中性点接地方式下接地故障检测、判断与录波功能；增加具备 GPS/北斗对时和定位功能；与配电主站无线通信采用模块化设计，适应 5G 发展需求。

三、故障指示器

故障指示器是一种以体积轻巧、安装方便、维护简单及经济性等优势著称的配电终端，但因其仅能实现线路检测、故障研判等功能，不具备分合闸能力，无法实现故障隔离，需要与开关配合使用。故障指示器主要用于识别并指示配电线路发生的短路及接地故障，在线路发生故障后快速反应，实现故障快速定位。

1. 主要分类

按单相接地故障检测原理不同，可分为外施信号型故障指示器、暂态特征型故障指示器、稳态特征型故障指示器和暂态录波型故障指示器。按安装位置不同，可分为架空型故障指示器、电缆型故障指示器。按是否与配电主站通信，可分为就地型故障指示器、远传型故障指示器。常见的故障指示器有 9 类：①架空暂态特征型就地故障指示器；②架空外施信号型就地故障指示器；③架空暂态特征型远传故障指示器；④架空暂态录波型远传故障指示器；⑤架空外施信号型远传故障指示器；⑥电缆稳态特征型就地故障指示器；⑦电缆外施信号型就地故障指示器；⑧电缆稳态特征型远传故障指示器；⑨电缆外施信号型远传故障指示器。

2. 发展历程

早期的故障指示器采用过电流法对短路故障进行研判，短路故障研判准确率低，线路故障时通过翻牌、闪烁或发光等方式告知运维人员故障位置。随着保护、通信、传感器等技术的发展，故障指示器的功能逐渐完善，能同时对短路、接地故障进行研判。

目前，故障指示器具备较高的短路故障研判准确率，然而随着配网环网运行比例提高、大量分布式电源接入，电网潮流方将发生潮流，故障指示器需要适应双向潮流变化以保障短路故障研判准确率；另一方面，受取电困难、采样频率不足、精度不足、研判算法存在缺陷等诸多因素制约，故障指示器对单相接地故障的研判准确率一直处于较低水平。

3. 各类故障指示器

外施信号型故障指示器由 3 相采集单元、1 个汇集单元和 1 个外施信号源组成（见图 1-6-7），适用于中性点不接地和中性点经消弧线圈接地等小电流接地系统。在线路发生单相接地故障时，通过外施信号源向线路注入特征工频信号，人为地增大故障电流，以此来提供外施信号型故障指示器单相接地故障的研判准确率。但同时，外施信号源注入的信号，也给现场带来新的安全隐患，因此在实际现场中应用较少。

暂态特征型故障指示器由 3 相采集单元和 1 个汇集单元组成。在线路发生单相接地故障的瞬间，使用突变量法对故障进行研判，需要采集单元具有足够高的采样频率与采样精度以准确捕捉线路暂态特征。目前主流的暂态特征型故障指示器价格较低，未配置高精度、高采样率的传感器，难以准确捕捉线路暂态特征，且易受运行现场测量噪声、外部干扰影响，所以目前主流的暂态特征型故障指示器单相接地故障判断准确率较低。暂态特征型故障指示器安装示意图如图 1-6-8 所示。

（a）采集单元　（b）汇集单元　（c）外施信号源

图 1-6-7　外施信号型故障指示器

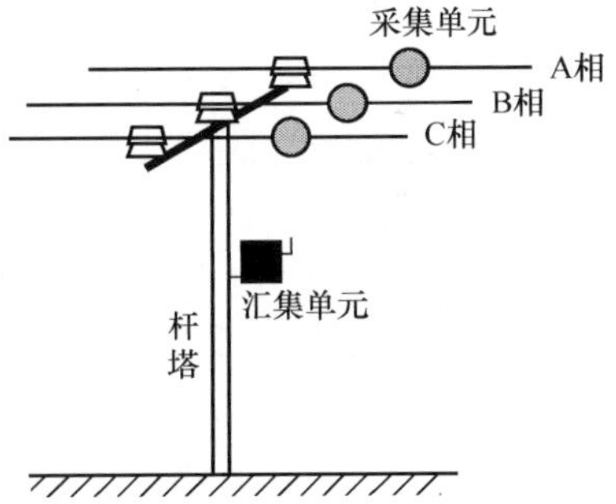

图 1-6-8　暂态特征型故障指示器安装示意图

稳态特征型故障指示器由 3 相采集单元和 1 个汇集单元组成，主要应用于电缆线路，由于电缆线路的容性电流较大，单相接地故障稳态特征明显，所以稳态特征法研判电缆单相接地故障准确率较高。

暂态录波型故障指示器同样由 3 相采集单元和 1 个汇集单元组成，是一类有较好应用前景的故障指示器，采用主站集中研判的方式对单相接地故障进行定位，准确率较高。当下主流的暂态录波型故障指示器一般配有高精度、高采样率传感器，成本较高，且具备同步采集功能，3 相采集单元采集线路电气量后交由汇集单元汇总，汇集单元对 3 相电气量进行同步处理后将波形文件上送给配电主站，由配电主站对单相接地故障进行研判。暂态录波型故障指示器信息交互示意图如图 1-6-9 所示。

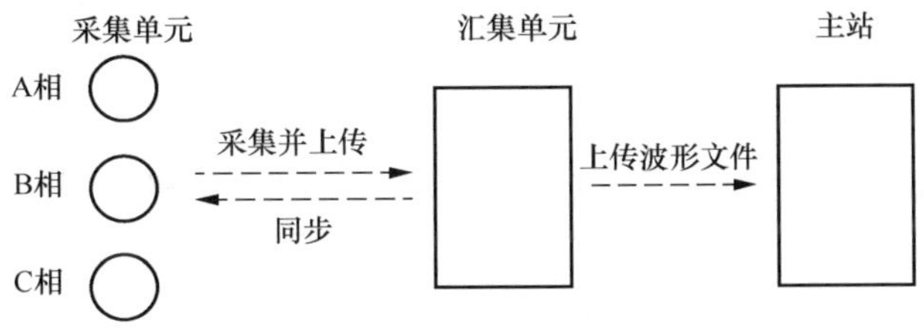

图 1-6-9　暂态录波型故障指示器系统图

模块七　新一代配电自动化主站认知

【模块描述】

本模块主要介绍了新一代配电自动化主站基本情况，首先整体介绍了新一代配电自动化主站在地区配网的规划配置情况，随后从硬件、软件和数据流方面出发，详细描述了新一代配电自动化主站的系统、基本功能、高级功能及其应用。

【学习目标】

1．了解配电自动化主站的部署策略。

2．熟悉配电自动化主站的基本架构。

3．掌握配电自动化主站的功能及其应用。

4．掌握配电自动化主站及终端安全防护。

【正文】

一、技术背景

配电主站根据地区配电网规模和应用需求，按照“地县一体化”构架进行设计部署，规模按照地区3～5年后配网实时信息总量进行设定，硬件配置和软件功能按照大、中、小型进行差异化配置。目前，配电主站以大运行与大检修为应用主体，具备横跨生产控制大区与管理信息大区一体化支撑能力，为运行控制与运维管理提供一体化的应用，以满足配电网的运行监控与运行状态管控需求。

在数据共享方面，配电主站基于信息交换总线，实现EMS、PMS 3.0等系统的数据共享，具备对外交互图模数据、实时数据和历史数据的功能，支撑各层级数据纵、横向贯通以及分层应用。

配电主站的安全防护遵循国家发展和改革委第14号《电力监控系统安全防护规定》以及国家电网调〔2011〕168号《中低压配电网自动化系统安全防护补充规定》文件有关要求，遵循合规性、体系化和风险管理原则，符合“安全分区、网络专用、横向隔离、纵向认证”的安全策略。利用“云存储”平台和大数据分析技术，配电主站系统可实现网、省、地市数据的纵向贯通以及数据分层应用，支撑配电网精益化管理。

二、系统架构

面向全区配电网规模，根据统一规划、分步实施思想开展配电主站建设，支撑配电网调控运行、生产运维管理、状态检修、缺陷及隐患分析等业务，并为配电网规划建设提供数据支持。

（一）硬件架构

配电主站从应用分布上主要分为生产控制大区、安全接入区、管理信息大区等 3 个部分，典型硬件结构图如图 1-7-1 所示。

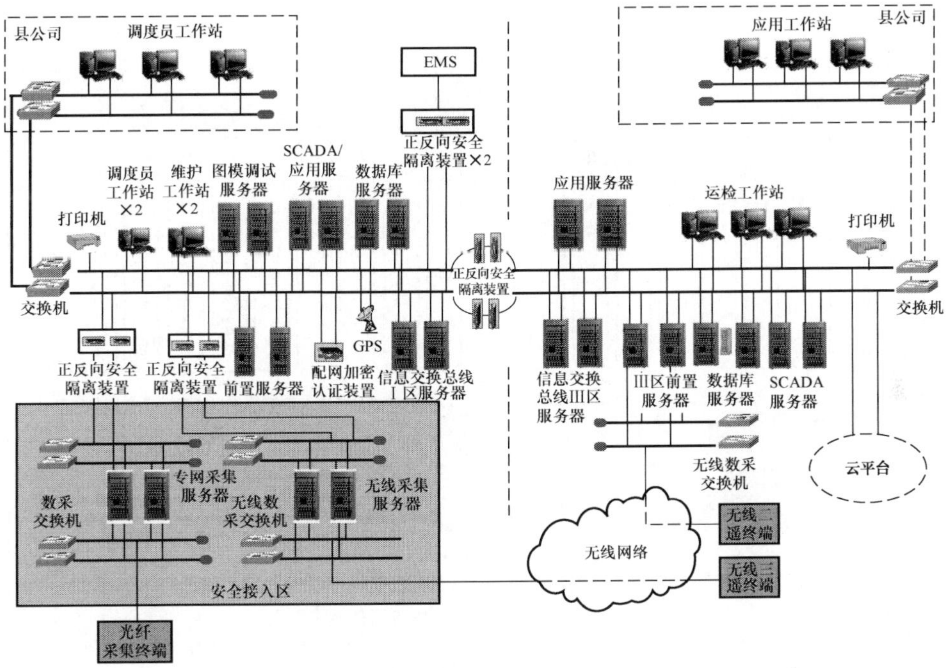

图 1-7-1　配电自动化系统主站硬件结构图

生产控制大区主要设备包括前置服务器、数据库服务器、SCADA/应用服务器、图模调试服务器、信息交换总线服务器、调度及维护工作站等，负责完成“三遥”配电终端数据采集与处理、实时调度操作控制，进行实时告警、事故反演及馈线自动化等功能。

管理信息大区主要设备包括前置服务器、SCADA/应用服务器、信息交换总线服务器、数据库服务器、应用服务器、运检及报表工作站等，负责完成“两遥”配电终端及配电状态监测终端数据采集与处理，进行历史数据库缓存并对接云存储平台，实现单相接地故障分析、配电网指标统计分析、配电网主动抢修支撑、配电网经济运行、配电自动化设备缺陷管理、模型/图形管理等配电运行管理功能。

安全接入大区主要设备包括专网采集服务器、公网采集服务器等，负责完成光纤通信和无线通信三遥配电终端实时数据采集与控制命令下发。

未来配电网地县一体化建设过程中，地县配电终端将采用集中采集或分布式采集方式，并在县公司部署远程应用工作站。

（二）软件架构

配电主站主要由计算机硬件、操作系统、支撑平台软件和配电网应用软件组成。其中，支撑平台包括系统信息交换总线和基础服务，配电网应用软件包括配电网运行监控与配电网运行状态管控两大类应用。总体架构如图 1-7-2 所示。

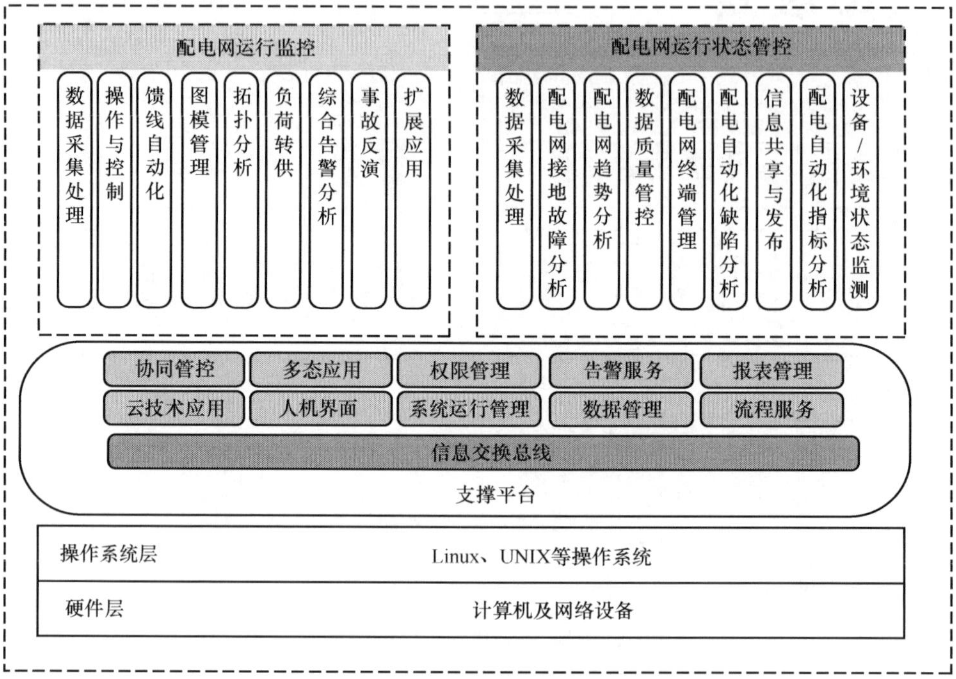

图 1-7-2 配电自动化系统主站功能组成结构

系统由“一个支撑平台、两大应用”构成，应用主体为大运行与大检修，信息交换总线贯通生产控制大区与信息管理大区，与各业务系统交互所需数据，为“两个应用”提供数据与业务流程技术支撑，“两个应用”分别服务于调度与运检。

1. 一个支撑平台

遵循标准性、开发性、扩展性、先进性、安全性等原则，构建标准的支撑平台，为系统各类应用的开发、运行和管理提供通用的技术支撑，提供统一的交换服务、模型管理、数据管理、图形管理，满足配电网调度各项实时、准实时和生产管理业务的需求，统一支撑配网运行监控及配网运行管理两个应用。

2. 两大应用

以统一支撑平台为基础，构建配网运行监控和状态管控两个应用服务：

（1）配电运行监控应用部署在生产控制大区，并通过信息交换总线从管理信息大区调取所需实时数据、历史数据及分析结果。

（2）配电运行状态管控应用部署在管理信息大区，并通过信息交换总线接收从生产控制大区推送的实时数据及分析结果。

生产控制大区与管理信息大区基于统一支撑平台，通过协同管控机制实现权限、责任区、告警定义等的分区维护、统一管理，并保证管理信息大区不向生产控制大区发送权限修改、遥控等操作性指令；外部系统通过信息交换总线与配电主站实现信息交互。

（三）数据流

系统数据流主要包括 3 个部分：配电终端与主站之间通信的实时数据流、从外部系统导入的图模数据流、主站系统内部生产控制大区和管理信息大区之间各应用功能数据流。

1. 实时数据流

光纤通信方式配电终端、无线通信方式三遥配电终端接入生产控制大区，无线通信方式二遥配电终端以及其他配电采集装置接入管理信息大区；无论是光纤通信方式还是无线通信方式的终端都先进入安全接入区的采集服务器，安全接入区与生产控制大区之间加装正反向物理隔离装置，保证系统的安全。实时数据流示意图如图 1-7-3 所示。

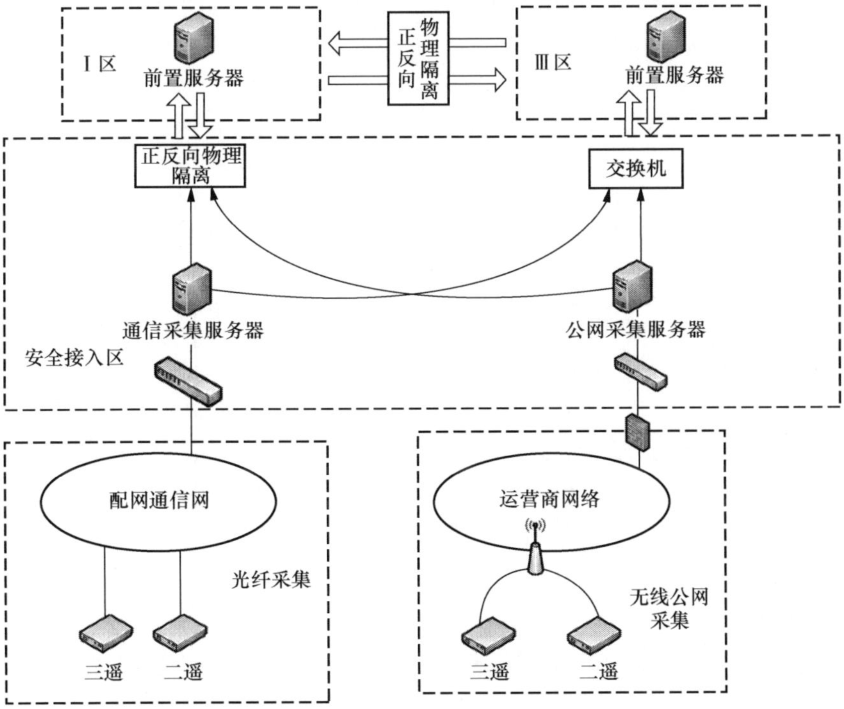

图 1-7-3　实时数据流示意图

（1）生产控制大区数据：所有需要进行遥控操作的“三遥”终端、专网通信的“二遥”终端，通过部署在安全接入区的专网及公网采集服务器将数据传入生产控制大区，由一区前置服务器进行数据处理；纵向加密认证网关部署在Ⅰ区，需具备跨越物理隔离的能力。

（2）管理信息大区数据：所有公网通信“二遥”终端通过部署在安全接入区的公网采集服务器将数据传入Ⅲ区，由Ⅲ区前置服务器进行数据处理。

（3）所有遥控命令只允许在生产控制大区下发，管理信息大区可进行电池活化等遥调操作；跨区数据交互通过信息交换总线和正反向物理隔离进行。

（4）主配网系统之间增加正反向物理隔离装置，主网实时数据及操作信息传给配网主站，配网主站遥控 10kV 变电站出线开关命令通过反向隔离送到主网系统。

2. 图模数据流

配电主站基于调配用一体化网络模型构建全电网分析功能，基础图模数中主网部分来自调度自动化系统（EMS），中低压图模数来自 PMS 系统，两部分信息经交换总线在生产控制大区通过图模导入工具进入处理，图模校验通过后先导入调试模型库，当调度员进行图模确认操作时，图模数信息经调试模型库同步到数据库服务器中，再由数据库服务器向管理信息大区数据库服务器同步，最后存放在云平台中；图模校验不合格的数据将反馈给对应的外部系统，经修正后重新导入。模型数据流示意图如图 1-7-4 所示。

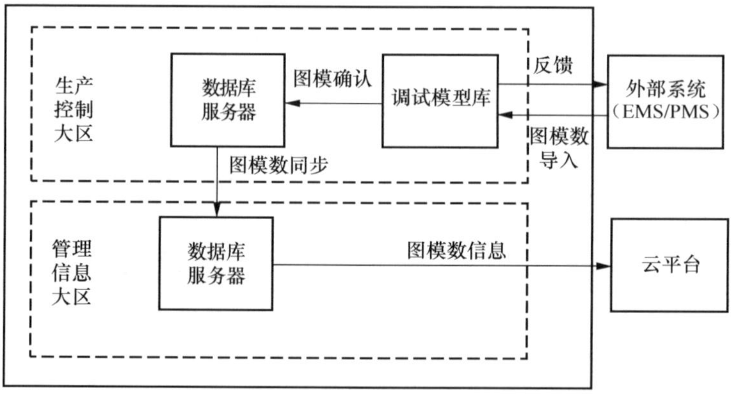

图 1-7-4　模型数据流示意图

3. 功能数据流

主站系统内部生产控制大区和管理信息大区之间各应用功能的数据流如图 1-7-5 所示。

两个大区之间的应用数据经协同管控模块的中转，实现各类应用数据的按需交换。生产控制大区的数据可分为数据采集与监控类、故障处理类、分析应用类和历史数据应用类；管理信息大区的数据可分为数据采集与监测类、配网运行状态管控类、接地故障分析类、分析应用类、历史数据应用类和历史数据信息。

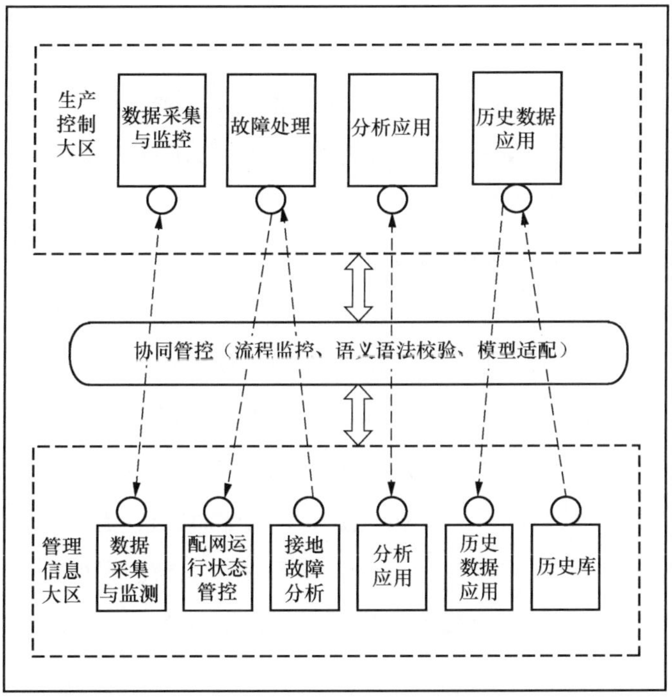

图 1-7-5　各应用功能数据流

生产控制大区的数据采集与监控信息经协同管控模块同步到管理信息大区，遥信、保护及遥控告警等重要数据实时同步，遥测及其他数据采用断面数据加订阅的方式同步。

生产控制大区的故障处理数据经协同管控模块实时同步到管理信息大区。

生产控制大区的分析应用的结果数据经协同管控模块实时同步到管理信息大区。

生产控制大区的历史数据应用模块可订阅管理信息大区的历史数据，查看历史曲线等。

管理信息大区的数据采集与监测经协同管控模块同步到生产控制大区，遥信、保护等重要数据实时同步，遥测及其他数据采用断面数据加订阅的方式同步。

管理信息大区的接地故障分析数据经协同管控模块实时同步到生产控制大区。

管理信息大区的分析应用的结果数据经协同管控模块实时同步到生产控制大区。

管理信息大区的历史数据应用的结果数据经协同管控模块同步到生产控制大区。

三、配电自动化主站功能应用

配电运行监控功能以调度部门为服务对象，分为基本功能与高级功能。在实现“三遥”数据接入、控制操作、馈线自动化等基本功能基础上，可具体根据实际情况选择适合的高级应用功能，切实解决一线人员工作中遇到的问题，提高配电网安全运行水平。

（一）基本功能

1. 配电数据采集与处理

（1）数据采集。实现以下各类数据的采集和交换，包括但不限于：

1）电力系统运行的实时量测，如一次设备（馈线段、母线、开关等）的有功、无功、电流、电压值以及等模拟量，开关位置、隔离刀闸、接地刀闸位置以及远方控制投退信号等其他各种开关量和多状态的数字量。

2）过流保护、零序保护等二次设备数据。

3）电网一次设备、二次设备状态信息数据。

4）控制数据，包括受控设备的量测值、状态信号和闭锁信号等。

5）配电终端上传的数据，包括实时数据、历史数据、故障录波、日志文件、配置参数等，支持数据类型应满足 Q/GDW 11815—2018《配电自动化终端技术规范》和 Q/GDW 10514—2018《配电自动化终端/子站功能规范》和《配电线路故障定位装置技术规范》要求。

6）卫星时钟、直流电源、UPS 或其他计算机系统传送来的数据及人工设定的数据。

7）配电站房、配电电缆、架空线路、配电开关、配电变压器等设备电气、环境、通道等状态数据。

8）电量数据。广域分布式数据采集，支持数据采集应用分布在广域范围内的不同位置，通过统筹协调工作共同完成多区域一体化的数据采集任务并在全系统共享。

a. 大数据量采集，应能满足大数据量采集的实时响应需要，支持数据采集负载均衡处理。

b. 应支持 DL/T 634《远动设备及系统》系列标准（IEC 60870）的 104、101 通信规约或符合 DL/T 860《变电站通信网络和系统》系列标准（IEC 61850）的协议。

c. 具备错误检测功能，能对接收的数据进行错误条件检查并进行相应处理。

d. 支持光纤、无线等通信方式，数据采集应满足以下要求：

a）数据采集应满足国家发展和改革委员会令 2014 年第 14 号《电力监控系统安全防护规定》的要求，应在安全接入区采用专用服务器，专用服务器支持主备、负载均衡处理。

b）无线公网数据采集应支持无线通信方式配电终端低功耗、低数据流量等相关应用要求。

（2）数据处理。数据处理具备模拟量处理、状态量处理、非实测数据处理、数据质量码、平衡率计算、计算及统计等功能。

1）模拟量处理。应能处理一次设备（馈线段、母线、开关等）的有功、无功、电流、电压值等模拟量。对模拟量的处理应实现以下功能：

a. 提供数据有效性检查和数据过滤。

b. 提供零漂处理功能，且模拟量的零漂参数可设置。

c. 提供限值检查功能，并支持不同时段使用不同限值。

d. 提供数据变化率的限值检查功能，当模拟量在指定时间段内的变化超过指定阈值时，给出告警。

e. 支持人工输入数据。

f. 可以自动设置数据质量标签。

g. 按用户要求定义并统计某些量的实时最大值、最小值和平均值，以及发生的时间。

h. 可支持量测数据变化采样。

i. 进行工程单位转换。

j. 支持配电终端历史数据、故障录波、故障事件、日志文件、相磁场强度等解析。

k. 支持对配电终端运行参数的处理。

l. 支持对配电终端上送的电压越限、负荷越限等告警量处理。

2）状态量处理。应能处理包括开关位置、隔离刀闸、接地刀闸位置、保护状态以及远方控制投退信号等其他各种信号量在内的状态量。状态量的处理应完成以下功能：

a. 状态量用 1 位二进制数表示，1 表示合闸（动作/投入），0 表示分闸（复归/退出）。

b. 支持双位遥信处理，对非法状态可做可疑标识。

c. 支持误遥信处理，对抖动遥信的状态做可疑标识。

d. 支持检修状态处理，对状态为检修的遥信变化不做报警。

e. 支持人工设定状态量。

f. 所有人工设置的状态量应能自动列表显示，并能调出相应接线图。

g. 支持保护信号的动作计时处理，当保护动作后一段时间内未复归，则报超时告警。

h. 支持保护信号的动作计次处理，当一段时间内保护动作次数超过限值，则报超次告警。

3）非实测数据处理。非实测数据可由人工输入也可由计算得到，以质量码标注，并与实测数据具备相同的数据处理功能。

4）数据质量码。应对所有模拟量和状态量配置数据质量码，以反映数据的质量状况。图形界面应能根据数据质量码以相应的颜色显示数据。计算量的数据质量码由相关计算元素的质量码获得。

5）统计计算功能。支持统计计算，应能根据调度运行的需要，对各类数据进行统计、具备灵活定制计算公式，提供统计结果，主要的统计功能应包括：

a. 数值统计：包括最大值、最小值、平均值、总加值、三相不平衡率，统计时段包括年、月、日、时等。

b. 极值统计：包括极大值、极小值，统计时段包括年、月、日、时等。

c. 次数统计：包括开关变位次数、保护动作次数、遥控次数、馈线故障处理启动次数等。

（3）数据记录。数据记录提供事件顺序记录、周期采样、变化存储功能。

1）事件顺序记录（SOE）。

a. 应能以毫秒级精度记录所有电网开关设备、继电保护信号的状态、动作顺序及动作时间，形成动作顺序表；SOE 记录应包括记录时间、动作时间、区域名、事件内容和设备名。

b. 应能根据事件类型、线路、设备类型、动作时间等条件对 SOE 记录分类检索、显示和打印输出。

c. 具备事件记录分类定义和显示能力。

2）周期采样。

a. 应能对系统内所有实测数据和非实测数据进行周期采样。

b. 支持批量定义采样点及人工选择定义采样点。

c. 采样周期可选择。

d. 数据存储。

e. 应能对系统内所有实测数据和非实测数据进行存储。

f. 支持批量定义存储点及人工选择定义存储点。

g. 应能对终端上送的历史数据、故障录波、故障事件、终端日志进行存储。

（4）系统时钟和对时。

1）系统主站可以支持多种时钟源，应优先采用北斗对时。

2）对接收的时钟信号的正确性应具有安全保护措施，保证对时安全，并可人工设置系统时间。

3）系统主站可对终端设备进行对时，支持批量灵活定制。

4）系统主站应能对终端设备对时情况进行统计分析。

5）系统主站可单个或批量对配电终端设备时钟进行召唤。

6）应支持 SNTP 等方式对时。

（5）操作与控制。操作和控制实现人工置数、标识牌操作、闭锁和解锁操作、远方控制与调节功能，有相应的权限控制。

1）人工置数。人工置数的数据类型包括状态量、模拟量、计算量。人工置数的数据应进行有效性检查。

2）标识牌操作。

a. 应提供自定义标识牌功能，常用的标识牌应包括：

a）禁止操作——禁止对具有该标识牌的设备进行操作。

b）保持分闸/保持合闸——禁止对具有该标识牌的设备进行合闸/分闸操作。

c）警告——某些警告信息应提供给调度员，提醒调度员在对具有该标识牌的设备执行控制操作时能够注意某些特殊的问题。

d）接地——对于不具备接地刀闸的点挂接地线时，可在该点设置“接地”标识牌，系统在进行操作时将检查该标识牌。

e）检修——处于“检修”标志下的设备，可进行试验操作，但不向调度员工作站报警。

f）试验。

g）缺陷。

b. 应能通过人机界面对一个对象设置标识牌或清除标识牌，在执行远方控制操作前应先检查对象的标识牌；

c. 单个设备应能设置多个标识牌；

d. 所有的标识牌操作应进行存档记录，包括时间、厂站、线路、设备名、标识牌类型、操作员身份和注释等内容。

3）闭锁和解锁操作。

a. 应提供闭锁功能用于禁止对所选对象进行特定的处理，包括闭锁数据采集、告警处理和远方操作等；

b. 闭锁功能和解锁功能应成对提供；

c. 所有的闭锁和解锁操作应进行存档记录。

4）远方控制与调节。

a. 控制与调节类型：

a）开关的分合；

b）投/切远方控制装置（就地或远方模式）；

c）成组控制：可预定义控制序列，实际控制时可按预定义顺序执行或由调度员逐步执行，控制过程中每一步的校验、控制流程、操作记录等与单点控制采用同样的处理方式。

b. 控制种类：

a）单设备控制：常规的控制方式，针对单个设备进行控制。

b）序列控制：应提供界面供操作员预先定义控制条件及控制对象，可将一些典型的序列控制存储在数据库中供操作员快速执行。

c. 操作方式：支持单席操作/双席操作；支持普通操作/快捷操作。

d. 控制流程：对开关设备实施控制操作一般应按三步进行：选点—返校—执行，只有当返校正确时，才能进行“执行”操作。

5）选点自动撤销条件。在进行选点操作时，当遇到如下情况之一时，选点应自动撤销：

a. 控制对象设置禁止操作标识牌。

b. 校验结果不正确。

c. 当另一个控制台正在对这个设备进行控制操作时。

d. 选点后有效期内未有相应操作。

6）控制信息传递。对属于其他系统（如电网调度控制系统）控制范围内的设备控制操作，本系统能够通过信息交互接口将控制请求向其提交。

7）安全措施。

a. 操作必须从具有控制权限的工作站上才能进行。

b. 操作员必须有相应的操作权限。

c. 双席操作校验时，监护员需确认。

d. 操作时每一步应有提示，每一步的结果有相应的响应。

e. 操作时应对通道的运行状况进行监视。

f. 配网设备的遥控应满足国家电网调〔2011〕168 号《关于加强配电网自动化系统安全防护工作的通知》的要求。

g. 提供详细的存档信息，所有操作都记录在历史库，包括操作人员姓名、操作对象、操作内容、操作时间、操作结果等，可供调阅和打印。

8）防误闭锁。应提供多种类型的远方控制自动防误闭锁功能，包括基于预定义规则的常规防误闭锁和基于拓扑分析的防误闭锁功能。

a. 常规防误闭锁。

a）应支持在数据库中针对每个控制对象预定义遥控操作时的闭锁条件，如相关状态量的状态、相关模拟量的量测值等，并支持多种闭锁条件的组合；

b）实际操作时，应按预定义的闭锁条件进行防误校验，校验不通过应禁止操作并提示出错原因。

b. 拓扑防误闭锁。

a）不依赖于人工定义，通过网络拓扑分析设备运行状态，约束调度员安全操作；

b）具备开关操作的防误闭锁功能：具备合环提示、挂牌提示、负荷失电提示、带接地合开关提示等；

c）具备接地刀闸操作的防误闭锁功能：具备带电合接地刀闸提示、带刀闸合接地刀闸提示等；

d）具有挂牌闭锁功能。

2. 模型/图形管理

（1）网络建模。

1）支持图模库一体化建模。根据站所图、单线图等构成配电网络的图形和相应的模型数据，自动生成全网的静态网络拓扑模型，具体要求包括但不限于：

a. 遵循 IEC 61968 和 IEC 61970 建模标准，并进行合理扩充，形成配电自动化网络模型描述；

b. 支持实时态、研究态和未来态模型统一建模和共享；

c. 具备网络拓扑建模校验功能，对拓扑错误能够以图形化的方式提示用户进行拓扑修正；

d. 提供网络拓扑管理工具，用户可以更加直观地管理和维护网络模型；

e. 支持用户自定义设备图元和间隔模板，支持各类图元带模型属性的拷贝，提高建模效率。

2）支持外部系统信息导入建模。从电网 GIS 平台导入中压配网模型，以及从电网调度控制系统导入上级电网模型，并实现主配网的模型拼接，具体要求包括但不限于：

a. 模型图形导入格式应遵循 GB/T 30149—2013《电网设备模型描述规范》、Q/GDW 624《电力系统图形描述规范》、IEC 61970 和 IEC 61968 相关标准，数据接口规范应支持 CIM/E/CIM/G、CIM/SVG 数据格式；

b. 支持站所图、线路单线图、系统联络图等图形的导入；

c. 支持图模数据的校验、形成错误报告；

d. 图模导入应以馈线/站所为单位进行导入；

e. 支持冗余数据检查与处理；

f. 支持多人并行图模导入；

g. 支持全网模型拼接与抽取；

h. 应支持主、配网模型拼接，主配网间模型拼接宜以中压母线出线开关为边界；

i. 应支持中压配电网多馈线之间的模型拼接，多条馈线间模型拼接宜以联络开关为边界；

j. 应支持中低压配电网之间的模型拼接，中低压配电网模型拼接宜以配电变压器为边界；

k. 支持按区域、厂站、馈线和电压等级进行模型查询及抽取。

（2）模型校验。模型校验根据电网模型信息及设备连接关系对图模数据进行静态分析，具体要求包括但不限于：

1）支持按照馈线、变电站方式范围的模型校验；

2）单条馈线拓扑校验，支持孤立设备、母线直连、电压等级以及设备参数完整性等方面的校验；

3）区域电网拓扑校验，支持区域配电网拓扑电气岛分析、变电站静态供电区域分析、变电站间静态馈线联络分析、联络统计等方面的检验功能；

4）支持模型与图形设备一致性校验；

5）支持冗余模型、图形检查及处理；

6）校验结果应支持文字提示，并可在电网图形上进行错误定位。

（3）设备异动管理。满足对配电网动态变化管理的需要，反映配电网模型的动态变化过程，提供配电网各态模型的转换、比较、同步和维护功能。具体要求包括但不限于：

1）多态模型的切换，实时监控操作对应实时态模型，分析研究操作对应研究态模型，设备投退役、计划检修、网架改造对应未来态模型，各态之间可以切换，以满足对现实和未来模型的应用研究需要；

2）支持各态模型之间的转换、比较、同步和维护等；

3）支持多态模型的分区维护统一管理；

4）支持设备投运、未运行、退役设备异动操作，未来图形到现实图形转换及流程确认机制；

5）支持与 PMS2.0 的异动流程耦合建立一体化的设备异动管理流程；

6）支持对异动流程中的数据进行校验，并能在发现错误后将流程回退至 PMS2.0；

7）支持各态模型差异比较与图形显示功能。

（4）图形模型发布。满足对配电网图形模型的发布需求，具体要求包括但不限于：

1）支持按照区域、馈线的模型导出功能；

2）导出模型应满足配电网运行分析应用；

3）支持单线图、站室图、环网图等各类图形导出功能。

（5）图模数与终端调试。图模数与终端调试应能满足图模导入、配电终端调试接入，提供未来态到实时态的转换功能，具体要求包括但不限于：

1）应支持主、配网模型和图形导入测试与校验；

2）应支持在调试环境中进行配电终端的接入调试；

3）应支持调阅调试环境中的接线图；

4）应保证在调试环境的图形、模型导入、终端调试应对运行环境没有影响；

5）应满足调试库中的图形、模型及其他数据在调试完毕后，能够以增量方式同步到运行数据库中。

3. 综合告警分析

综合告警分析实现告警信息在线综合处理、显示与推理，应支持汇集和处理各类告警信息，对大量告警信息进行分类管理和综合/压缩，利用形象直观的方式提供全面综合的告警提示，具体要求包括但不限于：

（1）告警信息分类。应对告警信息进行分类处理，告警信息主要包括电力系统运行异常告警、二次设备异常告警、网络分析预警三大类；可实现对由同一原因引起的多个告警信息进行合并处理。

（2）告警智能推理。可实现告警信息的统计和分析，对频繁出现的告警信息（如开关位置抖动、保护信号动作复归等），应提供时间周期（一般取 24h）内重复出现的次数，可给出故障发生的可能原因和准确、及时、简练的告警提示。

（3）信息分区监管及分级通告。应包括责任区的设置和管理、数据分类的设置和管理，根据责任区以及应用数据的类型进行相应的信息分层分类采集、处理和信息分流等功能；可对配电网事故类型进行分等级定义，在紧急事件发生的情况下，系统除了传统告警动作，比如推画面、语音等，还可依据信息分级通报的原则采用短信、手机 App 等方式迅速通告。

（4）告警智能显示。应提供告警等级自定义手段，可以按告警类型、告警对象等多种条件配置；工作站应提供多页面的综合告警显示界面，也可支持手机 App 综合告警显示，采用多种策略实现自动滤除多余和不必要的告警。

4. 馈线自动化

当配电线路发生故障时，系统根据从 EMS 和配电终端等获取的故障相关信息进行故障判断与定位、隔离和非故障区域恢复供电。具体要求包括但不限于：

（1）故障处理功能配置与投退机制。

1）支持以单条馈线或馈线联络组为单元，根据现场实际条件合理配置故障处理方式：不启动、就地处理、自动定位、自动隔离、自动隔离与恢复。

2）故障处理功能，应具备人工或特定条件下自动退出或投入的机制。

3）支持以单条馈线或馈线联络组为单元的馈线自动化投退管理功能。

（2）故障处理功能要求。

1）支持配电网各种拓扑结构，电网的运行方式发生改变对故障处理不造成影响。

2）能够根据馈线拓扑和故障相关信息自动定位故障区段，并可调出相应图形以醒目方式显示（如特殊的颜色或闪烁）。

3）根据故障定位结果和开关确定隔离方案，故障隔离方案可自动执行或者经调度员确认执行。

4）在具备多个备用电源的情况下，能根据各个电源点的负载能力，对恢复区域进行拆分恢复供电。

5）事故处理结束后，能给出恢复到事故发生前该馈线运行方式的操作策略。

6）支持含分布式电源的馈线故障处理。

7）支持单相接地故障信号分析处理。

8）支持并发处理多个故障。

9）支持信息不健全情况下的容错处理。

（3）故障处理安全约束。

1）可自动设计非故障区段的恢复供电方案，避免恢复过程导致其他线路、主变压器等设备过负荷。

2）可灵活设置故障处理闭锁条件，避免保护调试、设备检修等人为操作的影响。

3）故障处理过程中应具备必要的安全闭锁措施（如通信故障闭锁、设备状态异常闭锁等），保证故障处理过程不受其他操作干扰。

（4）故障处理控制方式。

1）对于馈线配置了故障自动定位功能，馈线开关不具备遥控条件的，系统应可通过采集的遥测、遥信数据和馈线拓扑分析，自动判定故障区段，并给出故障隔离和非故障区域的恢复方案，通过人工介入的方式进行故障处理，减少故障查找时间。

2）对于馈线开关具备三遥条件的，如该馈线只配置了故障自动定位功能，系统也应给出故障隔离和非故障区域恢复方案，调度员可以选择逐个或批量遥控方式进行相应操作，以加快故障处理速度。

3）在馈线配置了就地型故障处理功能时，主站端故障处理功能应可实现与就地处理的配合。

（5）故障处理反演与信息查询。

1）故障处理的全部过程信息应保存在历史数据库中，以备故障分析时使用。

2）可按故障发生时间、发生的变电站、馈线、受影响客户等方式对故障信息进行检索和统计。

3）应能按故障处理实际过程进行反演，反演过程可基于环网图，利用主站记录的保护装置动作信息、线路遥测和遥信信息、系统判断结论、遥控输出与执行后各断路器和负荷开关变位信息，以图示和信息提示方式，顺序复现故障前、故障后、故障识别与定位、故障隔离、非故障区段恢复供电处理的全过程。

4）应能提供故障前和主站故障信息收集完毕后的数据断面，断面信息应包括保护装置信号状态、线路断路器及负荷开关动作状态、动作时间等。

5）反演过程中能够提供故障判断及处理的相关依据，如故障信号，控制输出和执行动作情况等。

6）故障处理信息中应针对每一项故障处理给出综述性的处理结论，支持输出事故处理过程报告。

5. 拓扑分析应用

（1）网络拓扑分析。可以根据电网连接关系和设备的运行状态进行动态分析，分析结果可以应用于配电监控、安全约束等，具体要求包括但不限于：

1）适用于任何形式的配电网络接线方式。

2）电气岛分析，分析电网设备的带电状态，按设备的拓扑连接关系和带电状态划分电气岛。

3）电源点分析，分析电网设备的供电路径及供电电源。

4）支持人工设置的运行状态。

5）支持设备挂牌、临时跳接等操作对网络拓扑的影响。

6）支持实时态、研究态、未来态网络模型的拓扑分析。

（2）拓扑着色。拓扑着色可根据配电网开关的实时状态，确定系统中各种电气设备的带电状态，分析供电源点和各点供电路径，并将结果在人机界面上用不同的颜色表示出来。具体要求包括但不限于：

1）电网运行状态着色。依据电网拓扑分析的结果，应用不同颜色表示电网元件的运行状态（带电、停电、接地等）。

2）供电范围及供电路径着色。依据电网拓扑分析的结果，显示配电线路的供电范围及供电路径。

3）动态电源着色。依据电网拓扑分析的结果，动态显示不同电源点的供电区域。

4）负荷转供着色。依据负荷转供分析结果，显示负荷转供的所有路径。

5）故障区域着色。依据故障分析结果，对故障区域进行着色显示。

6）变电站供电范围着色。依据电网拓扑分析的结果，显示不同变电站的供电范围。

7）线路合环着色。依据电网拓扑分析的结果，显示处于合环状态的线路。

（3）负荷转供。负荷转供根据目标设备分析其影响负荷，并将受影响负荷安全转至新电源点，提出包括转供路径、转供容量在内的负荷转供操作方案。具体要求包括但不限于：

1）负荷信息统计。

a. 目标设备设置，包括检修设备、越限设备或停电设备。

b. 负荷信息统计，分析目标设备影响到的负荷及负荷设备基本信息。

2）转供策略分析。

a. 转供路径搜索，采用拓扑分析的方法，搜索得到所有合理的负荷转供路径。

b. 转供容量分析，结合拓扑分析和潮流计算的结果，对转供负荷容量以及转供路径的可转供容量进行分析。

c. 转供客户分析：采用拓扑分析方法，对双电源供电客户转供结果进行分析。

3）转供策略模拟。

a. 支持模拟条件下的方案生成及展示。

b. 模拟运行方式设置。

c. 转供方案报告。

d. 转供过程展示。

4）转供策略执行。

依据转供策略分析的结果，采用自动或人工介入的方式对负荷进行转移，实现消除越限、减少停电时间等目标。

6. 事故反演

系统检测到预定义的事故时，应能自动记录事故时刻前后一段时间的所有实时稳态信息，以便事后进行查看、分析和反演。

（1）事故信息记录的启动和处理。

1）事故信息应包括配电线路相间短路故障以及单相接地故障发生前后一段时间内系统采集到的所有信息。

2）应能以保存数据断面及报文的形式存储一定时间范围内所有的实时稳态数据，可记录事故前后系统的实际状态。

3）事故信息记录既能由预定义的触发事件（跳闸类事件、量测突变类事件等）自动启动，也应支持指定时间范围内的人工启动。触发事件包括设备状态变化、测量值越限、计算值越限、测量值突变。

4）应具备多重事故记录的功能，记录多重事故时，事故追忆的记录存储时间相应顺延。

5）应能指定事故前和事故后追忆的时间段。

6）事故信息记录的内容包括一次设备的模拟量、状态量，以及二次终端设备、通信系统的告警信息。

7）事故信息处理应结合该信息对象的历史变化过程，给出便于操作员观察和理解的逻辑状态，例如：永久性故障跳闸、重合闸、拒动、误动等。

（2）事故过程信息。

1）应提供检索事故的界面，并具备在研究态下的事故反演功能。

2）应能通过任意一台工作站进行事故反演，并可以允许多台工作站同时观察事故反演。反演的运行环境相对独立，与实时环境互不干扰。

3）反演时，断面数据应与反演时刻的电网模型及画面相匹配。

4）应能通过专门的反演控制画面，选择已记录的任意时段内电力系统的状态作为反演对象（局部反演）。

5）应能设定反演的速度和进程（快放、慢放、单步、连续），并能暂停正在进行的事故反演。

6）应能结合配电终端上送的故障录波数据，在反演过程中，关联显示当前反演发生的故障信号所对应的故障录波信息，可在子窗口中对应显示波形。

（二）高级功能

1. 分布式电源接入与控制

满足 10（20）kV 分布式电源/储能装置/微网接入带来的多电源、双向潮流分布的配电网络监视、控制要求，具体要求包括但不限于：

（1）应具备对分布式电源公共连接点、并网点的模拟量、状态量及其他数据的采集。

（2）应具备对采集数据（包括电流、电压、有功功率、无功功率、频率等）进行计算分析、数据备份、越限告警、合理性检查和处理的功能，当区域内分布式电源渗透率较高时，宜配置分布式电源发电并网运行分析的扩展功能，包括配电网电压无功优化及分布式电源发电计划调度及功率平衡分析等。

（3）应具备对受控条件的分布式电源的公共连接点、并网点处开关实现分合控制功能。

2. 专题图生成

专题图生成应用是以导入的全网模型为基础，应用拓扑分析技术进行局部抽取并做适当简化，生成相关电气图形。具体要求包括但不限于：

（1）支持配网 CIM 模型识别以及 SVG 图形生成和导出。

（2）应用拓扑分析技术支持多类图形的自动生成，包括：变电站索引图、区域联络图、供电范围图、单线图、开关站图。

（3）支持自动布局增量变化，已有模型发生增减，新生成的图形中原有模型内容布局效果保持不变。

（4）支持对自动生成的衍生电气图进行编辑和修改，可人工干预专题图生成的展示效果。

3. 状态估计

状态估计利用实时量测的冗余性，应用估计算法来检测与剔除坏数据，提高数据精度，保持数据的一致性，实现配电网不良量测数据的辨识，并通过负荷估计及其他相容性分析方法进行一定的数据修复和补充，具体要求包括但不限于：

（1）计算各类量测的估计值，量测类型包括：电流、电压、有功功率、无功功率等。

（2）配电网不良量测数据的辨识，对配电自动化尚未完全覆盖区域可综合利用负荷管理、用电信息采集等系统中的准实时数据，补全配网数据，对实时数据采集较全、配电网全网状态可观测的区域，可通过对来自各源头的数据进行一致性校验，进行综合分析，辨识不良数据。

（3）可以人工调整量测的权重系数。

（4）多启动方式，支持人工启动、周期启动、事件触发。

（5）可支持分线路、分区域、全配电网计算。

4. 潮流计算

潮流计算根据配电网络指定运行状态下的拓扑结构、变电站母线电压（即馈线出口电压）、负荷类设备的运行功率等数据，计算节点电压，以及支路电流、功率分布，计算结果为其他应用功能做进一步分析做支撑，具体要求包括但不限于：

（1）支持实时态、研究态电网模型的计算。

（2）可支持分线路、分区域、全配电网计算。

（3）对于配电自动化覆盖区域由于实时数据采集较全，可进行精确潮流计算，对于自动化尚未覆盖或未完全覆盖区域，可利用用电信息采集、负荷管理系统的准实时数据，利用状态估计尽量补全数据，进行潮流估算。

（4）能进行馈线电流越限、母线电压越限分析。

5. 负荷预测

配电网负荷预测主要针对 6～20kV 母线、区域配电网进行负荷预测，在对系统历史负荷数据、气象因素、节假日，以及特殊事件等信息分析的基础上，挖掘配电网负荷变化规律，建立预测模型，选择适合策略预测未来系统负荷变化。具体要求包括但不限于：

（1）支持自动启动和人工启动负荷预测。

（2）多日期类型负荷预测，针对不同的日期类型设计相应的预测模型和方法，分析各种类型的日期模型（例如工作日、周末和假日等）对负荷的影响。

（3）能考虑气象因素对负荷预测的影响。

（4）支持多预测模式对比分析。

（5）支持计划检修、负荷转供、限电等特殊情况对配电网负荷影响的分析。

6. 解合环分析

与电网调度控制系统进行信息交互，获取端口阻抗、潮流计算等计算结果，对指定方式下的解合环操作进行计算分析，结合计算分析结果对该解合环操作进行风险评估，具体要求包括但不限于：

（1）可基于实时态、研究态电网模型进行解合环分析。

（2）能够实现解合环路径自动搜索。

（3）对于模型参数完备，相关量测采集齐全的环路，能够计算合环稳态电流值、合环电流时域特性、合环最大冲击电流值。

（4）能够分析解合环操作对环路上其他设备的影响。

（5）能够提供解合环前后潮流值比较。

7. 网络重构

配电网网络重构的目标是在满足安全约束的前提下，通过开关操作等方法改变配电线路的运行方式，消除支路过载和电压越限，平衡馈线负荷，降低线损。具体要求包括但不限于：

（1）支持实时态、研究态下的计算。

（2）结合配电网潮流计算分析结果对配电网络进行重构，实现网络优化，提高供电能力。

（3）综合分析配电网架结构和用电负荷等信息，通过改变配电网运行方式等相关措施，达到平衡馈线负荷、降低线损的目的。

8. 操作票

调度操作票功能应满足调度人员日常操作票管理工作的可靠性、安全性、快速性、方便性等要求。具体要求包括但不限于：

（1）调度员在研究态下进行开票、安全防误校核，任何操作不应影响实时环境，支持自动或手动方式实现操作票模拟环境与实时环境的同步。

（2）采用图票一体化技术，由调度员在图形界面上点选设备，选择操作任务后，系统自动生成操作票。

（3）应能实现按人员统计、按操作项目统计、按设备类型统计，可以按年、按月统计操作票数量、合格率等。

9. 自愈控制

配电网自愈控制综合应用配电网故障处理、安全运行分析、配电网状态估计和潮流计算等分析结果，循环诊断配电网当前所处运行状态，并进行控制策略决策，实现对配电网一、二次设备的自动控制，解除配电网故障，消除运行隐患，促使配电网转向更好的运行状态。具体要求包括但不限于：

（1）风险预警，支持配电网在紧急状态、恢复状态、异常状态、警戒状态和安全状态等状态划分及分析评价机制，为配电网自愈控制实现提供理论基础和分析模型依据。

（2）校正控制，包括预防控制、校正控制、恢复控制、紧急控制，各级控制策略保持一定的安全裕度，满足 $N-1$ 准则。

（3）具备相关信息融合分析的能力，在故障信息漏报、误报和错报条件下能够容错故障定位。

（4）支持配电网大面积停电情况下的多区域、多级电压协调、快速恢复功能。

10. 配电网经济运行分析

配电网经济运行分析主要是从经济、安全方面对配电网运行方式进行分析，具体要求包括但不限于：

（1）支持网架结构、运行方式合理性分析。

（2）支持对配电设备利用率进行综合分析与评价。

（3）支持配电网季节性运行方式优化分析。

（4）支持电压无功协调控制。

四、配电自动化主站安全防护

根据《电力监控系统安全防护规定》的要求，配电自动化主站系统采用“安全分区、 网络专用、横向隔离、 纵向认证”的基本防护策略，同时应加强配电自动化系统网络安全监测。主站系统网络架构如图 1-7-6 所示。

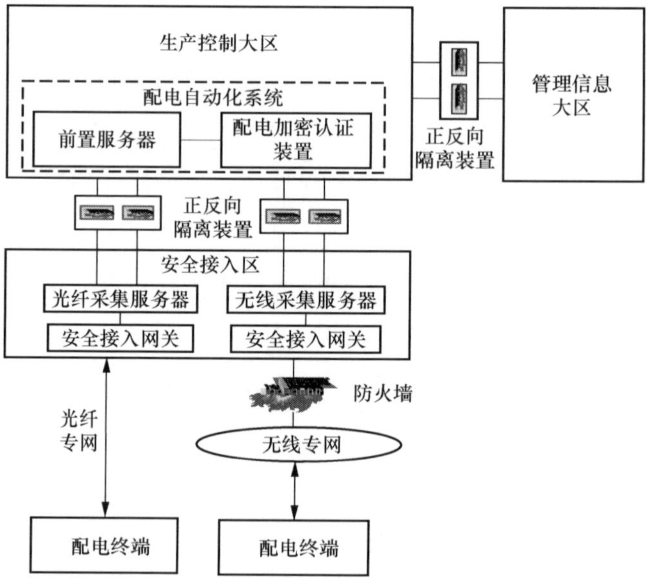

图 1-7-6 配电自动化主站系统网络架构

（一）防火墙

1. 防火墙的技术原理

（1）防火墙的介绍。防火墙是一种重要的网络安全设备，设置在不同网络或不同安全域之间的一道安全屏障，用于网络或安全域之间的安全访问控制。防火墙结构如图 1-7-7 所示。

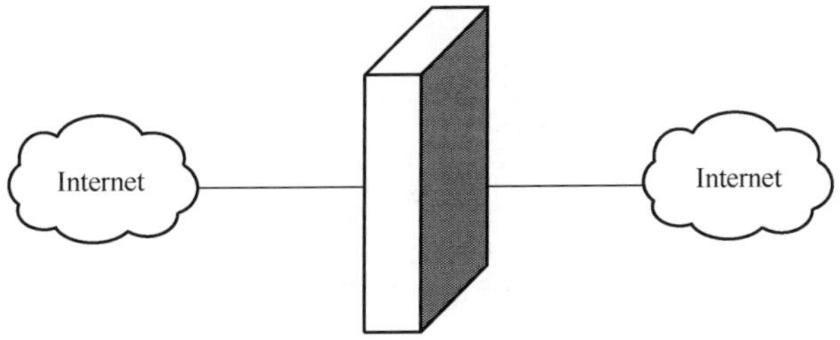

图 1-7-7　防火墙结构示意图

（2）防火墙的目的及作用。防火墙的日的是保证网络内部数据流的合法性，防止外部非法数据流的侵入，同时管理内部网络用户访问外部网络的权限，并在此前提下将网络中的数据流快速地从一条链路转发到另外的链路上去。

防火墙主要有的作用：过滤进、出网络的数据流；管理进、出网络的访问行为；记录通过防火墙的信息内容和活动；对网络攻击进行检测和报警。

（3）防火墙的技术方法。防火墙通常使用的安全控制技术主要是包过滤技术和应用代理技术。

包过滤技术考虑的是 OSI 参考模型的网络层和传输层的数据安全问题。根据数据包的源地址、目的地址、端口号和协议类型等标志确定是否允许通过，只有符合过滤条件的数据包才被转发，其余不符合条件的数据包则被丢弃。包过滤技术分为简单包过滤和状态检测包过滤两种。

应用代理技术则是在应用层检查数据包的安全性。应用代理通常运行在两个网络之间，彻底隔断了两端的直接通信，所有通信都必须经应用层的代理转发，访问者任何时候都不能与服务器建立直接的连接。应用代理技术是一种透明的代理方式，它可以对网络中任何一层的数据通信进行筛选保护，检测能力强，安全性高，但是处理速度慢，配置起来也比较繁琐。

2. 防火墙的部署方式

防火墙一般有 3 种工作模式：透明模式、路由模式和混合模式。防火墙的工作模式是通过设置接口的工作模式来实现的，当防火墙工作在透明模式时，需要将接口设置为二层接口；当防火墙工作在路由模式时，需要将接口设置为三层接口；当防火墙工作在混合模式时，则需要将相关接口分别设置为二层接口和三层接口。

（1）透明模式。透明模式是指防火墙工作在同一网段中，连接同一 IP 地址的两个子网，主要用于数据流的二层转发，如图 1-7-8 所示。此时防火墙的作用就和交换机一样，对于用户来说是透明的。在透明模式下不需要为防火墙的接口设置 IP 地址。

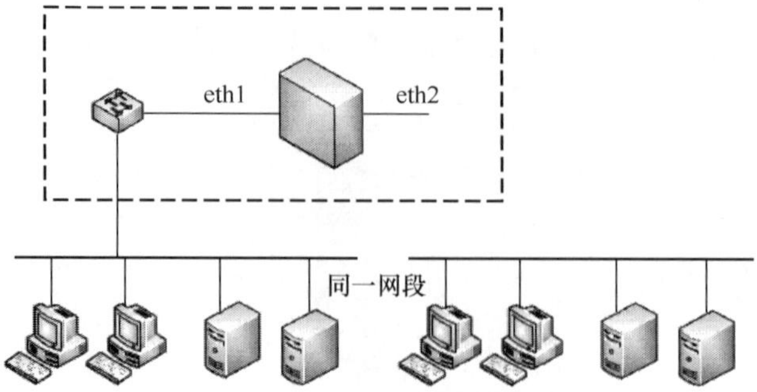

图 1-7-8 透明模式结构图

（2）路由模式。路由模式是指防火墙可以让工作在不同网段之间的主机以三层路由的方式进行通信。防火墙处于路由工作模式时，防火墙各接口所连接的网络必须处于不同的网段，需要为防火墙的接口设置 IP 地址。路由模式结构图如图 1-7-9 所示。

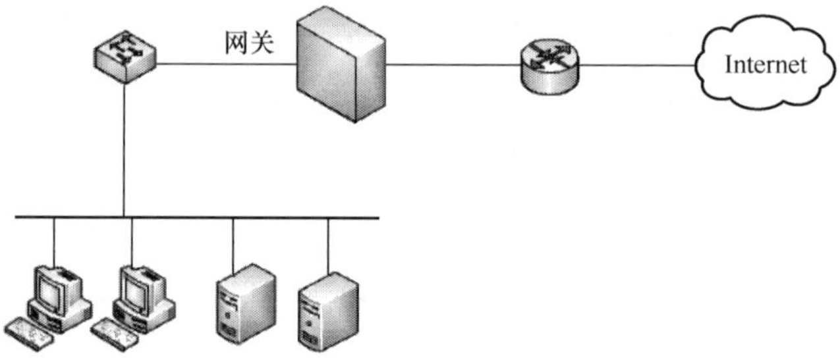

图 1-7-9 路由模式结构图

（3）混合模式。混合模式是指防火墙同时工作在透明模式和路由模式两种模式下，能够同时实现数据流的二层转发和三层路由功能。混合模式结构图如图 1-7-10 所示。

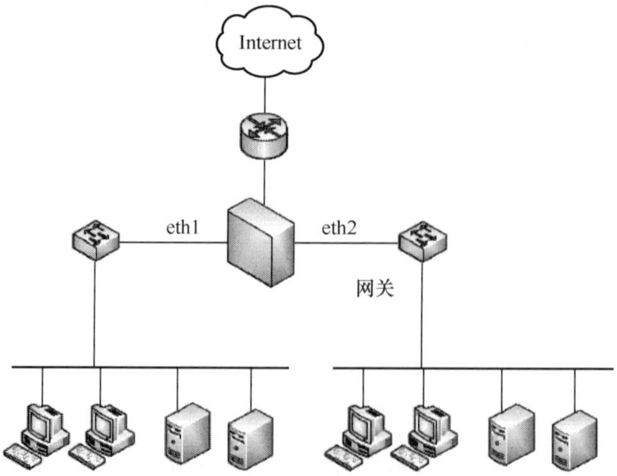

图 1-7-10 混合模式结构图

（二）纵向加密装置

1．纵向加密认证装置定义及组成

（1）纵向加密认证装置定义。电力专用纵向加密认证网关是用于保护电力调度数据网路由器和电力系统的局域网之间通信安全的电力专用网关机。该设备提供保护上下级控制系统之间的广域网通信提供认证和加密服务，实现数据传输的机密性、完整性保护。此外电力专用纵向加密认证网关实现了对电力系统专用的应用层通信协议转换功能，以便于实现端到端的选择性保护。

（2）纵向加密认证装置的主要组成。纵向加密认证装置的主要组成包括：

1）密钥协商和通信协议：在保证系统安全的基础上，简化了密钥协商和通信协议。

2）电力系统专用的 SSX06 密码算法芯片，非对称算法和电力系统专用对称算法。

3）特有的电力系统专用协议分析和过滤模块；对电力专有协议 IEC 104、DL/T 476—2012、TASE.2 的解析，对不同功能的报文分别有不同的应用策略。

4）硬件旁路接口：具备特有的硬件旁路功能的独立硬件接口。

5）支持路由器 trunk 协议。

2．纵向加密认证装置的硬件结构

加密认证装置的硬件组成：CPU、内存、网口、加密卡接口、液晶屏接口等。硬件结构如图 1-7-11 所示。

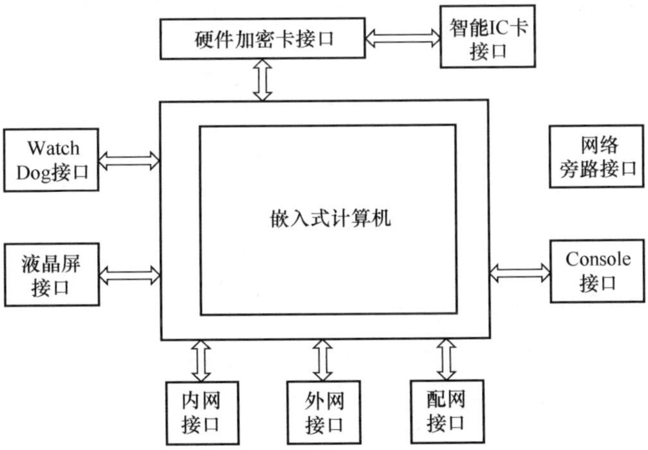

图 1-7-11　纵向加密认证装置的硬件结构

3．纵向加密认证装置的软件结构

加密认证装置的软件组成分为两部分：第一部分是配置软件，即用来配置管理纵向加密装置的；第二部分是加密装置内部软件，包括操作系统、加密装置程序等。软件结构如图 1-7-12

所示。

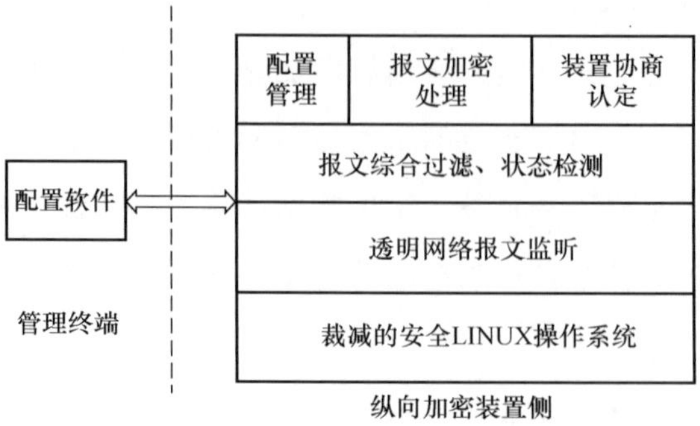

图 1-7-12　纵向加密认证装置的软件结构

（三）物理隔离设备

1. 电力专用安全隔离装置简介

电力专用安全隔离装置作为安全区Ⅰ/Ⅱ与安全区Ⅲ的必备边界，要求具有最高的安全防护强度，是安全区Ⅰ/Ⅱ横向防护的要点。电力专用安全隔离装置（正向）用于安全区Ⅰ/Ⅱ（高）到安全区Ⅲ（低）的单向数据传递；安全隔离装置（反向）用于安全区Ⅲ（低）到安全区Ⅰ/Ⅱ（高）的单向数据传递。其部署如图 1-7-13 所示。

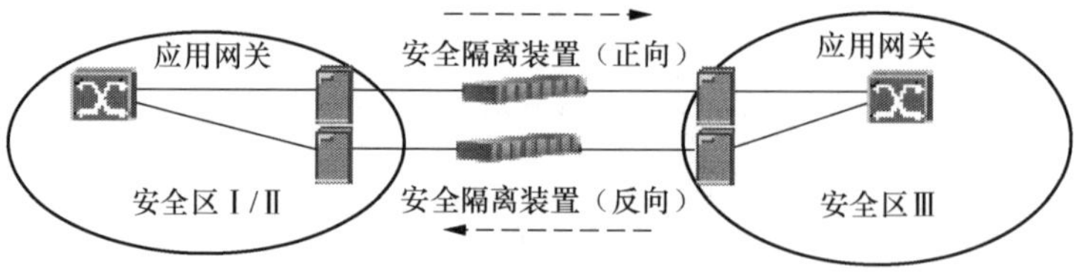

图 1-7-13　安全隔离装置的部署

2. 电力专用安全隔离装置功能

安全隔离装备有如下几个功能：

（1）实现两个安全区之间的非网络方式的安全的数据交换，采用“安全岛”技术保证安全隔离装置内外两个处理系统不同时连通。

（2）单 bit 返回，即返回数据为 1 个字节。

（3）透明工作方式，虚拟主机 IP 地址、隐藏 MAC 地址。

（4）基于 MAC、IP、传输协议、传输端口以及通信方向的综合报文过滤与访问控制。

（5）支持 NAT。

（6）防止穿透性 TCP 连接：禁止内网、外网的两个应用网关之间直接建立 TCP 连接，将内外两个应用网关之间的TCP连接分解成内外两个应用网关分别到隔离装置内外两个网卡的两个TCP虚拟连接。隔离装置内外两个网卡在装置内部是非网络连接。

3. 物理隔离的实现——安全岛技术

安全岛原理示意图如图1-7-14所示。

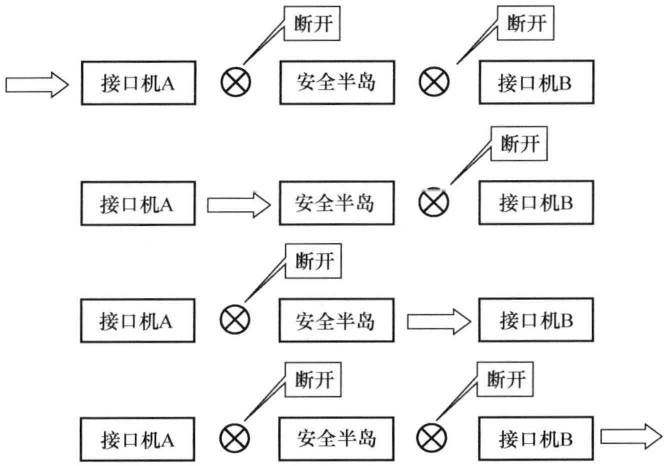

图1-7-14 安全岛原理示意图

数据单向传输过程：

（1）数据到达接口机A，这时接口机A与安全半岛间、安全半岛与接口机B间均处于断开状态。

（2）接口机A确认数据可以通过后，与安全半岛连通，将数据送上安全半岛，然后断开与安全半岛的连接。

（3）接口机A通知接口机B，安全半岛上有待收数据。

（4）接口机B与安全半岛连通，取走数据，然后断开与安全半岛的连接。

（5）接口机B根据收到的数据，组织报文，将数据发出。

这是一个安全半岛的工作原理，整个安全岛由两个安全半岛组成，完成两个方向上的数据传递。

4. 基于安全岛的隔离设备硬件结构及特点

安全岛由两个半岛组成，完成两个接口机之间的数据交换，可通过硬件控制安全半岛的读写，从而通过硬件控制数据的单方向传输。由两个嵌入式计算机及安全岛装置实现网络的物理隔离，并由安全半岛调度引擎实现安全轮渡，完成数据交换。

隔离设备硬件结构示意图如图1-7-15 所示。

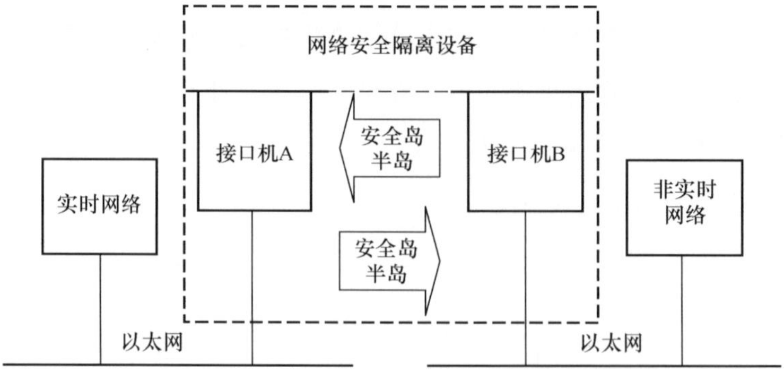

图 1-7-15 隔离设备硬件结构示意图

系统内置硬件 Watchdog，保证系统软件的可靠运行。

安全隔离设备通过开关切换及数据缓冲设施来进行数据交换。开关的切换使得在任何时刻两个网络没有直接连通，而数据流经网络安全隔离设备时 TCP/IP 协议被终止，防止了利用协议进行攻击，在某一时刻安全隔离设备只能连接到一个网络。

（四）入侵检测系统（IDS）

1. 入侵检测系统概述

入侵检测技术是一种主动发现网络隐患的安全技术。作为防火墙的合理补充，入侵检测技术能够帮助系统对付网络攻击，扩展了系统管理员的安全管理能力，提高了信息安全基础结构的完整性。它从计算机网络系统中的若干关键点收集信息，并分析这些信息。入侵检测被认为是防火墙之后的第二道安全闸门，在不影响网络性能的情况下能对网络进行监测。其功能主要有：

（1）识别黑客常用入侵与攻击手段。

（2）监控网络异常通信。

（3）鉴别对系统漏洞及后门的利用。

（4）完善网络安全管理。

2. 入侵检测系统的部署

入侵检测系统一般采用旁路方式进行部署，现在一般在交换环境中部署，该部署方式是目前网络安全建设最主要的部署方式，此方式可以使交换机避免“广播风暴”的发生。部署示意图如图 1-7-16 所示。

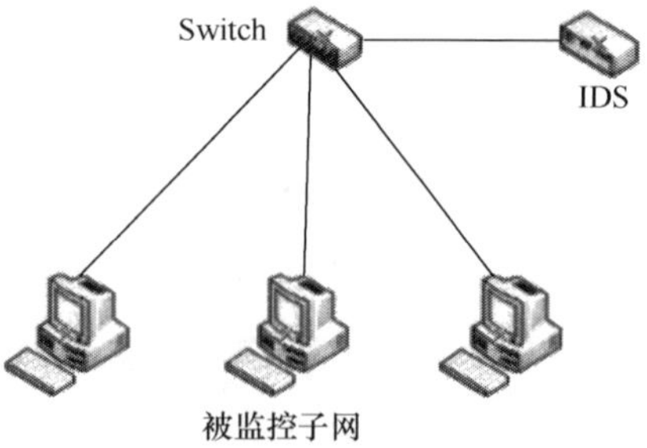

图 1-7-16 IDS 部署在交换环境示意图

为了保证 IDS 的正常工作，技术人员必须事先在交换机上配置 SPAN 端口，将 SPAN 端口与 IDS 的监听口互连即可。在进行 SPAN 配置时，需要指明交换机的哪个物理端口哪个方向的数据被检测，从而 IDS 可以有针对性地进行数据的监听和检测。

通常 IDS 配置了两个物理接口，一个用于自身管理，另一个与交换机的 SPAN 端口互连，进行数据监听。现在随着硬件配置的提升，IDS 的性能也得到了很大的提升。IDS 通过配置多个物理接口，可以设置多个监听口，分别与不同的交换机连接，从而实现监听更大的网络环境。

五、配电自动化终端安全防护

《中华人民共和国网络安全法》《电力二次系统安全防护规定》等法律法规都对网络攻击、网络犯罪进行了严厉打击，对信息安全工作做了相关的规定。《电力二次系统安全防护规定》中规定，当电力系统遭受黑客和恶意代码攻击时，应当立即向其上级电力调度机构报告，并联合采取紧急防范措施，防止事故扩大，同时注意保护现场，以便进行调查取证。

配电自动化终端安全防护一般采用加强物理安全、恶意代码防范、无用协议端口禁用、信息安全管理等安全防护措施。

（1）外观及锁具核查。检查现场设备外观、锁具是否齐备、完好，没有被破坏的痕迹。DL/T 1936—2018《配电自动化系统安全防护技术导则》规定配电终端应具有防盗、防火、防破坏等物理安全防护措施。

（2）现场查看终端型号信息，具有国家及公司认可的检测机构出具的安全检测报告。

（3）加密模块检查。现场查看符合国家安全要求的加密模块、加密芯片。配置的加密模块、加密芯片可完成终端数据的加密和解密、身份认证、访问权限控制等功能，DL/T 1936—2018 规定配电终端与主站之间的业务数据应采用经国家有关单位检测认证对称密码算法的加密措施，实现数据保密性防护。

（4）安全漏洞扫描。对配电自动化终端嵌入式系统进行漏洞扫描，检查是否存在安全风险和漏洞。对于有漏洞的设备及时下载补丁，并安装。

（5）无用端口检查。现场查看终端无用网络端口和无用调试端口应封闭，一方面通过软件配置把端口关闭，另一方面终端具备条件的现场物理封闭端口。DL/T 1936—2018 规定配电终端不应开启高危或生产中不使用的服务及端口，配置和安全策略应符合 GB/T 22239—2019《信息安全技术　网络安全等级保护基本要求》的要求。图 1-7-17 为无用端口物理封闭，图 1-7-18 为端口扫描软件界面。

（6）检查终端登录、调试密码为强口令。口令长度不得小于 8 位，且为字母、数字或特殊字符的混合组合，用户名和口令不得相同，不得为厂商通用密码，每套成套设备密码均不相同。图 1-7-19 为弱口令检查。

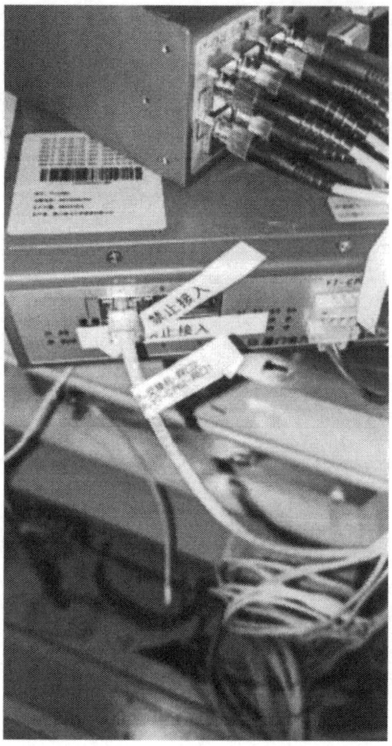

图 1-7-17 无用端口物理封闭

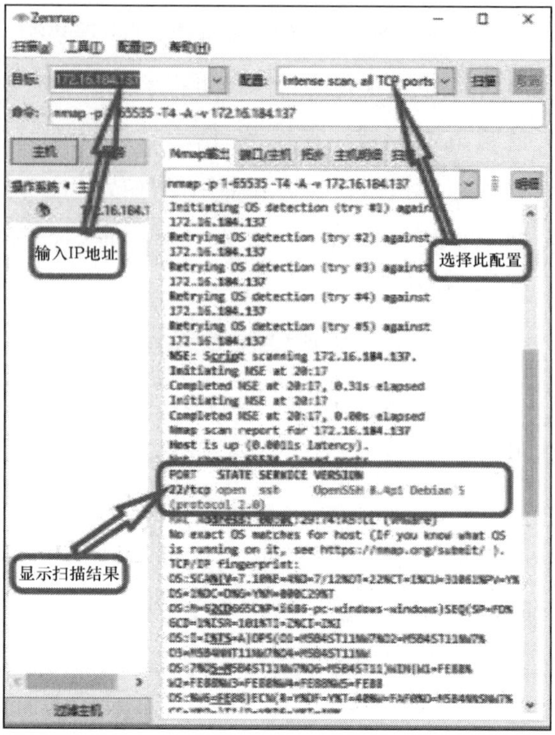

图 1-7-18 端口扫描软件界面

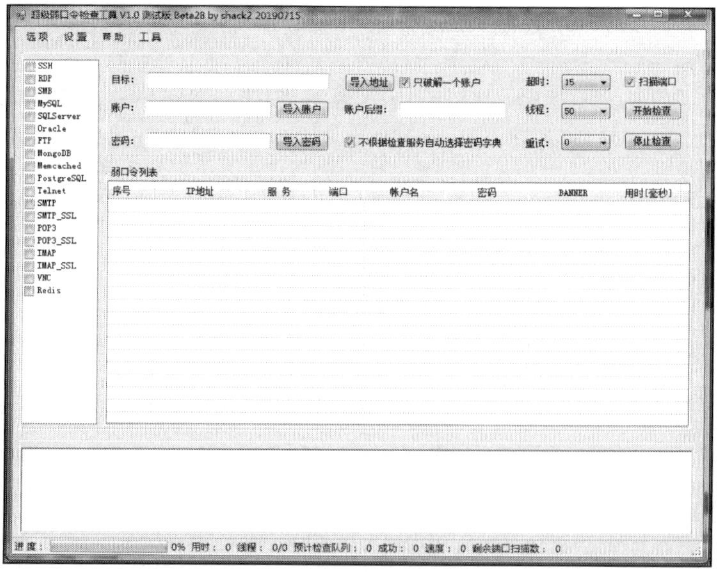

图 1-7-19 弱口令检查

（7）核查密码保密性。每套成套设备密码应由运维方唯一掌握。

（8）外部侵入防范。对现场运维第三方计算机接入与 U 盘使用采取有效技术保护与管理措施。分析被核查系统的通信协议是否采取了加密认证。《配电自动化系统安全防护技术导则》规定配电终端现场运维应使用专用的现场运维终端，配电终端应实现对现场运维终端的身份认证，并采用安全的通信措施。

（9）检查密码保护协议。与厂商调试人员签订密码保护协议，外部合作单位与公司签订保密协议和保密承诺书。

（10）新入职人员安全培训。新入职员工和岗位调整人员应接受信息安全岗位培训。

模块八 馈线自动化认知

【模块描述】

本模块主要介绍了馈线自动化的分类，详细描述了各类馈线自动化技术的适用范围、布点原则和动作逻辑，并对不同馈线自动化模式的优缺点进行了比对，总结馈线自动化技术的选型原则。

【学习目标】

1．掌握各类馈线自动化的分类。

2．掌握重点馈线自动化技术的适用范围、布点原则和动作逻辑。

3．根据不同应用场景，选用合适的馈线自动化技术，实现线路故障区段的快速定位、隔离和恢复对非故障区域的供电。

【正文】

一、馈线自动化模式概述

馈线自动化是利用自动化装置或系统，监视配电网的运行状况，及时发现配电网故障，进行故障定位、隔离和恢复对非故障区域的供电。馈线自动化按信息处理方式可分为主站集中型和就地重合式和智能分布式。

馈线自动化选型应综合考虑供电可靠性需求、结合配电网网架结构、一次设备现状、保护配置、通信基础条件以及运维管理水平。

二、馈线自动化介绍

（一）主站集中型馈线自动化

借助通信手段，通过配电终端和配电主站的配合，在发生故障时依靠配电主站判断故障区域，并通过自动遥控或人工方式隔离故障区域，恢复非故障区域供电。主站集中型馈线自动化包括半自动和全自动两种方式。主站集中型馈线自动化功能应与就地型馈线自动化、分布式馈线自动化、级差就地继电保护等协调配合。

1. 适用范围

主站集中型馈线自动化适用于：①A+、A、B、C类区域的架空、电缆线路、架空电缆混合线路；②网架结构为单辐射、单联络或多联络的复杂线路。

2. 布点原则

对于配电线路关键性节点，如主干线联络开关、分段开关，进出线较多的节点，配置三遥配电终端。非关键性节点如分支开关、无联络的末端站室等，可不配三遥配电终端。集中型馈线自动化功能对网架结构以及布点原则的要求较低，一般可适应绝大多数情况。

3. 动作逻辑

线路正常供电时，拓扑如图1-8-1所示。

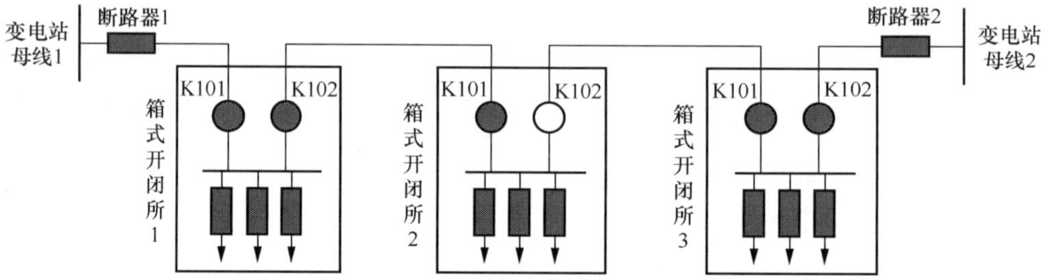

图1-8-1 正常供电网络图

如图1-8-2所示，$t1$时刻F1点发生故障，变电站出线断路器1检测到线路故障，保护动作跳闸，环网柜1的K101、K102配电终端上送过流信息。

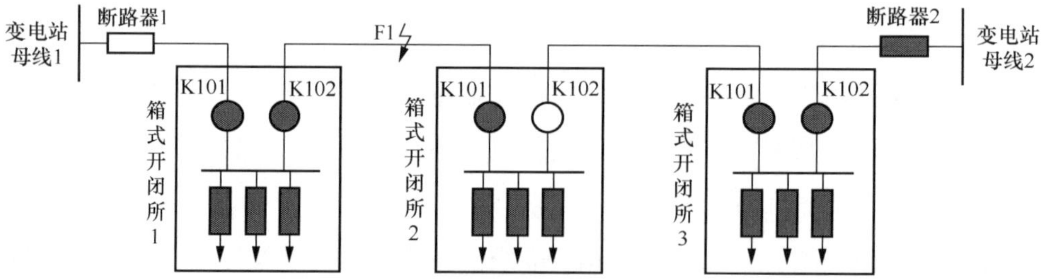

图1-8-2 发生故障示意图

主站收到出线断路器1开关变位及事故信号后（保护信号与跳闸信号上送主站时间间隔满足主站参数配置需求），判断满足启动条件，开始收集信号。

$t2$时间到（$t2$为系统收集信号完毕时间点），信号收集完毕，系统启动故障分析。主站根据各终端上送过流信息（配电终端上送到主站的过流信号满足主站分析时间要求，即在$t2$时间之前全部上送完毕，且最早上送信号发生时间与$t2$时间间隔满足主站参数配置需求），定位故障点在箱式开闭所 1 与箱式开闭所 2 之间，并生成相应处理策略。

主站发出遥控分闸指令，分开箱式开闭所 1 的 K102 与箱式开闭所 2 的 K101 开关，将故障区段隔离，如图 1-8-3 所示。

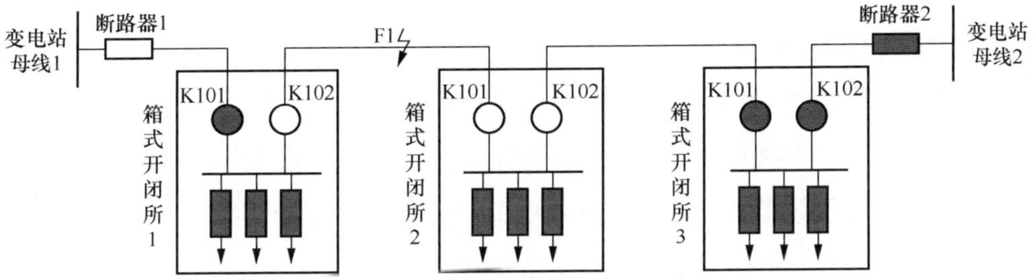

图 1-8-3　隔离故障点示意图

隔离成功后，主站发出遥控合闸指令，首先遥控合闸出线断路器 1 实现电源侧非故障停电区域恢复供电，如图 1-8-4 所示。

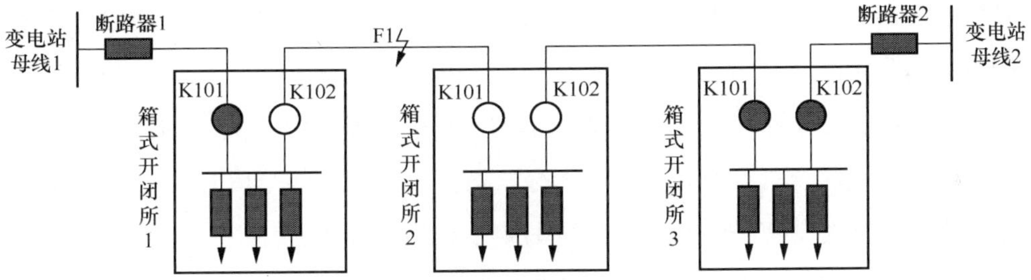

图 1-8-4　电源侧非故障停电区域恢复供电

随后遥控合闸箱式开闭所 2 的 K102 联络开关，实现负荷侧非故障停电区域恢复供电，并记录本次故障处理的全部过程信息，完成本次故障处理，如图 1-8-5 所示。

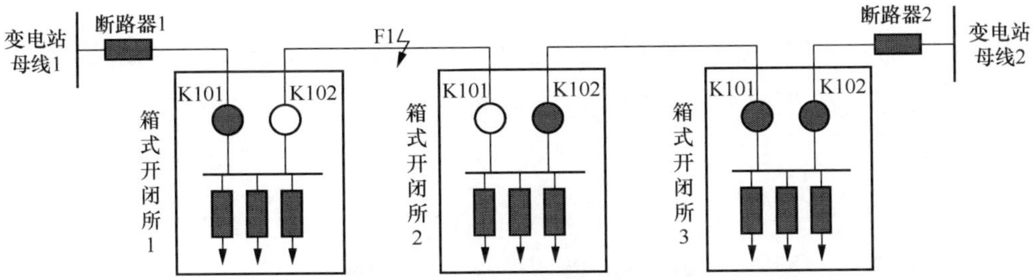

图 1-8-5　负荷侧非故障停电区域恢复供电

说明：恢复策略上下游遥控顺序不做强制限制，可调换上下游恢复策略遥控次序。

4. 技术特点

主站集中型馈线自动化需要依赖通信和主站，实现分钟级故障定位、非故障区段的自动恢复送电，而且开关动作次数少，对配电系统的冲击也小。但同时需要高质量的通信通道及计算机主站，投资较大，工程涉及面广、复杂。

（二）就地重合式馈线自动化

就地重合式馈线自动化不依赖于配电主站和通信的故障处理策略，由终端收集、处理本地运行及故障等信息，实现故障定位隔离和恢复对非故障区域的供电。电压时间型是最为常见的就地重合式馈线自动化模式，根据不同的应用需求，在电压时间型的基础上增加了电流辅助判据，形成了电压电流时间型和自适应综合型等派生模式。

1. 电压时间型

电压时间型馈线自动化是通过开关“无压分闸、来电延时合闸”的工作特性配合变电站出线开关二次合闸来实现，一次合闸隔离故障区间，二次合闸恢复非故障段供电。

（1）适用范围。电压时间型适用于：①B、C、D 类区域的架空线路；②网架结构为单辐射、单联络等简单线路；③可通过变电站出线开关重合闸次数设置或主站遥控等方式实现两次重合闸的线路。

（2）布点原则。变电站出线开关到联络点的干线分段及联络开关，均可采用具备电压时间型馈线自动化功能的一二次融合开关作为分段器，一条干线的分段开关宜不超过 3 个。对于大分支线路原则上仅安装一级开关，配置与主干线相同开关。

（3）动作逻辑。线路正常供电时，线路拓扑如图 1-8-6 所示。

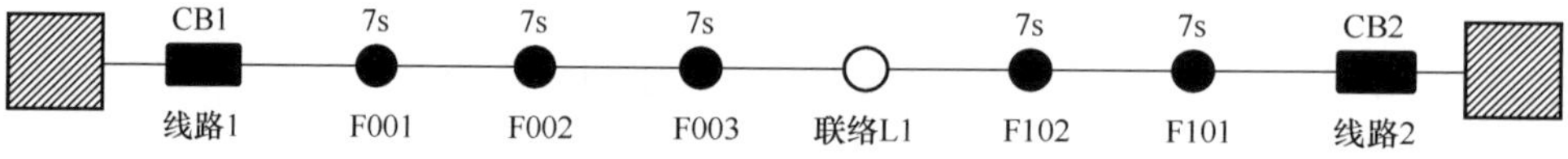

图 1-8-6　正常供电网络图

如图 1-8-7 所示，F1 点发生故障，变电站出线断路器 CB1 检测到线路故障，保护动作跳闸，线路 1 所有电压型开关均因失压而分闸，同时联络开关 L1 因单侧失压而启动 X 时间倒计时。

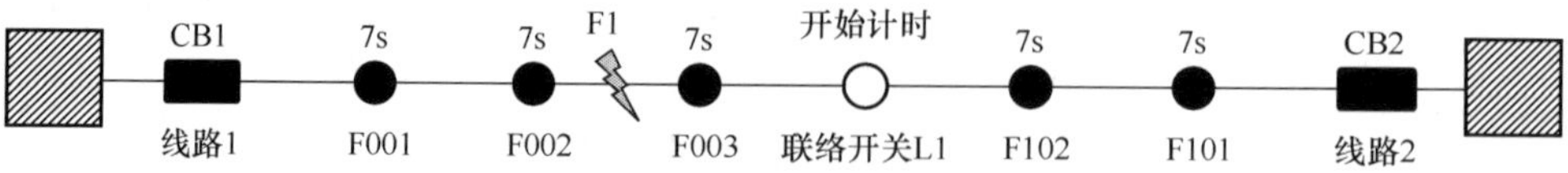

图 1-8-7　发生故障示意图

1s 后，变电站出线开关 CB1 第一次重合闸，如图 1-8-8 所示。

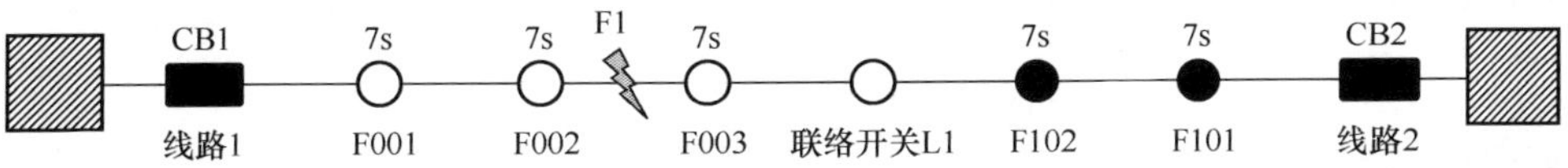

图 1-8-8　第一次重合闸示意图

7s 后，线路 1 分段开关 F001 合闸，如图 1-8-9 所示。

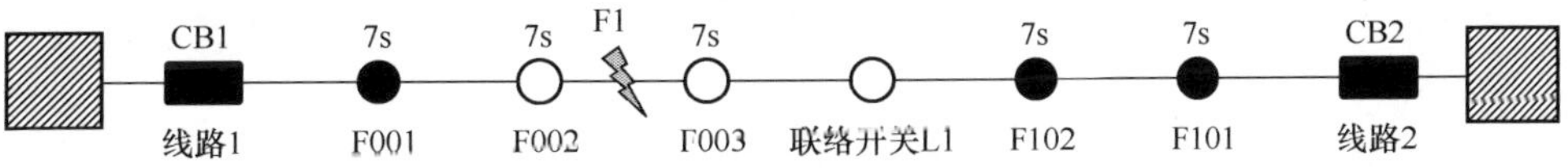

图 1-8-9　延时后合闸

7s 后，线路 1 分段开关 F002 合闸。因合闸于故障点，CB1 再次保护动作跳闸，同时，开关 F002、F003 闭锁，完成故障点定位隔离，如图 1-8-10 所示。

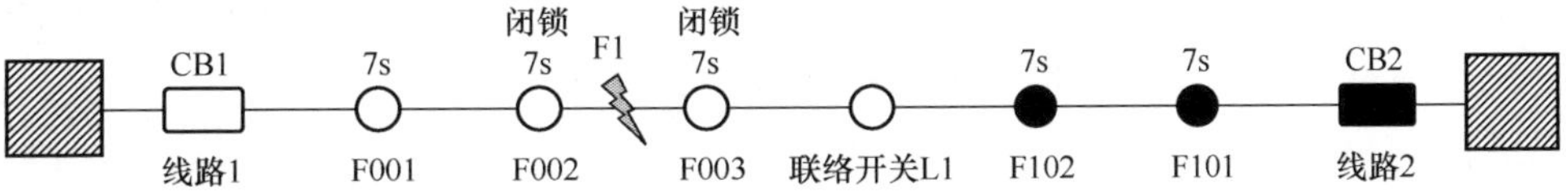

图 1-8-10　再次跳闸

变电站出线开关 CB1 第二次重合闸，恢复 CB1 至 F001 之间非故障区段供电，如图 1-8-11 所示。

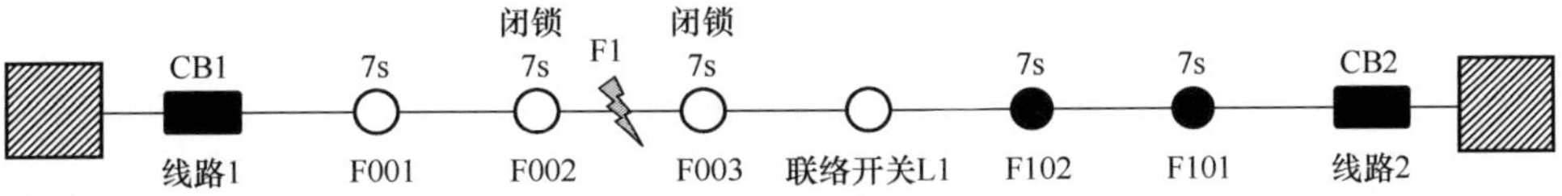

图 1-8-11　第二次重合闸

7s 后，线路 1 分段开关 F001 合闸，恢复 F001 至 F002 之间非故障区段供电，如图 1-8-12 所示。

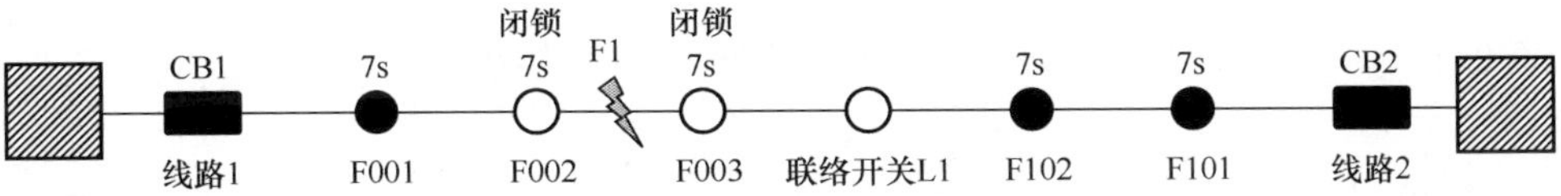

图 1-8-12　恢复非故障区段供电

通过远方遥控（需满足安全防护条件）或现场操作联络开关合闸，完成 L1 至 F003 之间非故障区段供电，如图 1-8-13 所示。

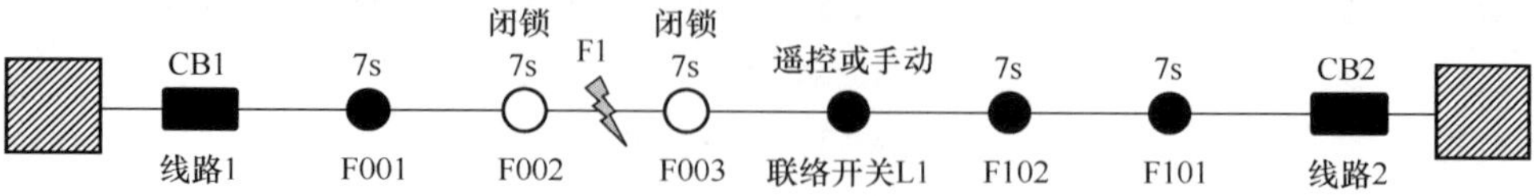

图 1-8-13　恢复供电

（4）技术特点。电压时间型就地重合式馈线自动化不依赖于通信和主站，实现故障就地定位和就地隔离。

同时存在以下几点局限性：①不具备接地故障处理能力；②因不具备过流监测模块，无法提供用于瞬时故障区间判断的故障信息；③多联络线路运行方式改变后，为确保馈线自动化正确动作，需对终端定值进行调整。

2. 电压电流时间型

电压电流时间型馈线自动化通过在故障处理过程中记忆失压次数和过流次数，配合变电站出线开关多次重合闸实现故障区间隔离和非故障区段恢复供电。

（1）适用范围。电压电流时间型适用于：①B、C、D 类区域的架空线路；②网架结构为单辐射、单联络等线路；③可通过变电站出线开关重合闸次数设置或主站遥控等方式实现三次重合闸的线路。

（2）布点原则。变电站出线开关到联络点的干线分段及联络开关，均可采用具备电压电流时间型馈线自动化功能的一二次融合开关作为分段器，一条干线的分段开关宜不超过 3 个。对于大分支线路原则上仅安装一级开关，配置与主干线相同开关。

（3）动作逻辑。电压电流时间型是在电压时间型基础上，增加了快速重合闸躲避瞬时性故障和故障电流辅助判据。分段开关记忆停电次数，第一次失压不分闸以满足快速重合闸躲避瞬时性故障，第二次失压后开关分闸并遵循得电 X 时限合闸，X 时限内检测到残压闭锁合闸，合闸后 Y 时限内失压且检测到故障电流则分闸并闭锁正向合闸：合闸后 Y 时限内检测到失压但未检测到故障电流则分闸（但不闭锁）。采用三次重合闸方式，一次重合闸躲避瞬时性故障，二次重合闸用于定位隔离故障区段，三次重合用于恢复非故障区段的供电。

1）瞬时故障。线路正常供电时，线路拓扑如图 1-8-14 所示。

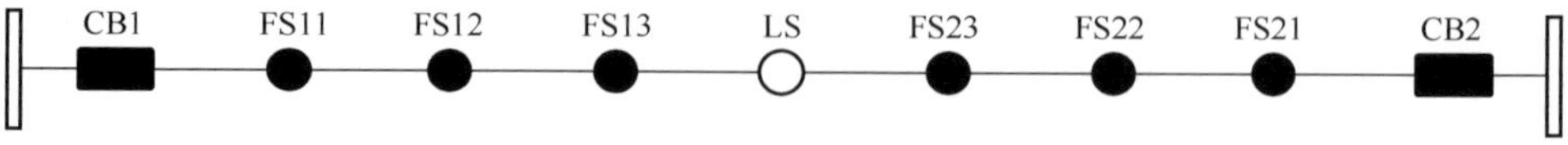

图 1-8-14　正常供电网络图

FS12 与 FS13 之间发生瞬时故障，CB1 跳闸，FS11、FS12、FS13 失压计数 1 次，FS11、FS12 过流计数 1 次，CB1 一次重合成功，如图 1-8-15 所示。

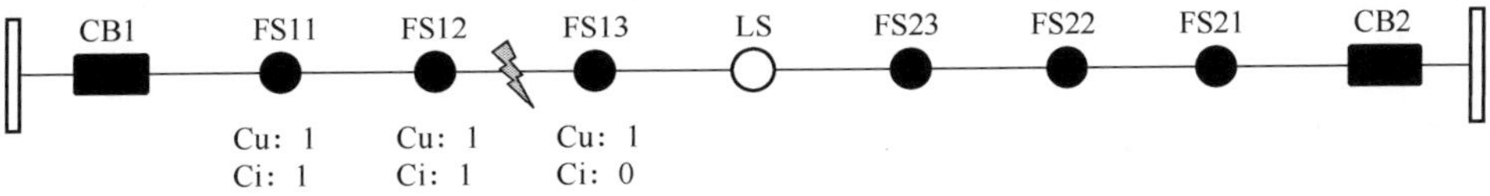

图 1-8-15 恢复供电

2）永久故障。FS12 与 FS13 之间发生永久故障，CB1 跳闸，FS11、FS12、FS13 失压计数 1 次，FS11、FS12 过流计数 1 次，如图 1-8-16 所示。

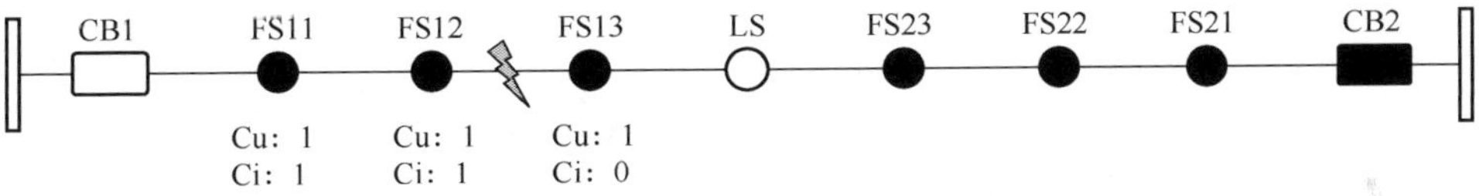

图 1-8-16 永久故障 CB1 跳闸

CB1 一次重合失败，FS11、FS12、F13 失压计数 2 次，FS11、FS12 过流计数 2 次。因失压计数 2 次，FS11、FS12、FS13 均分闸，如图 1-8-17 所示。

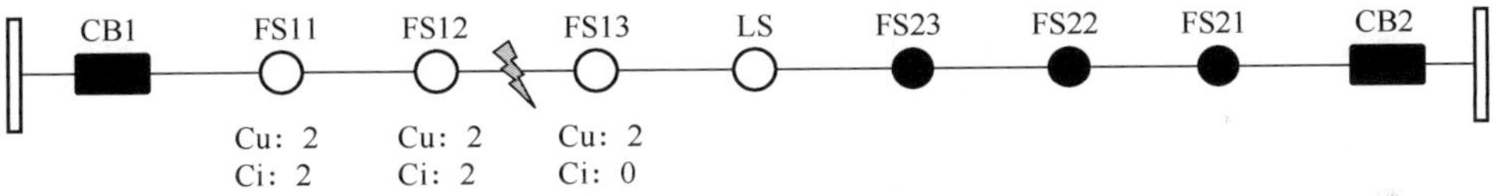

图 1-8-17 第一次重合闸

CB1 二次重合，经合闸闭锁时间 X（大于 CB1 一次重合闸时间），FS11 合闸，并经故障确认时间 Y（一般为 X-0.5），FS11 闭锁，如图 1-8-18 所示。

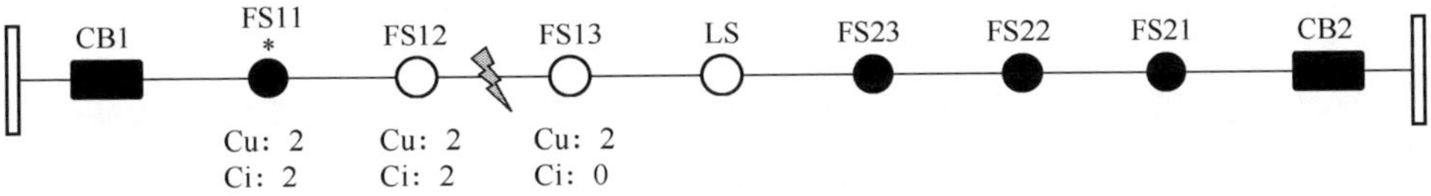

图 1-8-18 第二次重合闸

FS11 合闸后经 X 时间，FS12 合闸于故障，CB1 跳闸，在 Y 时间内 FS12 检失压分闸并闭锁，FS13 在 X 时间内检残压闭锁，如图 1-8-19 所示。

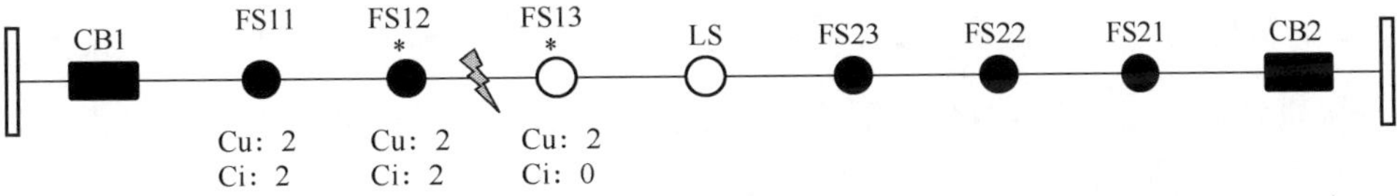

图 1-8-19 第三次重合闸

CB1 三次重合成功。非故障路径的其他分段器，因过流计数为 0，即使失压计数到 2 次也不分闸。

3）分支故障。分支发生瞬时故障时处理过程类似干线瞬时故障，由变电站出线断路器一次重合闸，分支断路器重合恢复供电。分支发生永久故障时，变电站出线断路器一次重合闸，分支断路器重合速断跳闸隔离故障。

4）接地故障。按照功率方向整定各分段器的定值，如图 1-8-20 所示。

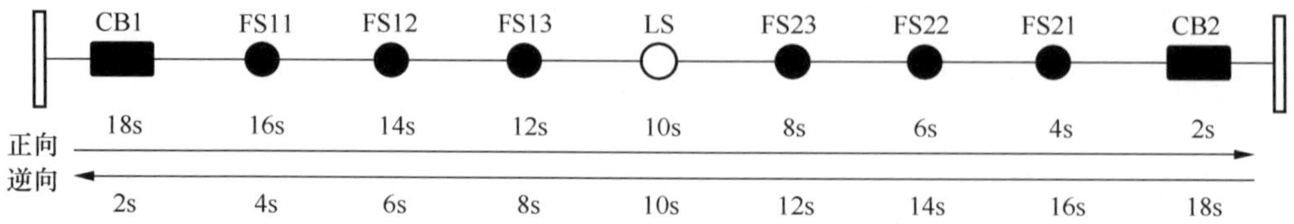

图 1-8-20 各分段器的定值时间

FS12 与 FS13 之间发生单相接地故障，FS12、FS11、CB1 检测到负荷侧发生了单相接地故障，分别启动单相接地故障计时。14s 后，FS12 分闸并闭锁，完成故障定位和隔离，如图 1-8-21 所示。

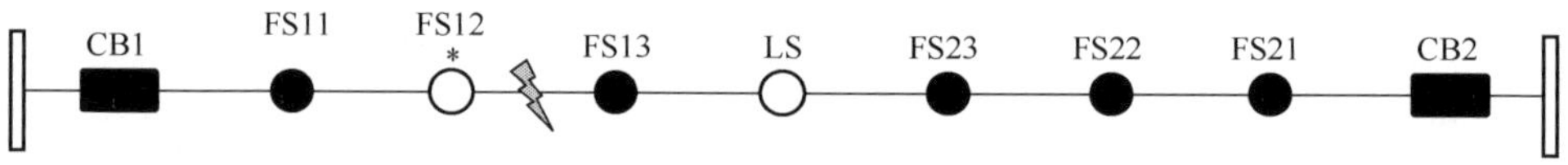

图 1-8-21 单相接地故障

通过遥控或现场操作联络开关 LS 合闸，恢复 LS 至 FS13 区段供电。FS13、LS、FS23、FS22、FS21、CB2 检测到负荷侧发生了单相接地故障，分别启动单相接地故障计时。8s 后，FS13 分闸并闭锁，完成故障定位和隔离，如图 1-8-22 所示。

图 1-8-22 恢复供电

（4）技术特点。电压时间型就地重合式馈线自动化不依赖于通信和主站，实现故障就地定位和就地隔离；瞬时故障和永久故障恢复均较快，且能提供用于瞬时故障区间判断的故障信息。

同时存在以下几点局限性：①需要变电站出线断路器配置 3 次重合闸，如果只能配置 2 次，那么瞬时故障按照永久故障处理，如果只能配置 1 次，需要站外首级开关采用重合器，并配置 3 次重合闸；②非故障路径的用户也会感受多次停复电；③多分支且分支上还有分段器的线路终端定值调整较为复杂；④多联络线路运行方式改变时，终端需调整定值。

3. 自适应综合型

自适应综合型馈线自动化是通过“无压分闸、来电延时合闸”方式、结合短路/接地故障检测技术与故障路径优先处理控制策略，配合变电站出线开关二次合闸，实现多分支多联络配电网架的故障定位与隔离自适应，一次合闸隔离故障区间，二次合闸恢复非故障段供电。

（1）适用范围。自适应综合型适用于：①B、C、D类区域的架空线路；②网架结构为单辐射、单联络或多联络线路；③可通过变电站出线开关重合闸次数设置或主站遥控等方式实现两次重合闸。

（2）布点原则。变电站出线开关到联络点的干线分段及联络开关，均可采用具备自适应综合型馈线自动化功能的一、二次融合开关作为分段器，一条干线的分段开关宜不超过3个；对于大分支线路，原则上仅安装一级开关，配置与主干线相同开关。

（3）动作逻辑。

1）主干线短路。FS2和FS3之间发生永久故障，故障点前端开关FS1、FS2检测故障电流并记忆。CB保护跳闸，如图1-8-23所示。

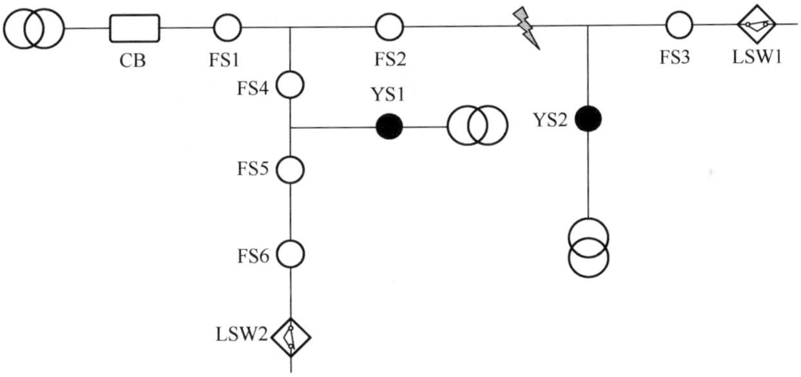

图1-8-23 主干线永久故障

CB在2s后第一次重合闸，如图1-8-24所示。

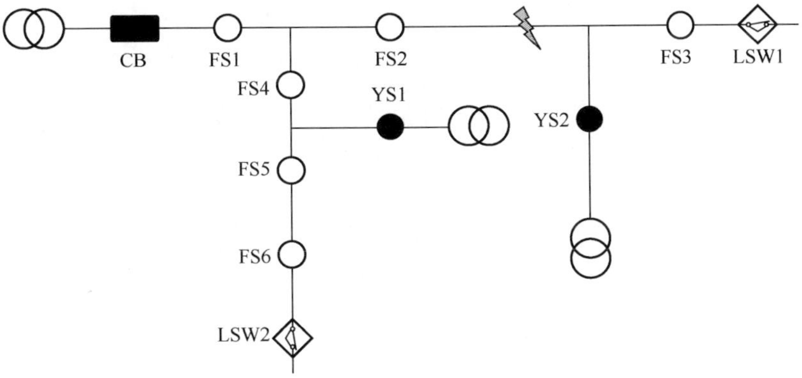

图1-8-24 第一次重合闸

FS1 一侧有电压且有故障电流记忆，延时 7s 合闸，如图 1-8-25 所示。

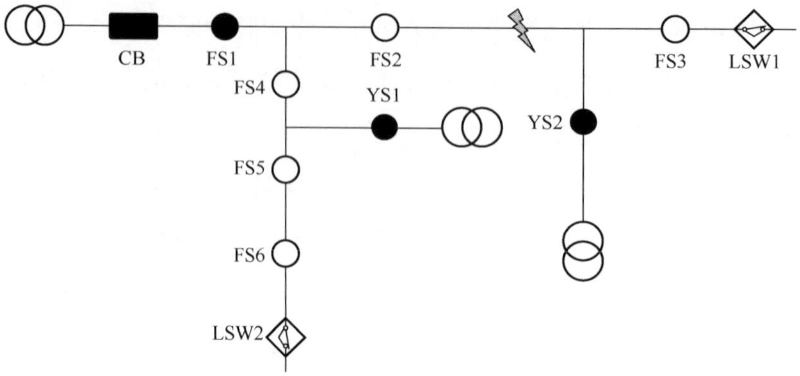

图 1-8-25　FS1 延时合闸

FS2 一侧有电压且有故障电流记忆，延时 7s 合闸，FS4 一侧有电压但无故障电流记忆，启动长延时 7s+50s（等待故障线路隔离完成，按照最长时间估算，主干线最多 4 个开关考虑一级转供带 4 个开关），如图 1-8-26 所示。

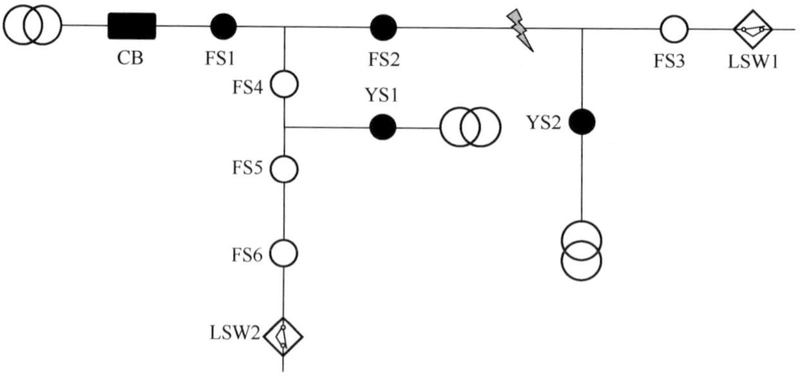

图 1-8-26　FS2 延时合闸

由于是永久性故障，CB 再次跳闸，FS2 失压分闸并闭锁合闸，FS3 因短时来电闭锁合闸，如图 1-8-27 所示。

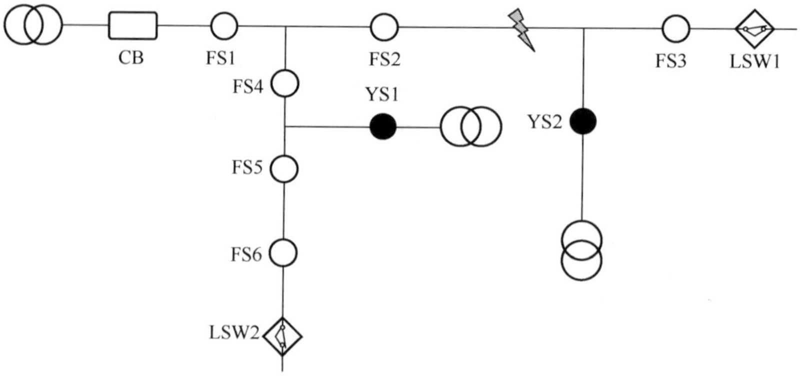

图 1-8-27　CB 再次跳闸

CB 二次重合，FS1、FS4、FS5、FS6 依次延时合闸，如图 1-8-28 所示。

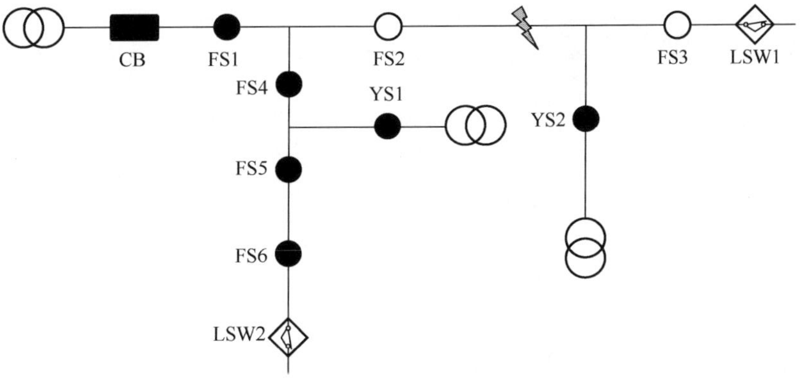

图 1-8-28　恢复供电

2）用户分支短路。YS1 之后发生短路故障，FS1、FS4、YS1 记忆故障电流。CB 保护跳闸，FS1～FS6 失压分闸，YS1 无压无流后分闸。CB 在 2s 后第一次重合闸。FS1～FS6 依次延时合闸，如图 1-8-29 所示。

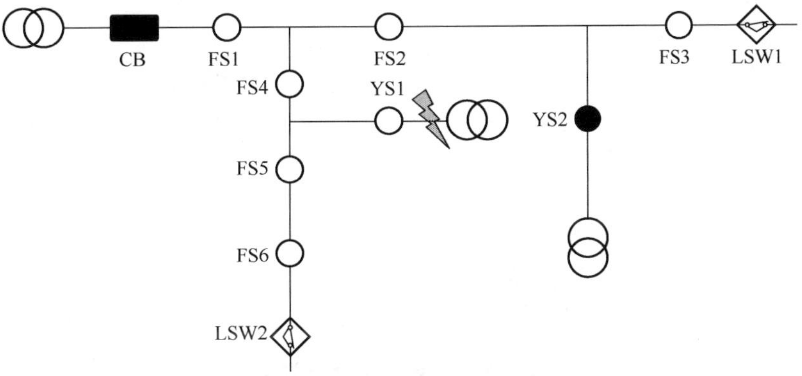

图 1-8-29　分支短路故障

3）主干线接地。安装前设置 FS1 为选线模式，其余开关为选段模式。FS5 后发生单相接地故障，FS1、FS4、FS5 依据暂态算法选出接地故障在其后端并记忆，如图 1-8-30 所示。

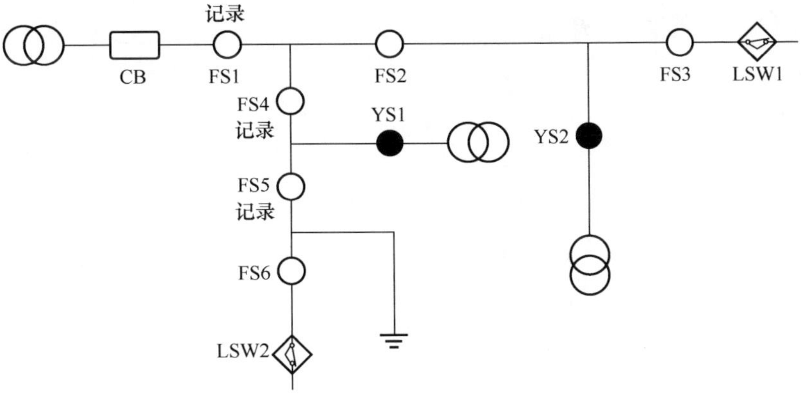

图 1-8-30　主干线接地故障

FS1 延时保护跳闸（小电流接地系统下设置为 20s），如图 1-8-31 所示。

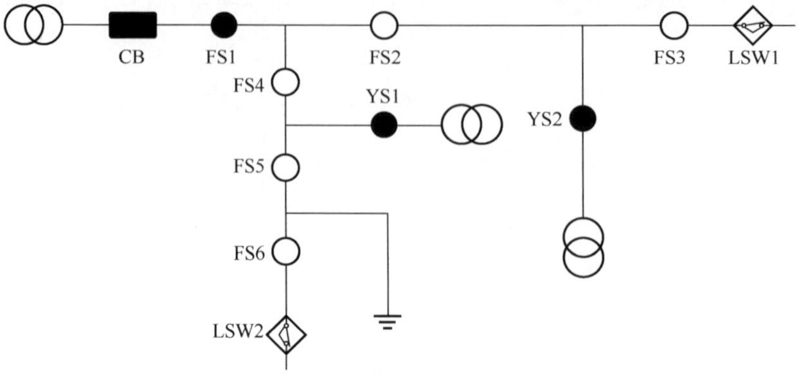

图 1-8-31　FS1 跳闸

FS1 延时 2s 后重合闸，如图 1-8-32 所示。

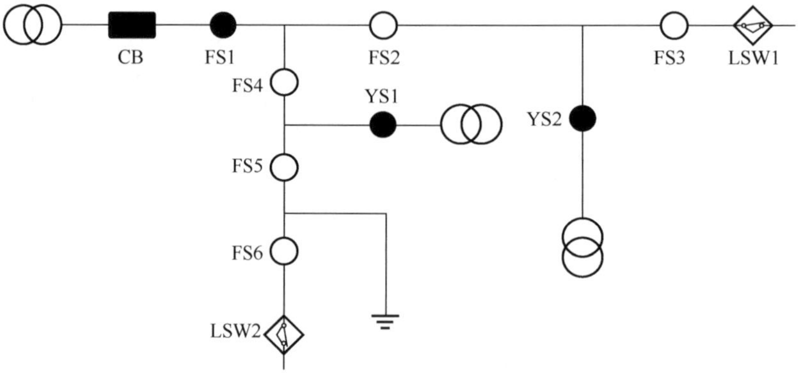

图 1-8-32　FS1 重合闸动作

FS4、FS5 一侧有压且有故障记忆，延时 7s 合闸，FS2 无故障记忆，启动长延时，如图 1-8-33 所示。

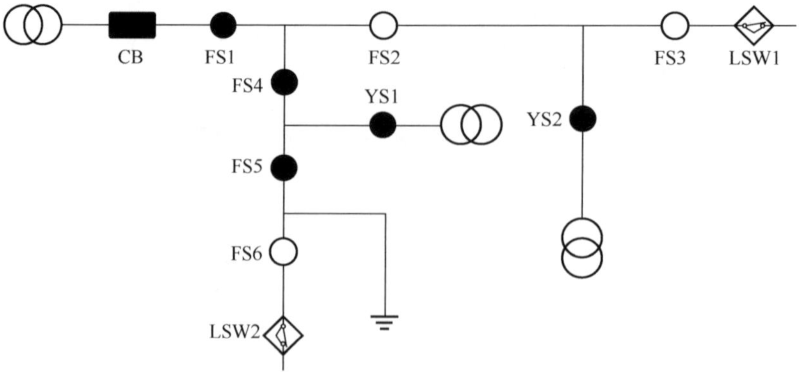

图 1-8-33　延时合闸

FS5 合闸后发生零序电压突变，FS5 直接分闸，FS6 感受短时来电闭锁合闸，如图 1-8-34 所示。

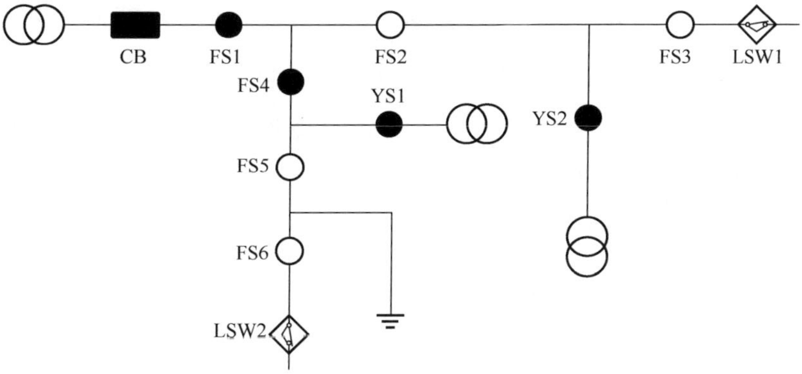

图 1-8-34　FS5 分闸

FS2、FS3 依次合闸恢复供电，如图 1-8-35 所示。

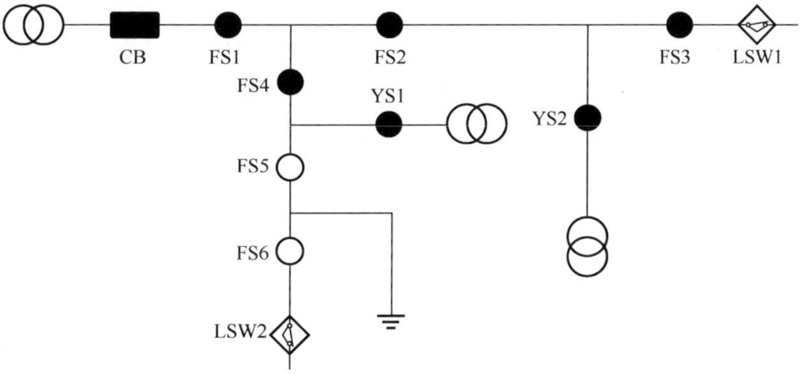

图 1-8-35　恢复供电

4）用户分支接地。YS1 之后发生接地故障，由 YS1 直接跳闸切除故障。线路其他开关不动作，如图 1-8-36 所示。

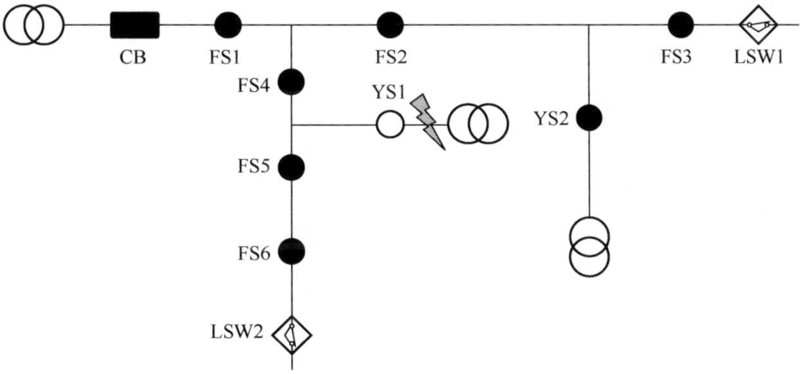

图 1-8-36　分支接地故障

（4）技术特点。自适应综合型就地重合式馈线自动化不依赖通信方式即可完成故障隔离，可靠性更高；具备处理短路故障和不同接地系统接地故障的能力；线路所有分段开关采用相同设备，具备选线、选段、联络点功能；线路上所有分段开关设备均无需现场设置短路、接地保护定值；相比传统电压时间型，更快查找出分支线故障。

同时存在以下几点局限性：①相比传统电压时间型和主站集中型非故障区域的恢复供电速度稍慢；②停电检修后送电时间稍长，接近 4min。

（三）智能分布式馈线自动化

智能分布式馈线自动化（简称分布式 FA），通过配电终端之间相互通信实现馈线的故障快速定位、隔离和非故障区域自动恢复供电的功能，并将处理过程及结果上报配电自动化主站。

1. 适用范围

智能分布式馈线自动化适用于对供电可靠性要求特别高的核心地区或者供电线路。

2. 布点原则

开闭所、环网柜、配电室安装成套具备分布式 FA 功能的站所终端，实现电缆主干线进出线故障的快速定位、隔离，控制联络开关实现非故障区域的快速恢复；具备条件时，分布式 FA 终端可控制配电站所内的馈线开关，无级差处理馈线故障，避免主干线停电；柱上分段、联络开关及主要分支、分界开关，配置分布式 FA 功能的馈线终端，实现架空线路主干线、分支线路故障的快速定位、隔离，控制联络开关实现非故障区域的快速恢复。

3. 动作逻辑

（1）瞬时故障。瞬时故障发生在 FS2、FS3、FS5 之间，如图 1-8-37 所示。

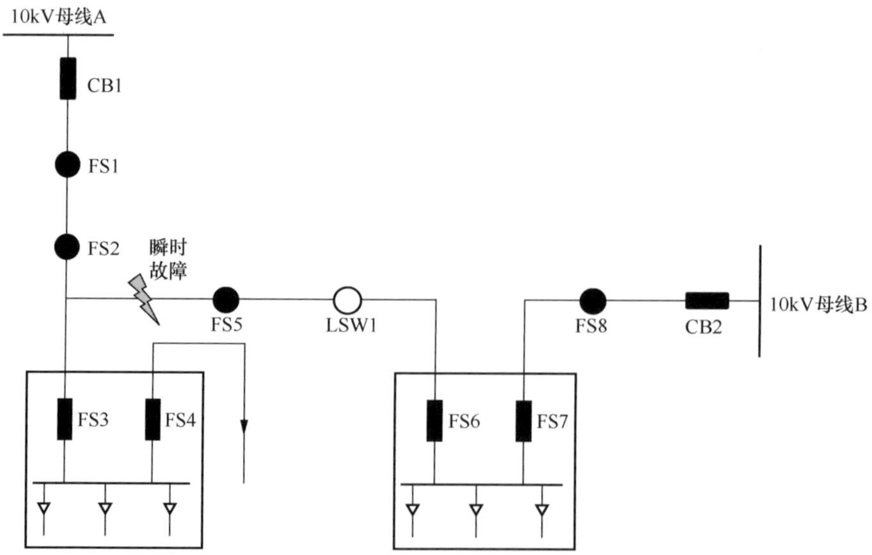

图 1-8-37 瞬时故障

FS2 开关通过与 FS1、FS3、FS5 的配电终端通信，判断出故障发生在 FS2、FS3、FS5 之间，FS2 先跳闸，如图 1-8-38 所示。

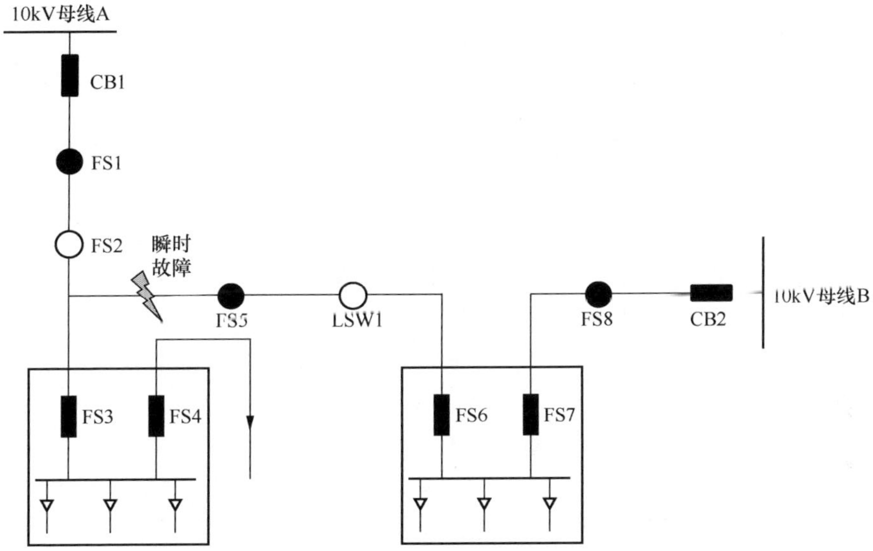

图 1-8-38 故障隔离

FS2 开关经过延时，自动重合，重合成功，如图 1-8-39 所示。

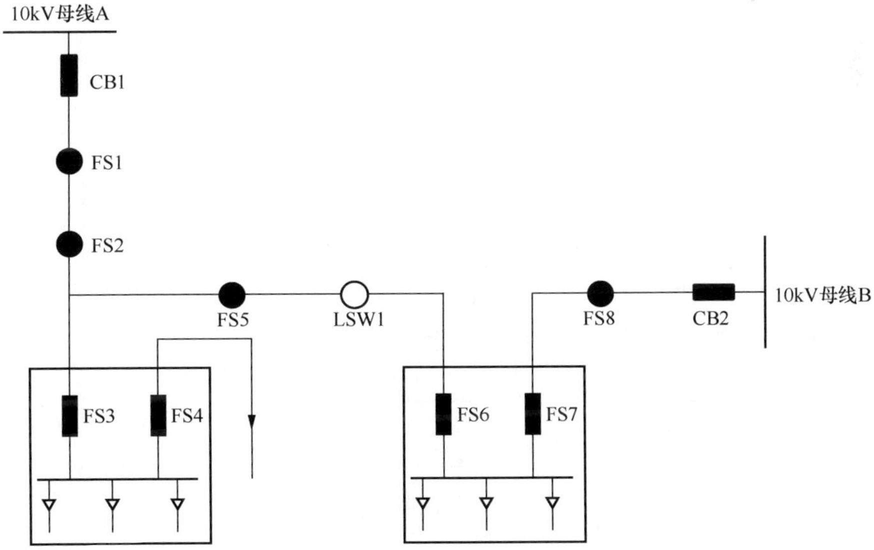

图 1-8-39 恢复供电

（2）永久故障。永久故障发生在 FS2、FS3、FS5 之间，如图 1-8-40 所示。

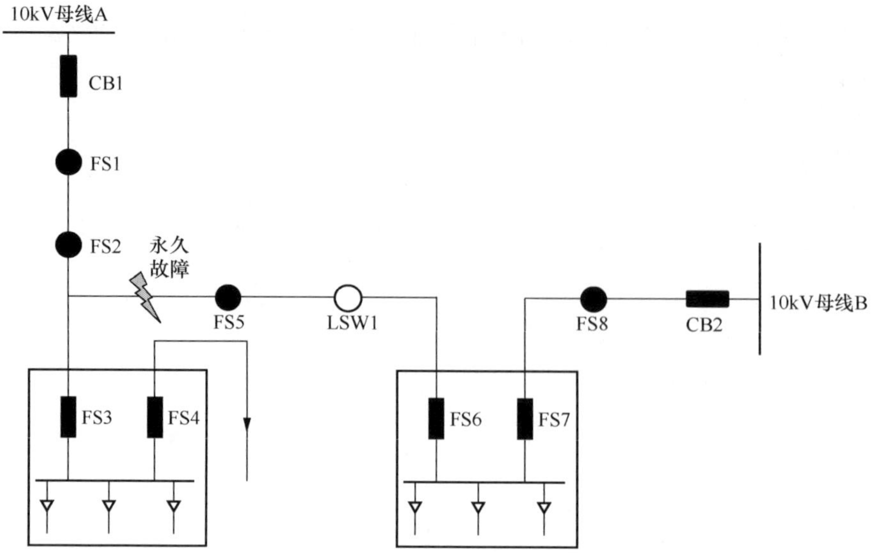

图 1-8-40 永久故障

FS2 开关通过与 FS1、FS3、FS5 的配电终端通信，判断出故障发生在 FS2、FS3、FS5 之间，FS2 先跳闸，如图 1-8-41 所示。

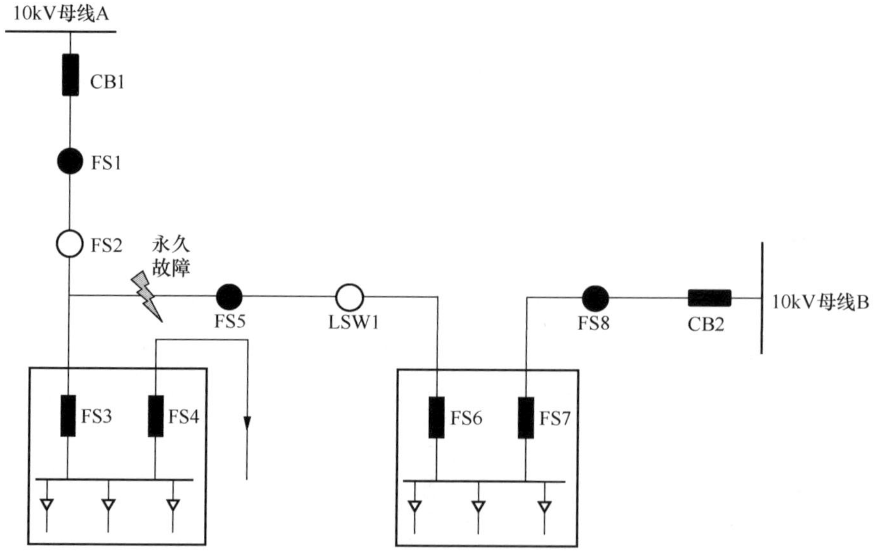

图 1-8-41 故障点隔离

FS2 开关经过延时，自动重合，重合于永久故障再次跳闸，同时 FS3 和 FS5 跳闸，故障点隔离成功，如图 1-8-42 所示。

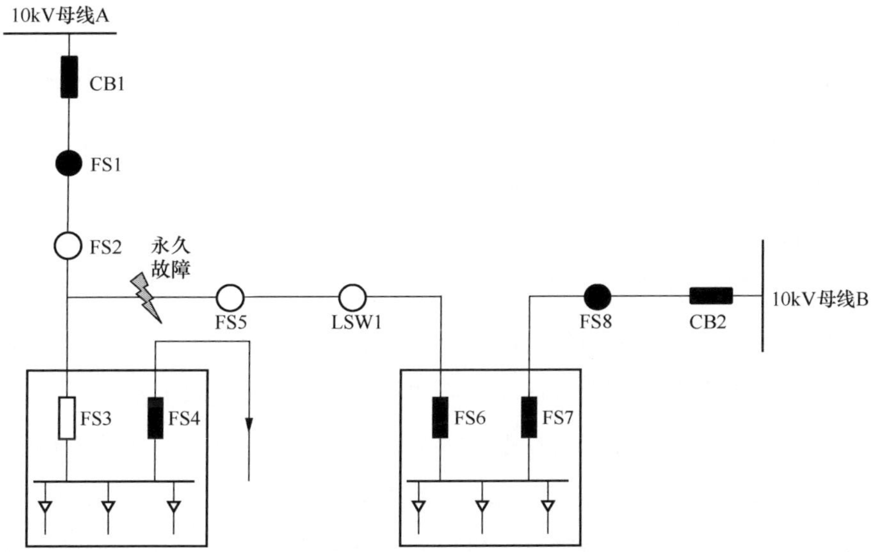

图 1-8-42 再次跳闸

故障点隔离成功后，合闸联络开关 LSW1，恢复非故障区供电，如图 1-8-43 所示。

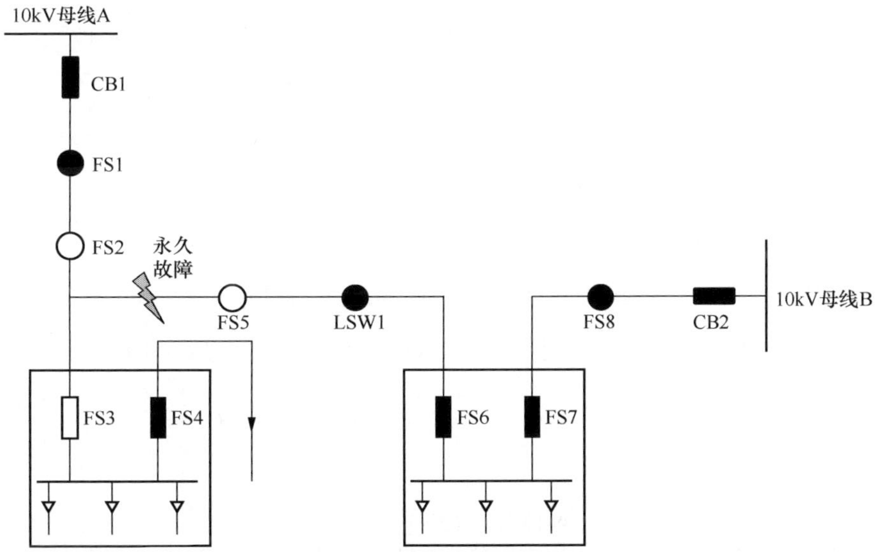

图 1-8-43 恢复非故障区供电

4. 技术特点

智能分布式馈线自动化能够快速故障处理，就地自主完成故障区段毫秒级定位，秒级快速隔离，非故障区域数秒内供电恢复；停电时间及次数少，一次完成故障定位隔离，减少停电及重合次数，缩小停电范围，减少停电时间；无级差配合，配电终端通过横向对等通信交互故障信息与控制信息，实现配电线路全线故障处理无级差配合；防误措施，自投前过载预判，避免盲投，区段隔离成败识别，避免误投。

同时存在以下几点局限性：①逻辑复杂，运维难度较大；②系统集成测试成本高；③现场系统测试手段缺乏。

三、模式对比与应用选型

（一）模式对比

1. 主站集中型馈线自动化

集中型馈线自动化适用各种网架结构和线路类型，对变电站出线开关、线路开关、保护定值等无特殊要求，但需要满足配电自动化系统相关安全防护要求。集中型馈线自动化，可作为就地型馈线自动化和级差保护的补充，在上述馈线自动化完成隔离故障和恢复故障区域上游供电后，完全隔离故障区域并通过负荷转供恢复故障区域下游健全区域供电。因涉及接收 EMS 转发变电站出线开关信息维护线路配置信息及维护主配网模型的需求，集中型馈线自动化的维护工作多在主站端进行。

2. 就地重合式馈线自动化

就地重合式馈线自动化通过检测电压、电流等电气量判断故障，并结合开关的时序操作或故障电流记忆等手段隔离故障，不依赖于通信和主站，实现故障就地定位和就地隔离。重合式馈线自动化一般需要变电站出线开关多次重合闸（2 次或 3 次）配合。

配电线路采用就地重合式馈线自动化模式时，该线路上的所有配电终端均应按照同一馈线自动化模式进行配置。

3. 智能分布式馈线自动化

智能分布式馈线自动化适用于对供电可靠性要求特别高的核心地区或者供电线路，如 A+、A 类供电区域电缆环网线路（架空线路不建议采用分布式馈线自动化），同时要求具备端—端通信条件。

各种馈线自动化模式对比见表 1-8-1。

表 1-8-1　各种馈线自动化模式对比

条目	集中型	电压时间型	电压电流时间型	自适应综合型	智能分布式（断路器）	智能分布式（负荷开关）
供电区域	A+、A 类区域	B、C 类区域及 D 类部分	B、C 类区域及 D 类部分	A（不具备光纤）、B、C 区域及 D 类部分	A+、A 类区域	A+、A 类区域
网架结构	所有网架结构	单辐射、单联络等简单网架	单联络、多联络等复杂网架	单联络、多联络等复杂网架	手拉手单环开环/闭环、多电源联络、花瓣环网、双环网等网架	手拉手单环开环/闭环、多电源联络、花瓣环网、双环网等网架

续表

条目	集中型	电压时间型	电压电流时间型	自适应综合型	智能分布式（断路器）	智能分布式（负荷开关）
配套开关	弹操、永磁、电磁	电磁、弹操	弹操	电磁、弹操	弹操、永磁	弹操、永磁
定值适应性	/	定值与线路相关，方式调整需重设	接地隔离时间定值与线路相关	定值自适应，方式调整不需重设	定值统一设置，方式调整不需重设	定值统一设置，方式调整不需重设
通信方式选择	EPON、工业光纤以太网、无线专网	无线公网	无线公网	无线公网	工业光纤以太网、EPON	工业光纤以太网、EPON
短路故障处理平均时间	故障上游侧开关隔离完成时间≤40s；非故障区域恢复时间≤45s	两开关三分段线路，故障定位隔离时间≤15s；前端非故障区域恢复时间前端≤27s	故障定位隔离时间≤15s；前端非故障区域恢复时间前端≤20s	两联络，干线三开关四分段线路，故障定位隔离时间≤22s；前端非故障区域恢复时间前端≤112s	故障上游侧开关隔离完成时间≤150ms；非故障区域恢复时间≤5s	故障上游侧开关隔离完成时间≤10s；非故障区域恢复时间≤30s
优缺点	优点：灵活性高，适应性强，功能全面；缺点：对通信可靠性、实时性要求高，须敷设专网	优点：不依赖于通信和主站，故障定位及隔离时间通常比较短；缺点：网架改变后需要调整定值，不适用于小电流接地故障处理	优点：可快速切除瞬时故障，故障恢复时间短；缺点：出线开关须配置3次重合闸	优点：无需现场设置短路、接地保护定值；缺点：恢复供电速度稍慢	优点：可实现快速故障处理，停电时间及次数少；缺点：逻辑复杂，运维难度大，建设成本高	

（二）应用选型

馈线自动化选型应按照因地制宜、差异化实施的原则，综合考虑供电可靠性要求、网架结构、一次设备、保护配置、通信条件以及运维管理水平，同一供电区域内选用一种或几种模式，模式种类不宜过多，针对每条线路制定具体方案，以保证各线路的馈线自动化功能完整实现。

A+、A、B、C类供电区域架空线路宜采用集中型馈线自动化模式，D类供电区域架空线路宜采用就地型馈线自动化，E类供电区域架空线路宜采用级差保护+故障指示器，实现配电线路故障区间的准确判断定位。A+类供电区域电缆环网线路优先采用智能分布式馈线自动化；其他电缆线路宜采用集中型馈线自动化。其中集中式馈线自动化宜与级差保护配合，共同完成配电线路故障定位、隔离和恢复对非故障区域的供电。

就地重合式馈线自动化包括三种应用模式，其中，自适应综合型馈线自动化当线路结构、运行方式发生变化时，无需调整定值可有效减轻运维压力，在B、C、D类架空线路采用就地重合式馈线自动化时，宜优先选择自适应综合型馈线自动化。当变电站允许带时限切除短路，变电站出线断路器可采用延时电流速断保护，此时若电缆线路实施分布式馈线自动化宜采用速动。

无论采用何种馈线自动化模式，都要求配电终端具备与主站通信的能力，并将运行信息和故障处理信息上送配电主站。

模块九 智能配电业务认知

【模块描述】

本模块主要介绍供电可靠性要求不断提高的大背景下，配电自动化领域涌现出的新技术、新设备，主要描述新技术、新设备出现的背景、主要技术特点及目前在全国范围内的试点应用情况。

【学习目标】

1. 了解配电自动化新技术的技术特点，理解其对配电业务发展的重要性。

2. 在部分场合能结合现场需求，选择并使用合适的新技术、新设备开展试点应用。

【正文】

一、10kV 户外永磁型快速真空断路器

1. 背景描述

为提升配电网装备水平，提高供电可靠性及快速抢修复电能力，2022 年末由江苏南瑞帕威尔电气有限公司生产的永磁型快速断路器在山东临沂沂水县挂网运行，采用新型的永磁型快速柱上断路器配合快速保护测控系统，能够在极短的时间内，快速识别故障电流，切除线路故障电流时间不超过 25ms，能够取代传统的熔断器保护，并根据控制器设定的动作方式，快速实现故障点精准快速隔离、非故障区域恢复及自愈供电，提升配电网运营水平及供电可靠性。

2. 技术内容

永磁型快速断路器为全新型永磁柱上开关，主要技术特点如下：

（1）快速分闸：采用三相独立永磁操动机构，断路器本体可以在 8ms 内完成分闸，成套设备整组动作时间小于 25ms，可实现故障快速隔离，避免越级跳闸，满足线路多级差需求。

（2）手动分合闸：通过弹簧机构实现手动分合闸，满足长时间停电和电源故障情况下的断路器分合闸需要，所有手动部件均不参与电动操作，确保电动稳定。

（3）高稳定性：永磁机构传动部件较少，传动性能稳定可靠，永磁机构与真空灭弧室动连接，整体机械寿命高达 3 万次以上，机械性能远高于传统弹簧机构。

（4）快速保护控制：控制器的数据采集与处理单元采用 DSP 高速数字信号处理技术及高速

微控制器技术，运用半波对称原理与递推运算，开关量快速输出电路的电子式分合闸驱动电路选用 MOS 大功率开关管，做到线路故障的快速判断和隔离。

3. 推广部署情况

永磁型快速断路器可用于城市电网作为分段开关、联络开关使用，在农村电网中作为变电站的出线开关使用，还可作为用户分界开关，确保非故障用户的用电安全，提高配电网的供电可靠性。另外，微电网的应用急需能够满足微电网需求的快速开关，可作为分布式电源点接入快速开关配合快速保护，完成故障条件下电源的快速分离，防止事故扩大化。项目现场应用如图 1-9-1 所示。

图 1-9-1　永磁型快速断路器现场应用

二、10kV 紧凑型环保气体环网箱应用

1. 背景描述

城市运行的老旧环网箱、高压电缆分支箱严重影响电网智能化水平和用户平均停电时间，由于电缆分支箱无单独进出线开关，不具备自动化功能，一旦某一用户回路出现故障，就会导致上一级开关跳闸，造成大面积停电情况。老旧环网箱和高压电缆分支箱基本安装在城区街道边沿，城市现场安装空间狭小，国网标准型环网箱尺寸较大无法在不扩充土建的基础上进行替换。为解决以上问题，2021 年初江苏南瑞帕威尔电气有限公司在山东济南、青岛、威海、潍坊等地区开展 10kV 紧凑型环保气体环网箱项目，其中青岛 203 套、济南 87 套、威海 230 套、潍坊 150 套。该项目大幅度提升老旧线路的配电网自动化水平，能够快速定位故障位置，开始恢复供电，缩小故障停电时间和停电范围，同时满足应急供电需求，提升供电可靠性。

2. 技术内容

紧凑型环保气体绝缘环网箱采用小型化设计，所有带电部件均密封在不锈钢箱体内。微正压干燥空气绝缘，无 SF_6 使用，无漏气风险，能在零表压状态确保足够绝缘强度持续正常运行。产品性能优越，可配置自愈系统和快速应急电源接口。主要技术特点如下：

（1）环保：采用微正压干燥空气作为绝缘介质，环境更加友好，有零部件均严格控制原材料有害化学元素成分；采用镀环保锌、固封少量绝缘材料等方法，大幅降低设备生命周期末回收处理难度。

（2）小型化：环网箱采用小型化设计，并且满足一、二次融合功能要求。适合在不改变原有土建基础的前提下，替换老旧环网箱。紧凑型环保气体环网箱尺寸对照见表 1-9-1。

表 1-9-1 紧凑型环保气体环网箱尺寸对照

序号	名称	紧凑型尺寸（宽×深×高）	标准方案尺寸（宽×深×高）
1	四间隔方案	1600mm×1200 mm×2200 mm	3200 mm×1200 mm×2200 mm
2	六间隔方案	2400 mm×1200 mm×2200 mm	4000 mm×1200 mm×2200 mm

（3）应急电源接口：开关配置 200A，10kV 应急电源接口，能够与 10kV 应急电源车快速接口相连，满足应急供电需求。

3. 推广部署情况

设备环境适应性强，可用于高海拔、严寒、潮湿、污秽等恶劣环境。可以安装在适用于“零计划”停电网格区建设或城区内空间受限无法安装普通环网箱的场所，更适合存量高压电缆分支箱改造等项目。项目现场应用如图 1-9-2 所示。

图 1-9-2 10kV 紧凑型环保气体环网箱现场应用

三、储能技术应用

1. 背景描述

在光伏扶贫、乡村振兴等国家政策驱动下，各省网公司开始在低压台区部署了大量分布式光伏。然而，高比例（>50%）的分布式光伏接入山区农村低压配电网，将带来了一系列问题，如光伏单相接入导致台区三相不平衡、分布式光伏接入点电压双向越限、光伏就地消纳困难等。同时，因分布式光伏出力受天气影响较大，存在间歇性、随机性与波动性的问题。因此，高比例光伏等清洁能源接入对电网带来的冲击不容忽视。

2. 技术内容

在新型电力系统的配网技术上，基于分布式光伏的配网级新型电力系统，需以储能技术为核心，实现电力供需的削峰平谷，解决新型电力系统建设的稳定性问题，提高供电可靠性。

以下是几种新型电力系统的储能模式及技术特点：

（1）集中管理、储能利用率高——集中型共享储能应用模式。单一实体储能电站按照共享标准化储能单元模块进行分区协调控制，全站储能单元按模块化设计。每套标准化储能单元由电池子系统、PCS、升压变压器及相应汇流柜组成，配套标准化管理单元系统，各标准化储能单元出口升压变压器均设有关口计量点，可以实现各个单元的控制管理与独立计量，具备独立的有功和无功控制能力。标准化储能单元示意图如图 1-9-3 所示。

（2）多区互联、供能可靠性高——多台区型共享储能应用模式。在多个台区分别配置储能单元，通过直流母线将其相连接，实现多台区电池资源共享。台区的能量管理以智能融合终端为核心，实现多台区能量的区域时空转移。多台区储能系统 PCS 互联，实现多台区共享储能系统 PCS 复用，可最大限度降低储能容量配置。通过自主研发的控制算法，解决台区电压越限、三相不平衡等问题，实现台区组分布式光伏高效消纳。

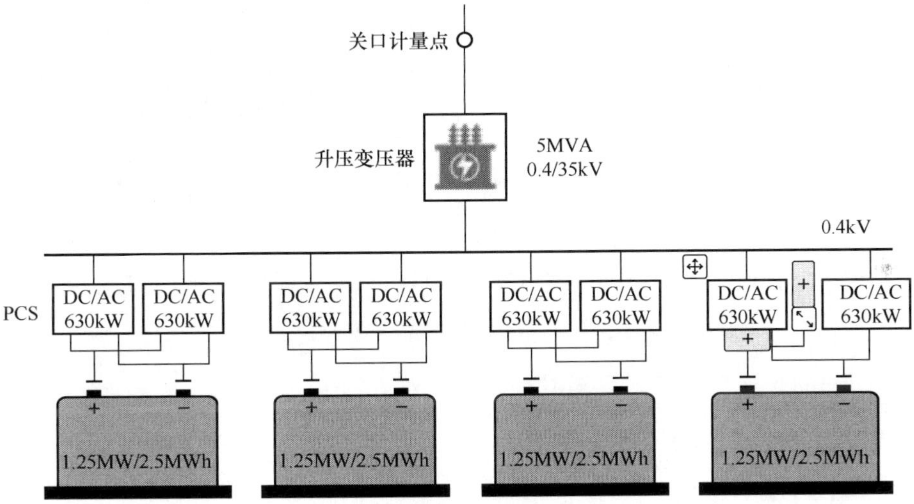

图 1-9-3　标准化储能单元示意图

3. 推广部署情况

集中型共享储能技术方案，可实现统一管理来提升储能利用率。目前，集中型共享储能电站计划在宁德市霞浦县长春镇渔洋里村开展“宁德霞浦百兆瓦级共享储能电站工程”，计划建设规模为 200MW/400MWh，为区域配电网提供储能服务。霞浦储能电站工程采用共享储能模式设计，如图 1-9-4 所示，将单一实体储能电站按照标准化共享储能单元模块划分和管理，使得电站不局限于仅是作为单一独立主体参与市场，而是可以在同一时刻为多个发电企业、电网企业或综合能源服务商提供储能服务，提升储能电站利用率、扩展储能盈利渠道。

图 1-9-4 霞浦储能电站工程设计图

多台区型共享储能技术方案，可实现多区互联来提高供能可靠性。泉州南安翔云镇台区共享储能工程在翔云镇建设四个台区，分别配置一套 50kW/62.7kWh 共享储能单元，如图 1-9-5 所示，通过直流母线连接四个台区电池单元，实现多台区电池资源共享。在多台区型共享储能启动之前，台区光伏电量均无法在台区内消纳，存在光伏倒送、电压越限及电能质量不合格现象。在启动共享储能系统后，台区内倒送的光伏功率可转移至其他台区消纳和储能，最终四个台区负荷率趋于均衡值。

图 1-9-5 多台区型互联共享储能单元

四、虚拟电厂技术应用

1. 背景描述

受制于外供线路容量的限制，国内部分城市的城区配电网出现负荷快速增长加剧及用电缺口扩大的风险。随着“双碳”政策进一步实施，国内一线城市电动汽车保有量大，且增速较快，V2G 充电桩也逐步建设，此外空港陆电、港口岸电、集中供冷能源站等典型负荷共存，多元负荷特性多样，具备协同互补、提高系统负荷弹性，为虚拟电厂的建设开展提供了基础条件。

2. 技术内容

虚拟电厂平台功能定位为各负荷聚合商的管控平台，负荷聚合商通过平台 接入、就地布置虚拟控制终端等手段，聚合各类可调节负荷资源，依托虚拟电厂平台对其聚合的空调、充电桩、储能、辅助生产设备等可调节负荷资源通过 远程规约进行互联调控。依托虚拟电厂平台建设，打通平台与配电管理系统（Distribution Management System, DMS）、区块链交易功能之间的交互接口，打造具有开放接入、灵活扩展、精准调控能力的虚拟电厂平台。虚拟电厂的主要技术特点如下：

（1）可靠的供电能力。虚拟电厂可利用多种分布式电源、火电站和核电站等进行供能的区域配置，使得电能质量更高。通过对灵活电价机制，对网络负荷有更好的控制作用。

（2）环境友好。虚拟电厂为分布式电源的接入实现了区域能源自平衡，提高清洁能源的消纳，大大减少污染物的排放，降低空气污染。

（3）高度集成。虚拟电厂的整体设计和遥测自动化技术能有效减少工作人员的数量，降低成本。

（4）快速响应。虚拟电厂使用多种发电设备，发电系统的响应速度更快，可以有效应对突发的能源需求波动。

虚拟电厂平台技术架构如图 1-9-6 所示。

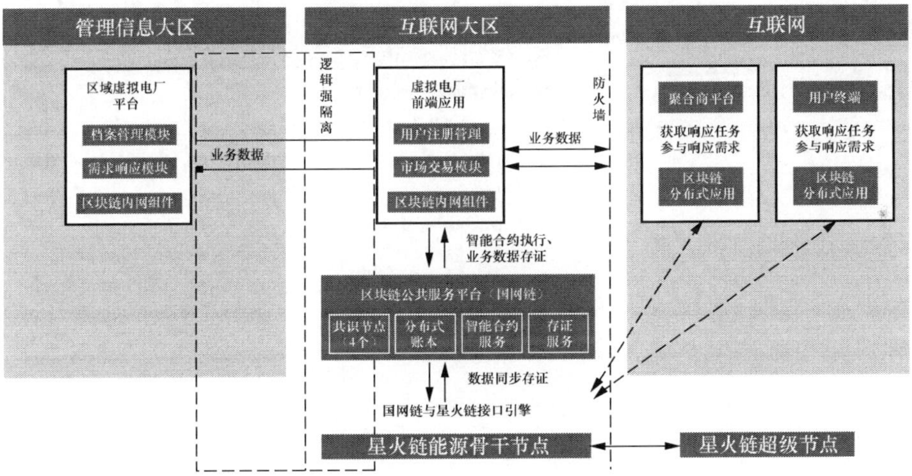

图 1-9-6　虚拟电厂平台技术架构

3. 推广部署情况

目前，国家电网有限公司和中国南方电网有限责任公司分别在厦门和深圳开展了虚拟电厂应用试点。

厦门虚拟电厂平台拟接入音乐岛酒店、观音山电力大厦、国网厦门供电公司大楼蓄电池、商业楼宇、大型商场、电动汽车充电站、屋顶光伏、储能等多元聚合资源，形成需求响应邀约及可中断负荷直控模式，以合理的市场机制充分调动负荷资源参与电网调节，提升电网灵活调节能力，同时满足电网和用户的利益。

深圳虚拟电厂示范项目试点接入深圳湾科技（生态园Ⅲ区）、普天新能源（深圳民乐充电站和福田枢纽充电站）、欣旺达光明工业园微电网 3 家外部用户，未来市内多个区域约 20MW 的客户灵活电力资源将陆续接入虚拟电厂，通过利用空调负荷、电动汽车充电负荷、分布式电源与储能等可控资源，重点解决削峰、调频、电压优化等方面问题，并探索节能监测、资产管理、节能建议等增值服务。虚拟电厂平台如图 1-9-7 所示。

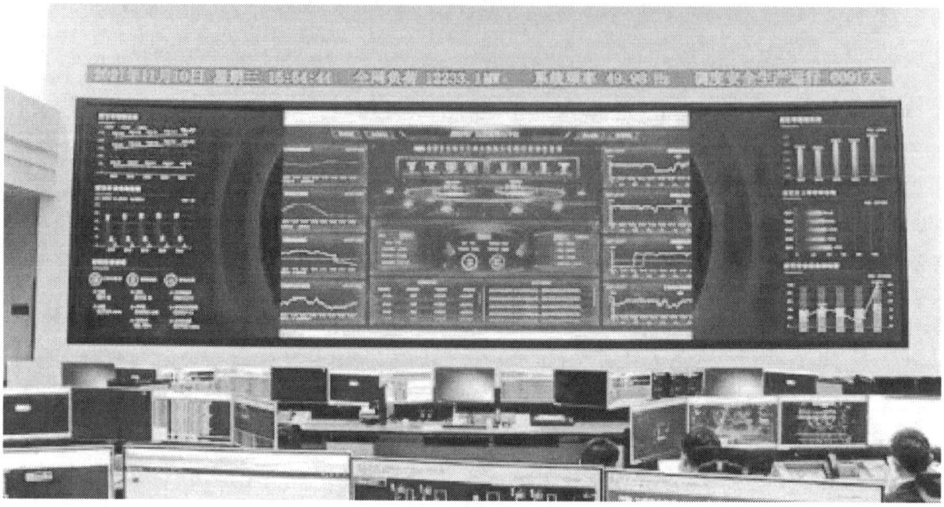

图 1-9-7　虚拟电厂平台

第二部分　智能配电终端运维

模块一　馈线终端运维技术

【模块描述】

本节介绍馈线终端的基本原理，通过理论讲解，了解馈线终端巡视、检修方法、步骤，了解馈线终端典型缺陷及其处理方法。

【学习目标】

掌握馈线终端运维的基础知识、基本原理。能够完成馈线终端的日常巡视检查，能够完成载波通信典型故障处理的基本技能。

【正文】

一、馈线终端功能

安装在配电网架空线路杆塔等处的配电终端，按照功能分为“三遥”终端和“二遥”终端，其中“二遥”终端又可分为基本型终端、标准型终端和动作型终端。

（一）“三遥”馈线终端功能

1. *必备功能*

“三遥”馈线终端的必备功能包括：

（1）具备就地采集模拟量和状态量，控制开关分合闸，数据远传及远方控制功能。

（2）具备故障检测及故障判别功能，具备相间短路、接地故障隔离功能，并支持上送故障事件。

（3）具备故障指示手动复归、自动复归和主站远程复归功能，能根据设定时间或线路恢复正常供电后自动复归。

（4）具备双位置遥信处理功能，支持遥信变位优先传送。

（5）具备电压越限、负荷越限等告警上送功能。

（6）具备线路有压鉴别功能。

（7）具备电能量计算功能，包括正反向有功电量和四象限无功电量、功率因数；具备电能量数据冻结功能，包括定点冻结、日冻结、功率方向改变时的冻结数据。

（8）具备串行口和以太网通信接口。

（9）具备同时为通信设备、开关分合闸提供配套电源的能力。

（10）具备双路电源输入和自动切换功能，宜采用 TV 取电。

（11）配备后备电源，当主电源供电不足或消失时，能自动无缝投入。

（12）具备后备电源自动充放电管理功能；蓄电池作为后备电源时，应具备定时、手动、远方活化功能，以及低电压报警和保护功能、报警信号上传主站功能。

（13）通过安全芯片实现与配网加密认证网关的基于 SM2 数字证书的双向身份认证和密钥协商。

（14）当配合断路器使用时，可直接切除故障，具备现场投退功能。

2. 选配功能

“三遥”馈线终端的选配功能包括：

（1）可具备配电线路闭环运行和分布式电源接入情况下的故障方向检测功能。

（2）可具备检测开关两侧相位及电压差功能。

（3）可支持重合闸方式的逻辑配合完成就地型馈线自动化功能。

（4）可与其他终端配合完成智能分布式馈线自动化功能。

（二）“二遥”馈线终端功能

1. 基本型终端

“二遥”基本型馈线终端的功能包括：

（1）具备汇集采集单元的遥测数据并进行数据转发功能。

（2）具备汇集采集单元遥信信息功能，包括接地故障、短路故障等信号，并将信息上送。

（3）具备监视采集单元运行状态的功能。

（4）具备现场带电安装、拆卸条件。

（5）具备终端及采集单元远程管理功能。

（6）宜采用无线公网通信，能按参数设置要求向主站发送心跳信息。

（7）宜采用内置式锂电池供电，并可采用太阳能等方式充电。

2. 标准型终端

“二遥”标准型馈线终端的功能包括：

（1）具备就地采集模拟量和状态量功能，并具备测量数据、状态数据远传的功能。

（2）具备双位置遥信处理功能，支持遥信变位优先传送。

（3）具备故障检测及故障判别功能，并支持上送故障事件。

（4）具备故障指示手动复归、自动复归和主站远程复归功能，能根据设定时间或线路恢复正常供电后自动复归。

（5）具备电压越限、负荷越限等告警上送功能。

（6）具备线路有压鉴别功能。

（7）具备通过串行口和网络通信接口与主站通信能力，宜采用无线公网通信方式。

（8）可采用 TV 取电或 TA 取电等就地取电方式。

（9）具备采集装置内部温度并上传功能。

（10）具备电能量计算功能，包括正反向有功电量和四象限无功电量、功率因数；具备电能量数据冻结功能，包括定点冻结、日冻结、功率方向改变时的冻结数据。

3. 动作型终端

（1）分支/分界开关配套。“二遥”动作型馈线终端应用于用户分界开关配套时应具备以下功能：①具备本文上述“二遥”标准型馈线终端的必备功能。②具备单相接地故障检测功能，发生故障时直接切除。③具备非遮断电流闭锁功能。④具备短路故障判别功能，并支持上送故障事件；当配合负荷开关使用时结合变电站出线开关的动作逻辑实现故障的有效隔离；当配合断路器使用时，具备故障直接切除功能并可选配一次自动重合闸功能，支持重合闸后加速。⑤具备同时为通信设备、开关提供配套电源的能力。⑥具备故障动作功能现场投退功能。

（2）分段开关配套。“二遥”动作型馈线终端应用于分段开关配套时应具备以下功能：①具备本文上述“二遥”标准型馈线终端的必备功能。②具备配合重合闸方式的就地型馈线自动化功能，实现短路故障、不同中性点接地方式下接地故障的定位与隔离功能。③支持故障动作功能的现场投退。④在满足信息安全条件时，不改变硬件设备，可扩展远方控制功能，预留就地/远方切换开关。

二、终端组成与结构设计

（一）终端框架

标准化 FTU 终端采用罩式结构设计，由罩式结构终端和后备电源组成；后备电源安装在独立设计的蓄电池盒内；罩式结构终端测控接口分为电磁式、电子式及数字式 3 种，适应弹簧操动机构；罩式结构终端、后备电源和一次开关设备直接通过标准化航插及电缆连接。

以电磁式接口罩式结构终端为例介绍其构成框架示意图，罩式结构终端与后备电源、一次开关设备的构成框架示意图如图 2-1-1 所示。

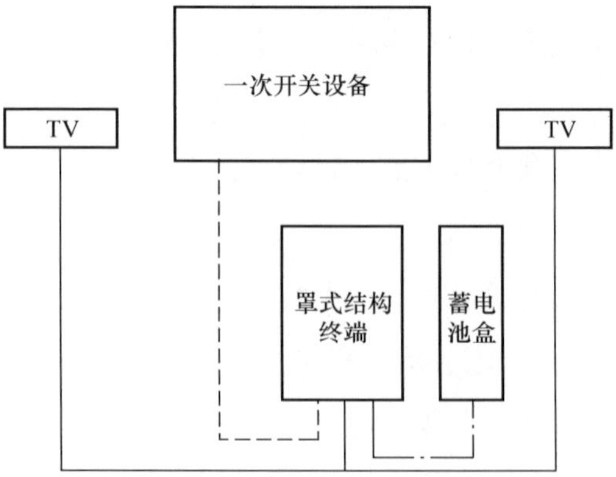

图 2-1-1 罩式结构终端与后备电源、一次开关设备的构成框架示意图

（二）终端结构设计

罩式结构采用 SMC 或玻璃钢材质，其外罩壳厚度≥4.0mm，安装底盖厚度≥10.0mm，整体与航插式电缆连接后防护等级不低于 IP67。后备电源盒材质要求为玻璃钢材质或不锈钢材质。安装金具采用碳钢浸锌或不锈钢材质的防锈部件。接地螺栓采用截面积不小于 $6mm^2$ 的不锈钢螺栓，保证可靠接地。

终端从 30cm 高处跌落到水泥地板上三次，分别以上部、底部、侧面着地，应无损坏和变形。

电磁式、电子式、数字式罩式终端结构尺寸参见图 2-1-2～图 2-1-6。

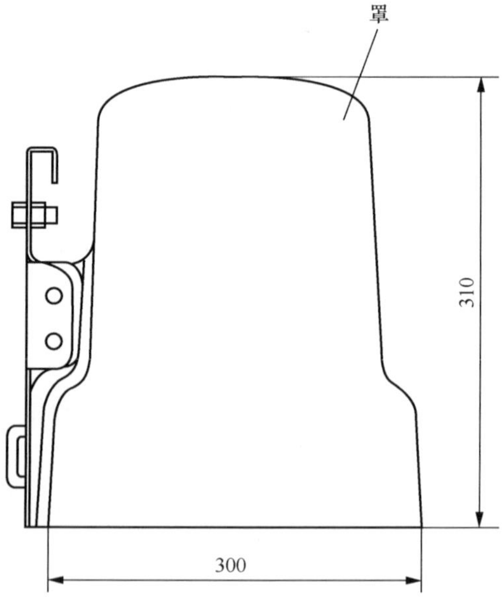

图 2-1-2 终端（电磁式、电子式、数字式）外罩尺寸图（一）

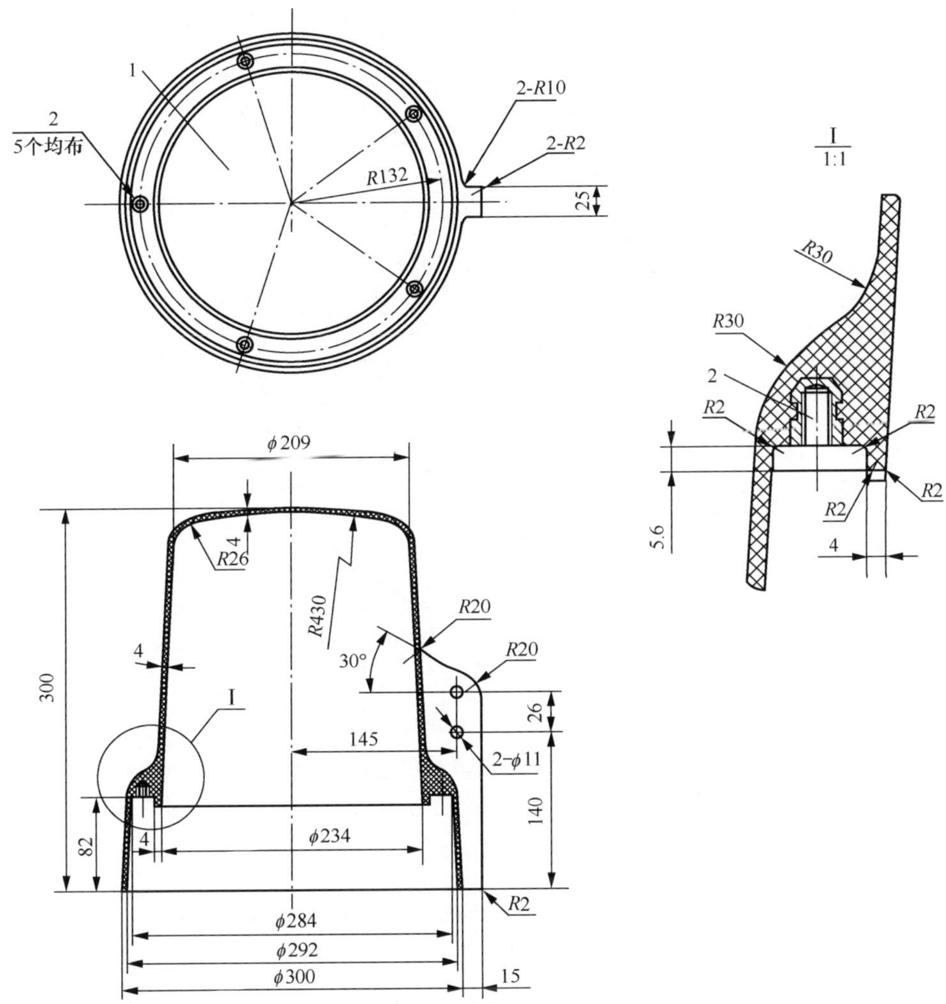

图 2-1-2　终端（电磁式、电子式、数字式）外罩尺寸图（二）

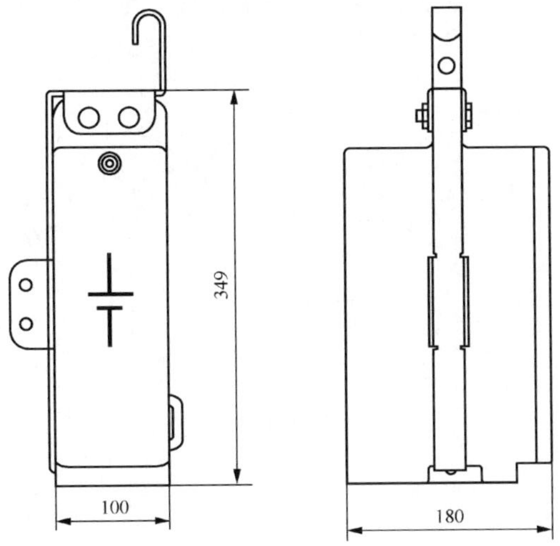

图 2-1-3　终端（电磁式、电子式、数字式）蓄电池盒尺寸图

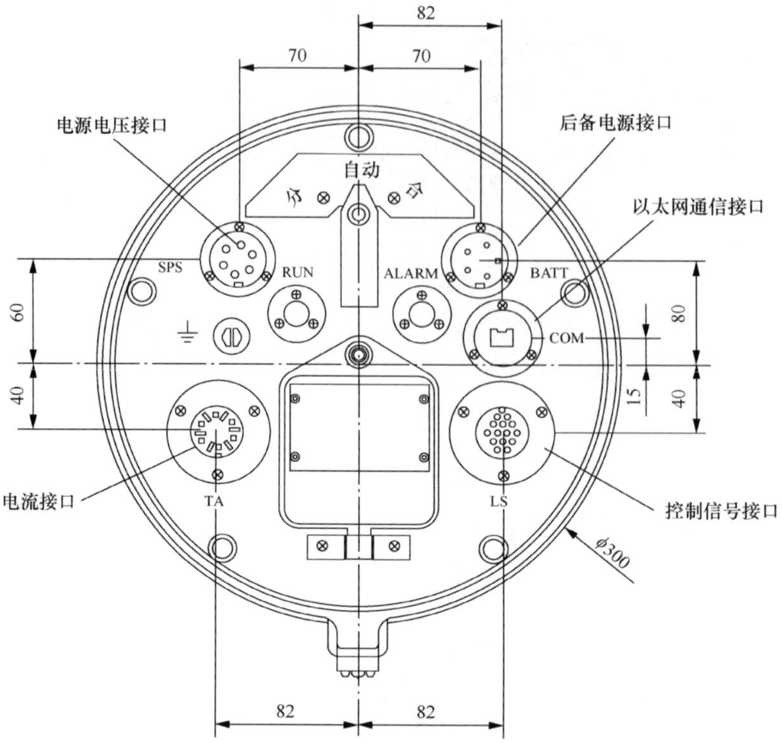

图 2-1-4　终端（电磁式）航插位置定位图

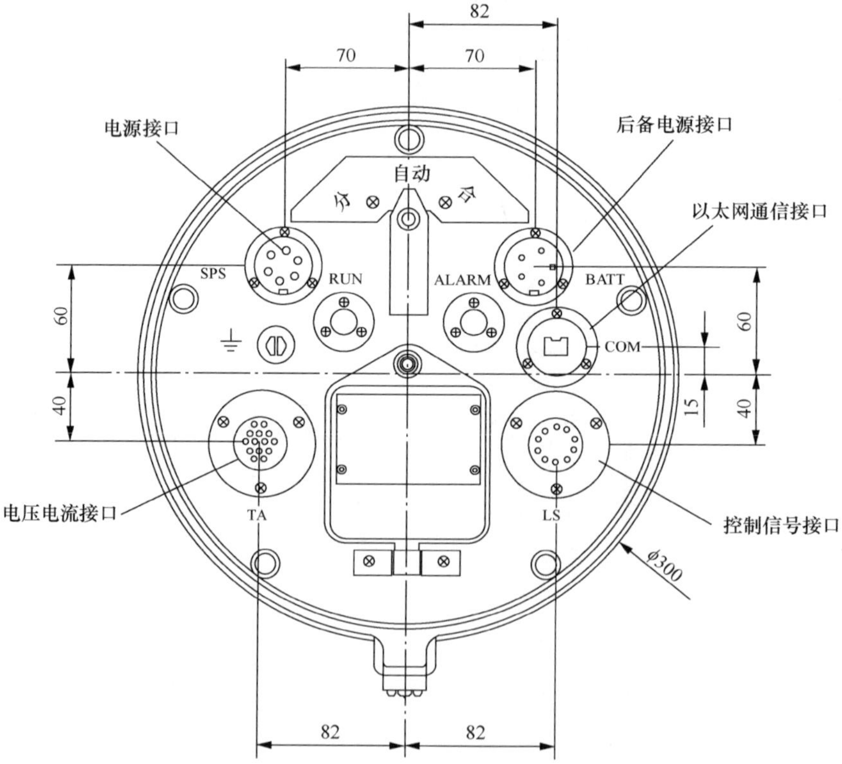

图 2-1-5　终端（电子式）航插位置定位图

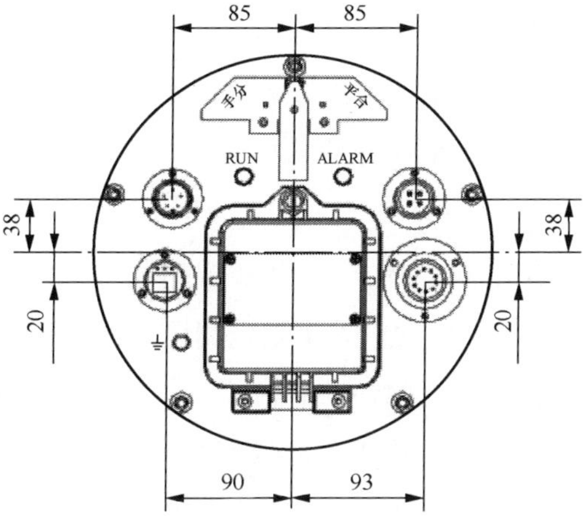

图 2-1-6　终端（数字式）航插位置定位图

（三）终端安装

因实际工程中杆头布置和柱上开关产品形式多样，本节只提供柱上馈线终端安装示意图如图 2-1-7 所示。

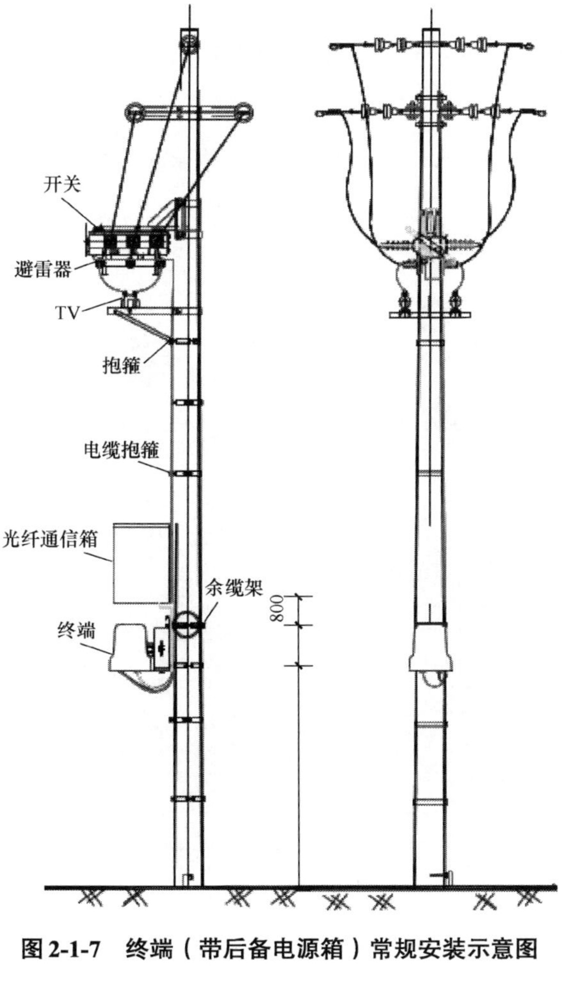

图 2-1-7　终端（带后备电源箱）常规安装示意图

（四）终端端口

终端通过航空接插件和屏蔽电缆线与开关设备相连，实现测量、控制和保护功能。开关侧采用统一的 26 芯航空插座，终端侧按电磁式、电子式及数字式 3 种不同的测控接口分别定义插座面板。

（1）与外置供电测量一体 TV、本体配置电流互感器（A\B\C\0）和零序电压互感器的开关成套时，采用电磁式电气接口的终端，采集供电测量一体 TV 的测量绕组电压、电流互感器（A\B\C\0）和零序电压互感器 U_0 等模拟信号。

（2）与外置供电 TV、本体配置 1 组电压互感器和 1 组电流互感器开关融合时，采用电子式或数字式电气接口的终端，采集供电 TV 输出的模拟信号，采集电压互感器（A\B\C\0）和电流互感器（A\B\C\0）输出的模拟/数字信号。

（3）终端控制面板支持非液晶面板和液晶面板两种，由用户根据需要选择。所配液晶面板应具备实时数据和事件记录查看、固有参数查看、运行参数及动作参数查看与编辑等功能。

馈线终端采用统一的操作面板定义和航空接插件，包括电源/电压接口、电流接口、后备电源接口、控制信号接口、以太网通信接口，面板布局和航插接口设计如图 2-1-8～图 2-1-10 所示。航插需满足 IP67 防护要求，定位红点位于定位销一侧。

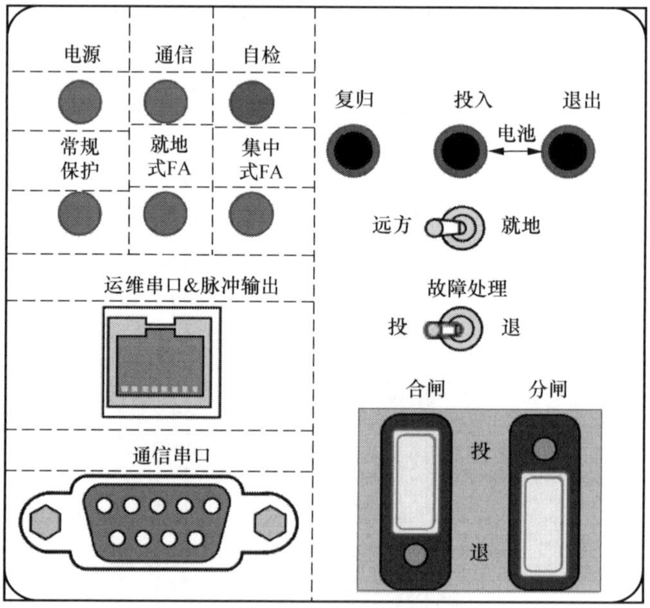

图 2-1-8　非液晶面板示意图

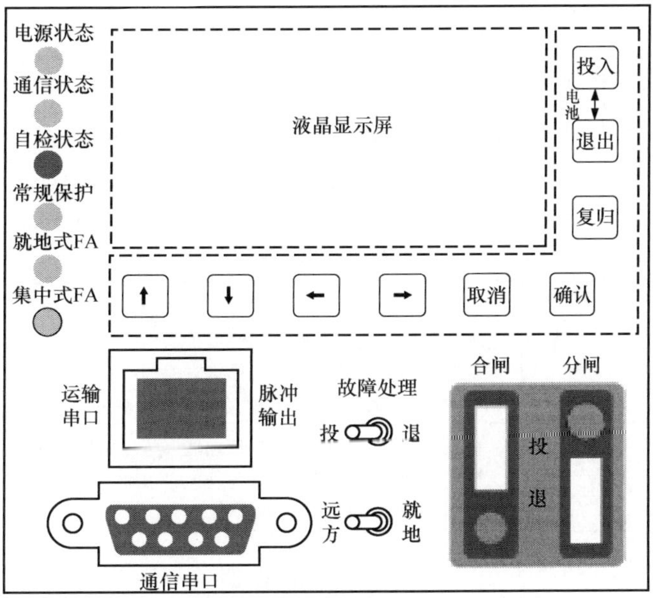

液晶面板示意图

图 2-1-9　终端（电磁式）操作面板示意图

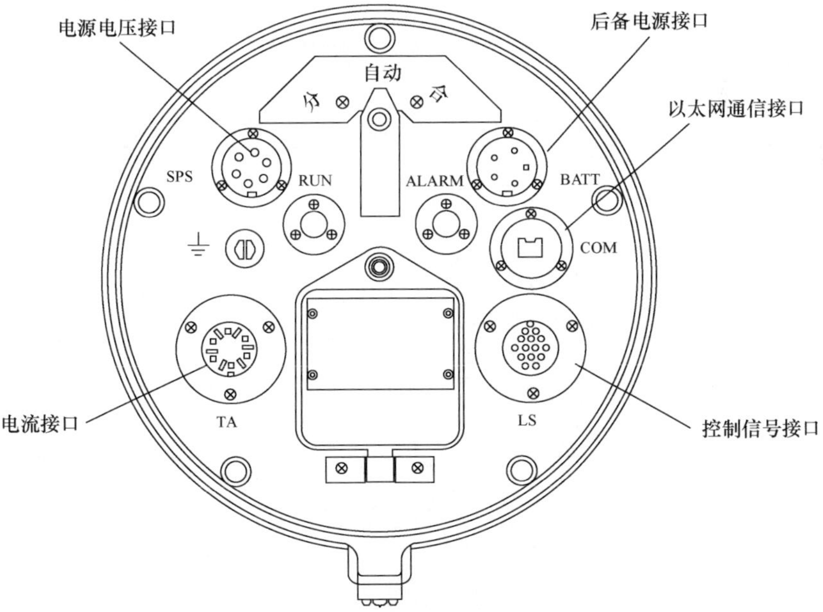

图 2-1-10　终端（电磁式）底盖布局示意图

运行指示灯（RUN）：绿色，当终端交流有电或后备电源供电时，终端正常运行时点亮。点灯频率：亮 1s，间隔 1s 左右。

故障指示灯（ALARM）：红色，当线路发生故障时，故障指示灯闪亮，亮 1s，间隔 1s

左右；闭锁分/合闸时，常亮。

液晶显示屏及操作按键要求：使用温度范围-40～70℃，点阵不低于128（W）×64（H）；液晶屏操作需配置“上”“下”“左”“右”“确认”“取消”6个操作按键，具体内容见表2-1-1～表2-1-4。

表2-1-1　面板开关说明

序号	面板开关	说明
1	远方/就地	远方：允许远方遥控，闭锁就地操作； 就地：允许就地操作，闭锁远方遥控； 无论远方/就地均不影响就地故障处理功能（常规保护、就地式FA等）出口
2	故障处理投退	投入：软件设定的故障处理功能（故障告警、常规保护、就地式FA等）有效； 退出：软件设定的故障处理功能（故障告警、常规保护、就地式FA等）无效，但不闭锁相应的遥控和就地操作

表2-1-2　面板按钮说明

序号	按钮	说明
1	复归	复归告警事件和信号，正/反向闭锁信号不受复归按钮控制
2	电池投入	后备电池供电投入
3	电池退出	后备电池供电退出

表2-1-3　面板按键说明（液晶面板）

序号	按键	说明
1	复归	复归告警事件和信号，正/反向闭锁信号不受复归按钮控制
2	电池投入	后备电池投入
3	电池退出	后备电池退出
4	上	配合液晶使用，光标上移
5	下	配合液晶使用，光标下移
6	左	配合液晶使用，光标左移
7	右	配合液晶使用，光标右移
8	确认	配合液晶使用，确认选项
9	取消	配合液晶使用，取消选项

表2-1-4　面板信号指示灯说明

序号	名称	说明
1	电源	绿灯，终端电源正常时常亮
2	通信	绿灯，通信正常时亮，通信有数据时闪烁，通信中断时熄灭
3	自检	红灯，自检发现异常时常亮，正常时熄灭
4	常规保护	绿灯，常规保护功能投入时，指示灯常亮，退出时熄灭
5	就地式FA	绿灯，就地式FA功能投入时，指示灯常亮，退出时熄灭
6	集中式FA	绿灯，集中式FA功能投入时，指示灯常亮，退出时熄灭

（五）终端供电方案

终端供电支持交流供电和后备电源供电两种模式。正常情况下，由交流电源供电，支持单 TV 和双 TV 两种取电方式。当交流电源中断，终端应在无扰动情况下切换到另一路交流电源或后备电源供电；当交流电源恢复供电后，终端应自动切回到交流供电。

1. 交流供电

终端双 TV 供电方案和单 TV 供电方案安装接线示意图分别如图 2-1-11 和图 2-1-12 所示。

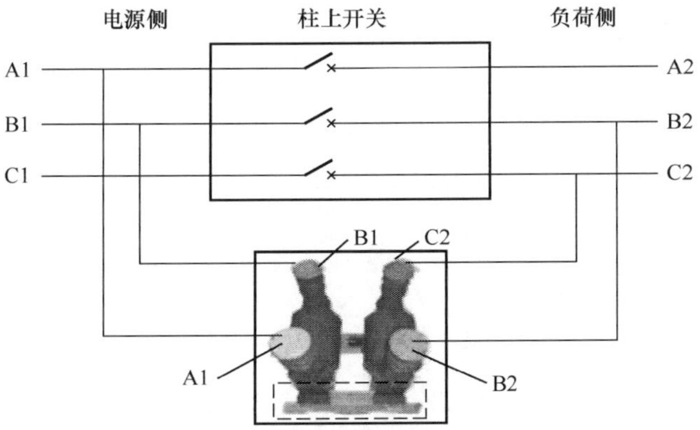

图 2-1-11 双 TV 接线示意图

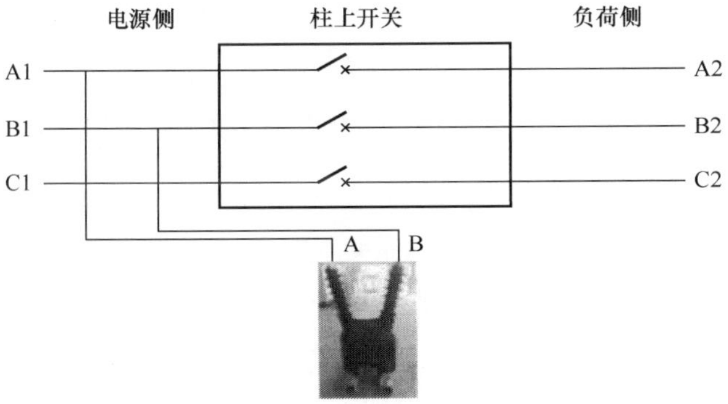

图 2-1-12 单 TV 接线示意图

2. 后备电源供电

后备电源采用免维护阀控铅酸电池或超级电容，终端设计有独立的后备电源接口，后备电源安装在独立的外接电源盒内，通过电缆向终端供电。

（六）馈线终端巡视检查内容

1. 例行巡视

巡视内容表，见表 2-1-5。

表 2-1-5　　巡视内容表

序号	巡视部位	内容及要求
1	确认设备	根据设备安装位置核对所属辖区、线路名称、杆号、开关名称，严格核对现场杆塔号与控制器标签，确认相符
2	控制器外观检查	控制器外观，检查控制器在显著位置是否设置铭牌，标示内容包含名称产品型号、产品编号、生产日期及制造厂家名称、装置电源、操作电源、额定电压、额定电流等
3		检查箱体无明显的凹凸痕、划伤、裂缝、毛刺、锈蚀等，喷涂层不应脱落
4	控制器安装位置检查	控制器建议安装高度为离地面 3m 以上、5m 以下且与一次设备（包括 TV、开关）及线路距离大于 1m，不能高于或平行 TV 及开关
5	无线信号强度检查	终端在配电自动化系统中不发生频繁上下线为信号稳定
6	一、二次设备航插接线检查	所有二次电缆外部接线完整、无破损，与开关、TV 连接位置正确、牢固，接线整齐、美观，冗余的二次线缆应顺线盘留在箱体下方，并做好固定
7	接地线检查	控制器及通信箱接地须牢固可靠
8	标签检查	控制器底部应有标签，内容包含安装杆塔号、开关名称、设备 IP，并有配电运检室盖章
9	指示灯检查	电源灯，终端电源正常时常亮；通信灯，通信正常时亮，通信有数据时闪烁，通信中断时熄灭；自检灯，自检发现异常时常亮，正常时熄灭；常规保护、就地式 FA、集中式 FA 灯按照定值单核查，投入时，指示灯常亮，退出时熄灭
10	压板检查	核查电池投入开关在投入位置；远方/就地开关在远方位置；故障处理投退按照定值单核查（投入：软件设定的故障处理功能有效；退出：软件设定的故障处理功能 无效，但不闭锁相应的遥控和就地操作）

2. 特殊巡视内容

特殊巡视指因设备运行环境、方式变化而开展的巡视。遇有以下情况，应进行特殊巡视：

（1）大风后、雷雨后、冰雪后、冰雹后、雾霾过程中。

（2）新设备投入运行后。

（3）设备经过检修、改造或长期停运后重新投入系统运行后。

（4）设备缺陷有发展时。

（5）设备发生过故障等异常情况。

（6）法定节假日、上级通知有重要保供电任务时。

（7）存在发生较大电网事故或者存在发生较大信息安全风险时段。

三、作业风险点分析方法

危险点分析是一种根据工作过程反向思考的一种安全管理方法。一般是在实施作业前，对作业过程中可能引发事故的各种不安全因素进行分析判断，并根据判断制定各类危险的隔离、警示、个人防护等防范措施，从而有效防止设备和人身事故。

危险点分析方法主要可以分为以下几个环节：

1. 确定工作内容和步骤

工作内容是危险点分析的具体对象，工作步骤则是在时间和空间上对危险因素定位。确定工作内容和步骤是危险点分析的基础，工作内容和步骤的信息不全或有错误，将导致危险点分析的失误。

2. 辨识危险因素

这一过程是通过分析作业过程的特点，根据过去同类作业的经验教训，以辨识整个作业过程的危险因素。通常从作业场所的介质、作业环境与条件、工艺流程、工器具和材料、作业人员的行为等 5 个方面辨识危险因素。

3. 确定危险点及危险程度分析

辨识出的危险因素并不能直接作为制定防范措施的依据，还必须分析这些因素的危险程度，确定必须防范的危险点。危险程度可分为微小、低级、中级、高级和禁止 5 级，一般通过对人员伤害的可能性和伤害程度来确定。危险程度的判断带有一定的主观性，这就要求参加危险点分析的人员尽可能掌握相关信息，并有一定的工作经验。

4. 制定防范措施

通常我们对危险程度中级及以上的危险点制定防范措施。防范措施包括预防性措施和限制性措施两种，预防性措施消除导致事故的因素，限制性措施减轻事故后果。对某一特定的危险点而言，究竟采用哪种措施要根据具体情况而定，原则上应以预防性措施为主，限制性措施为辅。

5. 危险点交代

这是危险点分析的核心内容，即将危险点分析的结果以一定形式传递给工作执行人员，并在作业过程中落实。

6. 危险点更新及反馈

作业过程危险点的分析很难做到一次就分析全面、彻底，其可靠程度一般取决于现场信息准确性、完整性以及分析人员的专业知识和工作经验。因此作业人员在作业完成后，发现之前辨识的危险点之外的危险因素，应及时反馈，由班组结合现场作业情况组织讨论、修订和更新危险点分析内容。

【任务实施】

一、现场巡视

（一）危险点分析

本工作任务为馈线终端的全面巡视，该工作任务的主要危险点及防范措施见表 2-1-6。

表 2-1-6　　　　馈线终端巡视作业危险点分析表

序号	危险点	安全措施
1	巡视时误碰触带电设备导致触电	（1）严禁不符合巡视人员要求者进行巡视。 （2）严禁人员身体状况不适时进行巡视。 （3）巡视时应与带电设备保持足够的安全距离（10kV 应大于 0.7m）。 （4）严禁误碰、误动、误登非配电自动化运行设备。 （5）巡视检查时，严禁进行电气工作。 （6）不得擅自操作设备，不得擅自改变安全措施
2	测量时造成人身伤害	（1）测量工作至少应有两人进行，一人操作、一人监护，工作中对带电设备应保证有可靠安全距离，工作时且必须有足够的照明。 （2）测量人员应了解测试仪表性能，测试方法及正确接线，熟悉测量的安全措施。 （3）测量工作只允许在 0.4kV 及以下设备上进行
3	未按规定程序处理故障造成人身伤害	（1）严禁不戴安全帽、不按规定着装，以免在突发事件时失去保护。 （2）发现设备缺陷及异常时，及时汇报，采取相应措施，不得擅自处理
4	特殊情况或天气造成人身伤害	（1）巡视时应小心谨慎，不得造成人员碰伤、摔伤、踩空。 （2）巡视时若光线不足，应及时开启设备区照明或照明工具。 （3）在 5 级及以上大风及大雨、大雾、雷电等恶劣天气情况下一般不进行巡视工作，正在进行中的巡视应暂停
5	室内（或通道）无照明或照明亮度不足、电缆盖板未盖好、在不平整的通道滑、摔倒、室内空气不流通、高温中暑、交通事故造成人身伤害	（1）巡视时经过较滑的、不平整的通道时应慢行，带好亮度合格，且电量充足的照明器具。 （2）高温时巡视应带好防暑降温用品。 （3）巡视时经过交通道路应遵守交通规则
6	登杆时未履行安全措施造成人身伤害	（1）登杆前需观察，杆塔有无倾斜、断裂。 （2）禁止使用脚踏绳，应对登杆设备进行检查。 （3）高于 1.5m 需使用安全带，使用梯子时需有人扶持。 （4）使用梯子时不得超过限高位置

（二）标准化作业卡编制

标准化作业卡是使得巡视作业工作内容更加清晰明确，确保设备巡视不漏巡和错巡的一项重要措施。本工作任务编制馈线终端全面巡视标准化作业卡见表 2-1-7。

表 2-1-7　　　　馈线终端全面巡视标准化作业卡

序号	巡视部位	内容及要求	执行完打√或记录数据或描述异常
1	确认设备	根据设备安装位置核对所属辖区、线路名称、杆号、开关名称，严格核对现场杆塔号与控制器标签，确认相符	
2	控制器外观检查	控制器外观，检查控制器在显著位置是否设置铭牌，标示内容包含名称、产品型号、产品编号、生产日期及制造厂家名称、装置电源、操作电源、额定电压、额定电流等	
3		检查箱体无明显的凹凸痕、划伤、裂缝、毛刺、锈蚀等，喷涂层不应脱落	

续表

序号	巡视部位	内容及要求	执行完打√或记录数据或描述异常
4	控制器安装位置检查	控制器建议安装高度为离地面 3m 以上、5m 以下且与一次设备（包括 TV、开关）及线路距离大于 1m，不能高于或平行 TV 及开关	
5	无线信号强度检查	终端在配电自动化系统中不发生频繁上下线为信号稳定	
6	一、二次设备航插接线检查	所有二次电缆外部接线完整、无破损，与开关、TV 连接位置正确、牢固，接线整齐、美观，冗余的二次线缆应顺线盘留在箱体下方，并做好固定	
7	接地线检查	控制器及通信箱接地须牢固可靠	
8	标签检查	控制器底部应有标签，内容包含安装杆塔号、开关名称、设备 IP，并有配电运检室盖章	
9	指示灯检查	电源灯，终端电源正常时常亮；通信灯，通信正常时亮，通信有数据时闪烁，通信中断时熄灭；自检灯，自检发现异常时常亮，正常时熄灭；常规保护、就地式 FA、集中式 FA 灯按照定值单核查，投入时，指示灯常亮，退出时熄灭	
10	压板检查	核查电池投入开关在投入位置；远方/就地开关在远方位置；故障处理投退按照定值单核查（投入：软件设定的故障处理功能有效；退出：软件设定的故障处理功能 无效，但不闭锁相应的遥控和就地操作）	

（三）巡视工具准备

工具准备表见表 2-1-8。

表 2-1-8　工具准备表

序号	名称	型号规格	单位	数量	备注
1	安全帽		顶	1	
2	钥匙		套	1	
3	手电筒		把	1	
4	万用表		块	1	
5	钳形电流表		块	1	
6	工具箱		套	1	
7	笔记本电脑	安装终端维护工具	台	1	
8	继电保护测试仪		台	1	

（四）巡视要点

1. 确认设备

根据设备安装位置核对所属辖区、线路名称、杆号、开关名称，严格核对现场杆塔号与控制器标签，确认相符，如图2-1-13所示。

图2-1-13 现场电杆图

2. 控制器外观检查

上杆对设备外观各个部位检查，确认控制器外观，检查控制器在显著位置是否设置铭牌，标示内容包含名称、产品型号、产品编号、生产日期及制造厂家名称、装置电源、操作电源、额定电压、额定电流等，如图2-1-14和图2-1-15所示。

图2-1-14 控制器图片

图2-1-15 厂家铭牌

3. 控制器安装位置检查

控制器建议安装高度为离地面3m以上5m以下且与一次设备（包括TV、开关）及线路距离大于1m，不能高于或平行TV及开关，如图2-1-16和图2-1-17所示。

图2-1-16 控制器现场安装图1

图2-1-17 控制器现场安装图2

4. 无线信号强度检查

终端在配电自动化系统中不发生频繁上下线为信号稳定。并用笔记本电脑接入馈线终端确认信号强度，如图2-1-18所示。

图2-1-18 信号强度截屏图

5. 一、二次设备航插接线检查

所有二次电缆外部接线完整、无破损，与开关、TV连接位置正确、牢固，接线整齐、美观，冗余的二次线缆应顺线盘留在箱体下方，并做好固定，如图2-1-19和图2-1-20所示。

6. 接地线检查

控制器及通信箱接地须牢固可靠，检查控制器接地螺丝接地牢固，如图2-1-21所示。

图2-1-19 现场安装图

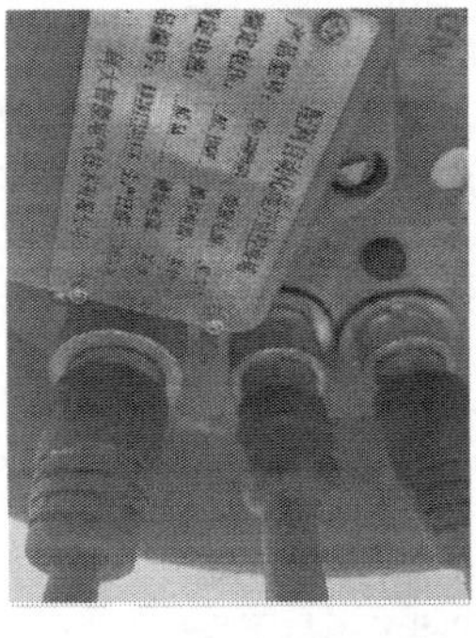

图2-1-20 二次电缆接线图

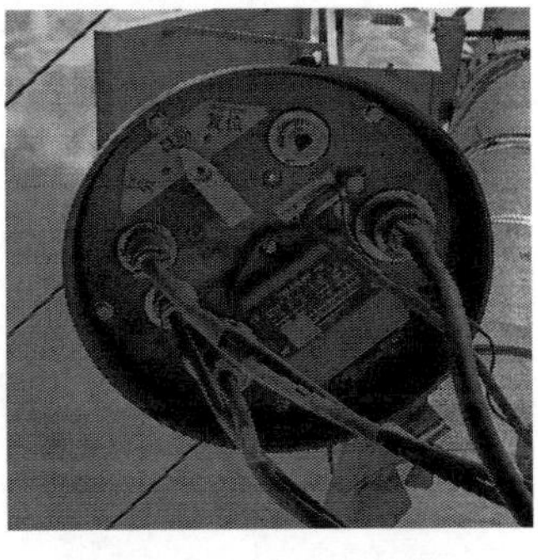

图2-1-21 现场安装图

7. 标签检查

控制器底部应有标签，内容包含安装杆塔号、开关名称、设备IP。

8. 指示灯检查

电源灯，终端电源正常时常亮；通信灯，通信正常时亮，通信有数据时闪烁，通信中断时熄灭；自检灯，自检发现异常时常亮，正常时熄灭；常规保护、就地式FA、集中式

FA 灯按照定值单核查，投入时，指示灯常亮，退出时熄灭，如图 2-1-22 所示。

9. 压板检查

核查电池投入开关在投入位置；远方/就地开关在远方位置；故障处理投退按照定值单核查（投入：软件设定的故障处理功能有效；退出：软件设定的故障处理功能无效，但不闭锁相应的遥控和就地操作），如图 2-1-23 所示。

图 2-1-22　终端指示灯图片

图 2-1-23　压板位置图

二、馈线终端的继电保护功能检验

（一）危险点分析

本工作任务为馈线终端的继电保护功能检验，该工作任务的主要危险点及防范措施见表 2-1-9。

表 2-1-9　　馈线终端的继电保护功能检验作业危险点分析表

序号	危险点	安全措施
1	巡视时误碰触带电设备导致触电	（1）有可能接近带电体安全距离以内时，应设专人监护。 （2）使用带绝缘工具。使用具有漏电及过电流保护功能的电源插座。 （3）工作前核查工作地点附近带电部位，工作中注意与带电设备保持安全距离（10kV 应大于 0.7m）。 （4）在带电的电压互感器二次回路上工作，应采取措施防止电压互感器二次侧短路或接地。 （5）在带电的电流互感器二次回路上工作，应采取措施防止电流互感器二次侧开路。短路电流互感器二次绕组，应使用短路片或短路线，禁止用导线缠绕。 （6）二次回路通电或耐压试验前，应通知运维人员和其他有关人员，并派专人到现场看守，检查二次回路及一次设备上确无人工作后，方可加压
2	测量时造成人身伤害	（1）测量工作至少应有两人进行，一人操作、一人监护，工作中对带电设备应保证有可靠安全距离，工作时且必须有足够的照明。 （2）测量人员应了解测试仪表性能，测试方法及正确接线，熟悉测量的安全措施。 （3）测量工作只允许在 0.4kV 及以下设备上进行
3	未按规定程序处理故障造成人身伤害	（1）严禁不戴安全帽、不按规定着装，以免在突发事件时失去保护。 （2）发现设备缺陷及异常时，及时汇报，采取相应措施，不得擅自处理
4	电力监控信息系统安全	（1）应填写电力监控工作票，使用专用调试计算机。 （2）专用调试设备要做好设备加固管理，关闭不必要的网络服务及端口，消除不必要软件、用户和程序不良行为。使用前均需对加固情况进行检查和验证，确认安全后方可接入电力监控系统网络

续表

序号	危险点	安全措施
5	登杆时未履行安全措施造成人身伤害	（1）登杆前需观察，杆塔有无倾斜、断裂。 （2）禁止使用脚踏绳，应对登杆设备进行检查。 （3）高于 1.5m 需使用安全带，使用梯子时需有人扶持。 （4）使用梯子时不得超过限高位置

（二）标准化作业卡编制

标准化作业卡主要包括工作准备、工作开始、工作过程、工作结束四个阶段，站所终端调试作业标准化作业卡见表 2-1-10。

表 2-1-10　　继电保护功能检验标准化作业卡

序号	检查项目		已正确执行的打“√”
1	工作准备	检查工作票所列安全措施是否正确完备，票种使用正确，工作内容与日计划是否相符	
2		核对现场勘查情况，检查作业现场情况与原勘查情况是否存在变化，有变化时应及时修正、完善安全措施	
3		按规定办理工作许可手续，未经许可（包括在客户侧工作时，未获客户许可）不得开始工作	
4		工作负责人向全体工作班成员交代工作任务和内容、工作地段和地点、现场保留的带电设备和部位、现场危险点及安全措施等，全体工作班成员在工作票上亲自签名确认	
5		交代人员分工，确认工作人员对工作任务、安全措施清楚明白	
6		对有触电危险、检修复杂、容易发生事故的工作是否设置专责监护人	
7		检查工作范围内设备有无双重名称，或名称及编号不唯一、不正确、不清晰的情况	
8		检查视频监控设备是否运行正常、拍摄角度是否正对现场作业内容	
9		检查现场安全工器具是否合格，自制施工工器具是否检测试验合格	
10	工作开始	路边作业装设围栏、遮拦及警示标志。作业人员不得擅自穿、跨越安全围栏、安全警戒	
11		下达开工指令	
12		工作过程确认所有工作班成员安全措施已正确落实	
13	工作过程	检查设备外观、铭牌、备用电源	
14		检查成套设备 TA、TV 变比	
15		检查设备保护定值、三遥点表配置	
16		检查成套设备 SIM 卡号、IP 地址	
17		检查成套设备时钟是否与主站一致	
18		继电保护测试仪接线	
19		过流保护、重合闸保护、零序过流功能检验	
20		正确填写调试报告	
21	工作结束	工作结束，检查现场无遗留工具、材料；所有人员均汇报工作结束	
22		将设备恢复至工作许可状态	
23		所有工作人员撤离现场；办理工作终结手续	

（三）检验工具准备

准备工具清单见表 2-1-11。

表 2-1-11　　准 备 工 具 清 单

序号	名称	规格	数量及单位	序号	名称	规格	数量及单位
1	继电保护测试仪		1 套	8	照明工具		1 把
2	设备说明书/图纸		若干	9	尖嘴钳		1 把
3	低压验电笔	0.4kV	1 支	10	万用表		1 只
4	调试计算机		1 台	11	扳手		2 把
5	钢丝钳		1 把	12	移动电源		1 台
6	螺丝刀		2 把	13	剥线工具		1 把
7	斜口钳		1 把	14	气体检测仪		1 台

（四）检验工作开始

1. 检查外观

（1）设备外立面是否有损坏、破坏、结构变形、掉漆等。

（2）设备内部是否有部件破损、松脱、掉落等。

（3）产品铭牌是否清晰，型号是否与合同相符。

（4）检查箱体各接地点连接是否可靠。

（5）检查航空插头，不应有开裂损坏痕迹。

（6）检查二次电缆，不应有表面严重磨损破皮现象。

2. 终端配置检查

（1）检查成套设备 TA、TV 变比。

（2）检查设备保护定值、三遥点表配置。

（3）检查成套设备 SIM 卡号、IP 地址。

（4）检查成套设备时钟是否与主站一致。

3. 继电保护功能检验

（1）过电流保护逻辑测试。

1）用控制电缆，与开关本体连接。

2）用电脑连接终端，按定值单设置相电流过电流阈值以及时间（以相电流过电流阈值 8A 时间 0.1s 为例）。

3）用继电保护测试仪连接终端二次端子。

4）终端上电，继电保护测试仪输出使得 U_{AB}=100V、U_{CB}=100V、U_{Z}=00V、U_{0}=0V，如开关不在合位用手动操作将开关打到合位。

5）设置继电保护测试仪等开关分闸触发停止输出。

6）开关合位状态下，继电保护测试仪输出 3 相电流相间互成 120°，电流 7.6A，开关不动作。

7）开关合位状态下，继电保护测试仪输出 3 相电流相间互成 120°，电流 8.4A，输入时间 0.08s，开关不动作。

8）开关合位状态下，继电保护测试仪输出 3 相电流相间互成 120°，电流 8.4A，输入时间 0.12s，开关分闸。

（2）零序保护逻辑测试。

1）用控制电缆，与开关本体连接。

2）用电脑连接终端，按定值单设置零序电流过电流阈值以及时间（以零序电流过电流阈值 2A 时间 0.1s）。

3）用继电保护测试仪连接终端二次端子。

4）终端上电，继电保护测试仪输出使得 U_{AB}=100V、U_{CB}=100V、U_{Z}=100V、U_{0}=0V，如开关不在合位用手动操作将开关打到合位。

5）设置继电保护测试仪等开关分闸触发停止输出。

6）开关合位状态下，继电保护测试仪输出 3 相电流相间互成 120°，零序电流 1.9A，开关不动作。

7）开关合位状态下，继电保护测试仪输出 3 相电流相间互成 120°，零序电流 2.1A，输入时间 0.08s，开关不动作。

8）开关合位状态下，继电保护测试仪输出 3 相电流相间互成 120°，零序电流 2.1A，输入时间 0.12s，开关分闸。

（3）重合闸逻辑测试。

1）用控制电缆，与开关本体连接。

2）用继电保护测试仪连接终端二次端子。

3）用电脑连接终端，按定值单设置各项定值（以相电流过电流阈值 8A 时间 0.1s；重合闸时间 5s 为例）。

4）终端上电，继电保护测试仪输出使得 U_{AB}=100V、U_{CB}=100V、U_{Z}=100V、U_{0}=0V，如开关不在合位用手动操作将开关打到合位。

5）设置继电保护测试仪等开关分闸触发停止输出。

6）开关合位状态下，继电保护测试仪输出 3 相电流相间互成 120°，电流 8.4A。

7）终端分闸信号输出，开关分闸。

8）终端一侧有压后，经过设定延时时间（5s），终端合闸信号输出，开关合闸。

（4）填写调试报告。调试报告见表 2-1-12。

表 2-1-12　　调　试　报　告

<table>
<tr><td>开关型号</td><td></td><td>开关产品编号</td><td></td><td>开关出厂日期</td><td colspan="2"></td></tr>
<tr><td>FTU 型号</td><td></td><td>FTU 产品编号</td><td></td><td>FTU 出厂日期</td><td colspan="2"></td></tr>
<tr><td>开关设备厂家</td><td></td><td>FTU 设备厂家</td><td></td><td>与主站通信规约</td><td colspan="2"></td></tr>
<tr><td>通信方式（有线/无线）</td><td></td><td>IP 地址（有线）</td><td></td><td>一次开关位置</td><td colspan="2"></td></tr>
<tr><td></td><td></td><td>TV 变比</td><td></td><td>相 TA 变比</td><td colspan="2"></td></tr>
<tr><td colspan="7">本地调试</td></tr>
<tr><td rowspan="9">保护逻辑</td><td rowspan="2">试验项目</td><td rowspan="2">告警/出口功能投入情况</td><td colspan="4">95%定值，105%定值</td></tr>
<tr><td>加量值</td><td>动作结果</td><td>加量值</td><td>动作结果</td></tr>
<tr><td rowspan="3">A/B/C 相
过电流 I 段定值
电流_____A
时间_____s</td><td>告警投入时</td><td></td><td>告警信号
动作□ 不动作□</td><td></td><td>动作□
不动作□</td></tr>
<tr><td>出口投入时</td><td></td><td>开关
动作□ 不动作□
动作时间/___ms</td><td></td><td>动作□
不动作□
动作时间/___ms</td></tr>
<tr><td>开关动作时间</td><td></td><td></td><td>/</td><td>/</td></tr>
<tr><td rowspan="2">A/B/C 相
过电流Ⅱ段定值
电流_____A
时间_____s</td><td>告警投入时</td><td></td><td>告警信号
动作□ 不动作□</td><td></td><td>动作□
不动作□</td></tr>
<tr><td>出口投入时</td><td></td><td>开关
动作□ 不动作□
动作时间/___ms</td><td></td><td>动作□
不动作□</td></tr>
</table>

（五）馈线终端继电保护功能检验作业考核要求

选择馈线终端开展继电保护功能检验，按照危险点分析、标准化作业卡编制、检验工具准备、检验工作开始四个步骤完成站所终端设备的调试作业。继电保护功能检验作业考核评分表见表 2-1-13。

表 2-1-13　　继电保护功能检验作业考核评分表

<table>
<tr><td colspan="2">1.题目名称：一、二次融合成套柱上开关继电保护功能检验</td></tr>
<tr><td colspan="2">任务描述：使用所提供的设备、说明书、图纸、定值单、考试题目，对一、二次融合成套柱上开关继电保护功能进行测试</td></tr>
<tr><td>考核要点及要求</td><td>（1）施工准备工作。
（2）安全交底与安全措施。
（3）检查设备外观、铭牌、备用电源。
（4）检查成套设备 TA、TV 变比。
（5）检查设备保护定值、三遥点表配置、软件版本。
（6）检查成套设备 SIM 卡号、IP 地址。
（7）检查成套设备时钟是否与主站一致。
（8）继电保护功能检验。
（9）定值召测与下装功能检验。
（10）填写调试报告、清理现场</td></tr>
<tr><td>现场工器具、材料、设备</td><td>工器具：调试电脑、调试工装、网络线、万用表、网络线、螺丝刀、钳子
材料：二次控缆线
设备：继电保护测试仪、配电自动化终端</td></tr>
</table>

续表

危险点和安全措施	危险点： （1）电流二次回路开路、电压二次回路短路。 （2）误碰带电设备或回路，存在人身触电危险。 （3）误碰带电线缆，存在人身触电危险。 （4）设备接线错误，存在设备损害危险。 （5）误碰带电仪器设备外壳，存在人身触电危险。 安全措施： （1）工作中应防止电流二次回路开路、电压二次回路短路。针对电流回路加量时，应提前使用万用表导通档进行测试，确认其无开路；针对电压回路加量时，应提前使用万用表导通档进行测试，确认其无短路。避免危及人身设备安全。 （2）正确使用劳动防护用品，穿长袖工作服、戴手套并正确使用带绝缘包裹的工器具，工作中严禁直接触碰带电设备或回路。 （3）严禁带电拆解线，拆解线前断开电源。 （4）设备送电前，应经考评员确认。 （5）设备、仪器应可靠接地
备注	个人防护用具（工作服装、绝缘鞋、安全帽）需自备，考评员准备考试用定值

2.评分标准

序号	作业名称	质量要求	分值	扣分标准	扣分原因	扣分
一	准备工作		11			
1	工器具、材料准备	工器具、材料满足施工现场需要	2	工器具、材料有漏、错项，扣2分		
2	着装	工作服、安全帽、绝缘鞋、棉纱手套	2	未规范着装，扣2分		
3	安全措施	口述危险点及安全措施	7	未安排安全措施，扣7分		
二	工作过程		79			
4	检查一、二次融合成套开关及控制器	检查设备外观、铭牌、备用电源	4	未检查扣4分，有错项、漏项扣1分/项。分数扣完为止		
		检查成套设备TA、TV变比	4	未检查扣4分，有错项、漏项扣2分/项。分数扣完为止		
		检查设备保护定值、三遥点表配置	4	未检查扣4分，有错项、漏项扣1分/项。分数扣完为止		
		检查成套设备SIM卡号、IP地址	4	未检查扣4分，有错项、漏项扣2分/项。分数扣完为止		
		检查成套设备时钟是否与主站一致	3	未检查扣3分		
5	继电保护功能检验	继电保护测试仪接线	15	测试仪未接地扣2分，电流测试线接线不正确扣5分，电压测试线接线不正确扣5分。 接线过程中出现短路或开路本项不得分		
		过电流保护、重合闸保护、零序过电流功能检验	15	未正确使用测试仪输出扣5分。未在后台正确查看保护动作信号扣5分。不会判断保护动作准确性扣5分。错项漏项扣5分/项。该项分数扣完为止		
		定值召测与下装功能检验	15	未正确召测保护定值扣5分。未正确下装保护定值扣10分		

续表

6	填写调试报告	正确填写调试报告	15	未填写调试报告，扣 15 分，有错项、漏项扣 1 分/项。该项分数扣完为止		
三	工作结束		10			
7	清理现场	清点工器具、材料；将带入现场的设备及材料撤出现场	5	未清点未撤出，扣 1 分/件。该项分数扣完为止		
8	安全文明施工	安全生产，文明施工	5	发生恶性违章，立即终止考试，本项目考核为 0 分		

三、馈线终端的三遥功能调试

（一）危险点分析

本工作任务为馈线终端的三遥功能调试，该工作任务的主要危险点及防范措施见表 2-1-14。

表 2-1-14　　馈线终端的三遥功能调试作业危险点分析表

序号	危险点	安全措施
1	巡视时误碰触带电设备导致触电	（1）有可能接近带电体安全距离以内时，应设专人监护。 （2）使用带绝缘工具。使用具有漏电及过电流保护功能的电源插座。 （3）工作前核查工作地点附近带电部位，工作中注意与带电设备保持安全距离（10kV 应大于 0.7m）。 （4）在带电的电压互感器二次回路上工作，应采取措施防止电压互感器二次侧短路或接地。 （5）在带电的电流互感器二次回路上工作，应采取措施防止电流互感器二次侧开路。短路电流互感器二次绕组，应使用短路片或短路线，禁止用导线缠绕。 （6）二次回路通电或耐压试验前，应通知运维人员和其他有关人员，并派专人到现场看守，检查二次回路及一次设备上确无人工作后，方可加压
2	测量时造成人身伤害	（1）测量工作至少应有两人进行，一人操作、一人监护，工作中对带电设备应保证有可靠安全距离，工作时且必须有足够的照明。 （2）测量人员应了解测试仪表性能，测试方法及正确接线，熟悉测量的安全措施。 （3）测量工作只允许在 0.4kV 及以下设备上进行
3	未按规定程序处理故障造成人身伤害	（1）严禁不戴安全帽、不按规定着装，以免在突发事件时失去保护。 （2）发现设备缺陷及异常时，及时汇报，采取相应措施，不得擅自处理
4	电力监控信息系统安全	（1）应填写电力监控工作票，使用专用调试计算机。 （2）专用调试设备要做好设备加固管理，关闭不必要的网络服务及端口，消除不必要软件、用户和程序不良行为。使用前均需对加固情况进行检查和验证，确认安全后方可接入电力监控系统网络
5	登杆时未履行安全措施造成人身伤害	（1）登杆前需观察杆塔有无倾斜、断裂。 （2）禁止使用脚踏绳，应对登杆设备进行检查。 （3）高于 1.5m 需使用安全带，使用梯子时需有人扶持。 （4）使用梯子时不得超过限高位置

（二）标准化作业卡编制

标准化作业卡主要包括工作准备、工作开始、工作过程、工作结束四个阶段，站所终端调试作业标准化作业卡见表 2-1-15。

表 2-1-15　　继电保护功能检验标准化作业卡

序号	检查项目		已正确执行的打“√”
1	工作准备	检查工作票所列安全措施是否正确完备，票种使用正确，工作内容与日计划是否相符	
2		核对现场勘查情况，检查作业现场情况与原勘查情况是否存在变化，有变化时应及时修正、完善安全措施	
3		按规定办理工作许可手续，未经许可（包括在客户侧工作时，未获客户许可）不得开始工作	
4		工作负责人向全体工作班成员交代工作任务和内容、工作地段和地点、现场保留的带电设备和部位、现场危险点及安全措施等，全体工作班成员在工作票上亲自签名确认	
5		交代人员分工，确认工作人员对工作任务、安全措施清楚明白	
6		对有触电危险、检修复杂、容易发生事故的工作是否设置专责监护人	
7		检查工作范围内设备有无双重名称，或名称及编号不唯一、不正确、不清晰的情况	
8		检查视频监控设备是否运行正常、拍摄角度是否正对现场作业内容	
9		检查现场安全工器具是否合格，自制施工工器具是否检测试验合格	
10	工作开始	路边作业装设围栏、遮拦及警示标志。作业人员不得擅自穿、跨越安全围栏、安全警戒线	
11		下达开工指令	
12		工作过程确认所有工作班成员安全措施已正确落实	
13	工作过程	检查设备外观、铭牌、备用电源、加密方式	
14		检查成套设备 TA、TV 变比	
15		检查设备保护定值、三遥点表配置、软件版本	
16		检查成套设备 SIM 卡号、IP 地址	
17		检查成套设备时钟是否与主站一致	
18		遥信正确性检验	
19		遥控操作试验	
20		遥测精度检验	
21		填写调试报告	
22	工作结束	工作结束，检查现场无遗留工具、材料；所有人员均汇报工作结束	
23		将设备恢复至工作许可状态	
24		所有工作人员撤离现场；办理工作终结手续	

（三）调试工具准备

工器具清单如表 2-1-16。

表 2-1-16　　工 器 具 清 单

序号	名称	规格	数量	序号	名称	规格	数量
1	继电保护测试仪		1 套	5	尖嘴钳		1 把
2	低压验电笔	0.4kV	1 支	6	扳手		2 把
3	钢丝钳		1 把	7	剥线工具		1 把
4	斜口钳		1 把	8	设备说明书/图纸		若干

续表

序号	名称	规格	数量	序号	名称	规格	数量
9	调试计算机		1 台	12	万用表		1 只
10	螺丝刀		2 把	13	移动电源		1 台
11	照明工具		1 把	14	气体检测仪		1 台

（四）调试工作开始

1. 检查外观

（1）设备外立面是否有损坏、破坏、结构变形、掉漆等。

（2）设备内部是否有部件破损、松脱、掉落等。

（3）产品铭牌是否清晰，型号是否与合同相符。

（4）检查箱体各接地点连接是否可靠。

（5）检查航空插头，不应有开裂损坏痕迹。

（6）检查二次电缆，不应有表面严重磨损、破皮现象。

2. 终端配置检查

（1）检查成套设备 TA、TV 变比。

（2）检查设备的加密方式。

（3）检查设备保护定值、三遥点表配置。

（4）检查成套设备 SIM 卡号、IP 地址。

（5）检查成套设备时钟是否与主站一致。

3. 遥信正确性检验

（1）“开关合位”遥信测试。

1）手动操作将开关打到合位。

2）观察本地遥信“合位”指示灯是否常亮。

3）与主站核对，遥信上传点位是否正确，遥信量显示是否与现场一致。

（2）“开关分位”遥信测试。

1）手动操作将开关打到分位。

2）观察本地遥信“分位”指示灯是否常亮。

3）与主站核对，遥信上传点位是否正确，遥信量显示是否与现场一致。

（3）“已储能”遥信测试。

1）用短接线，在调试工装上，短接遥信“已储能”位置。

2）观察本地遥信“已储能”指示灯是否常亮。

3）与主站核对，遥信上传点位是否正确，遥信量显示是否与现场一致。

（4）“低气压闭锁”遥信测试。

1）用短接线，在调试工装上，短接遥信“低气压闭锁”位置。

2）观察本地遥信“低气压闭锁”指示灯是否常亮。

3）与主站核对，遥信上传点位是否正确，遥信量显示是否与现场一致。

（5）“交流失电”遥信测试。

1）在正常工作状态下断开输入电源。

2）观察终端“电源”指示灯由亮至灭。

3）与主站核对，遥信上传点位是否正确，遥信量显示是否与现场一致。

（6）“就地位置”遥信测试。

1）在正常工作状态将“远方/就地”按钮切换至就地位置。

2）观察终端“就地位置”指示灯由灭至亮。

3）与主站核对，遥信上传点位是否正确，遥信量显示是否与现场一致。

4. 遥测正确性检验

（1）电流遥测测试。

1）终端正常上电。

2）用继电保护测试仪，连接终端二次电流端子。

3）用继电保护测试仪，加电流源给终端遥测回路（I_a、I_b、I_c、I_0），分别输入额定值的0.2、0.5、1、1.2倍。

4）用电脑读取终端遥测数据，数据偏差：±%。

5）与主站核对，遥测电流数据上传点位是否正确，数据显示是否与继电保护测试仪、电脑一致，数据偏差：±%。

6）计算误差值，引用误差=［（主站或终端显示值-输入值）/额定值］×100%。

（2）电压遥测测试。

1）终端正常上电。

2）用继电保护测试仪，连接终端二次电流端子。

3）用继电保护测试仪，加电压源给终端遥测回路（U_a、U_b、U_c），分别输入额定值的0.6、0.8、1、1.2倍。

4）用电脑读取终端遥测数据，计算数据误差，误差≤±1.5%为合格。

5）与主站核对，遥测电流数据上传点位是否正确，数据显示是否与继电保护测试仪、电脑一致，计算数据误差，误差≤±1.5%为合格。

6）计算误差值，引用误差=［（主站或终端显示值-输入值）/额定值］×100%。

（3）登记验收结论。I_a、I_b、I_c、I_0、U_a、U_b、U_c 遥测综合引用误差均不大于±1.5%方可验收合格。

（4）填写调试报告，见表 2-1-17。

表 2-1-17　　调　试　报　告

开关型号		开关产品编号		开关出厂日期	
FTU 型号		FTU 产品编号		FTU 出厂日期	
开关设备厂家		FTU 设备厂家		与主站通信规约	
通信方式（有线/无线）		IP 地址（有线）		一次开关位置	
		TV 变比		相 TA 变比	
1.电流精度校验					
电流遥测量名称					
施加一次电流（第 1 次）额定值 20%			施加一次电流（第 2 次）额定值 50%		
主站或终端显示值			主站或终端显示值		
引用误差			引用误差		
施加一次电流（第 3 次）额定值 100%			施加一次电流（第 4 次）额定值 120%		
主站或终端显示值			主站或终端显示值		
引用误差			引用误差		
2.电压精度校验					
电压遥测量名称					
施加二次电压（第 1 次）额定值 60%			施加二次电压（第 2 次）额定值 80%		
主站或终端显示值			主站或终端显示值		
引用误差			引用误差		
施加二次电压（第 3 次）额定值 100%			施加二次电压（第 4 次）额定值 120%		
主站或终端显示值			主站或终端显示值		
引用误差			引用误差		
3.验收结论					
现场验收人			主站验收人		
验收日期					
验收结论					

（五）馈线终端三遥功能调试作业考核要求

选择馈线终端开展三遥功能调试，按照危险点分析、标准化作业卡编制、调试工具准备、调试工作开始四个步骤完成站所终端设备的调试作业。三遥功能调试作业考核评分表见表 2-1-18。

表 2-1-18　　三遥功能调试作业考核评分表

1.题目名称：馈线终端开展三遥功能调试	
任务描述：使用所提供的设备、说明书、图纸、定值单、考试题目，对一、二次融合成套柱上开关三遥功能、录波召测等功能进行测试	
危险点和安全措施	危险点： （1）电流二次回路开路、电压二次回路短路。 （2）误碰带电设备或回路，存在人身触电危险。 （3）误碰带电线缆，存在人身触电危险。 （4）设备接线错误，存在设备损害危险。 （5）误碰带电仪器设备外壳，存在人身触电危险。 安全措施： （1）工作中应防止电流二次回路开路、电压二次回路短路。针对电流回路加量时，应提前使用万用表导通档进行测试，确认其无开路；针对电压回路加量时，应提前使用万用表导通档进行测试，确认其无短路。避免危及人身设备安全。 （2）正确使用劳动防护用品，穿长袖工作服、戴手套并正确使用带绝缘包裹的工器具，工作中严禁直接触碰带电设备或回路。 （3）严禁带电拆解线，拆解线前断开电源。 （4）设备送电前，应经考评员确认。 （5）设备、仪器应可靠接地
备注	个人防护用具（工作服装、绝缘鞋、安全帽）需自备

2.评分标准

序号	作业名称	质量要求	分值	扣分标准	扣分原因	扣分
一	准备工作		10			
1	准备工作	正确检查工作中需要使用的仪表、工器具、说明书、图纸、定值单等资料	5	未检查或检查不规范，一项扣 1 分，扣完为止		
2	安全及劳动防护	正确使用劳动防护用品，学员规范穿戴工作服、绝缘鞋	5	工作服不规范扣 2 分；穿戴鞋不规范扣 2 分；戴安全帽不规范扣 1 分；工作中未戴手套扣 3 分。该项分数扣完为止		
二	工作过程		80			
3	检查一、二次融合成套开关及控制器	（1）检查设备外观、铭牌、备用电源、加密方式； （2）检查成套设备 TA、TV 变比； （3）检查设备保护定值、三遥点表配置、软件版本； （4）检查成套设备 SIM 卡号、IP 地址	20	一项未检查扣 3 分；一项检查记录错误扣 2 分；该项分数扣完为止		
4	三遥功能调试	（1）检查成套设备时钟是否与主站一致； （2）遥信正确性检验； （3）遥控操作试验； （4）遥测精度检验	35	漏做一项检验扣 10 分；成套设备时钟不会查看或查看错误，扣 5 分；未按题目要求正确发送遥信信号，一项扣 5 分，扣完为止未正确切换成套设备远方就地状态，扣 5 分；未正确完成题目要求测试量或未正确记录主站收到遥测值一项扣 5 分		
5	故障录波与召测功能调试	（1）笔记本连接成套设备查看故障录波波形； （2）通过笔记本电脑导出成套设备故障波形文件	15	未正确查看查阅故障波形扣 10 分； 未导出正确故障波形并保存，扣 5 分		
6	填写调试报告	根据测试内容填写调试报告	10	调试报告填写不完整，每项扣 3 分； 调试报告填写错误，每项扣 1 分，扣完为止		

续表

三	工作结束		10			
7	安全生产及现场恢复	（1）考试过程中遵守安全工作规程，未发生危及人身或损坏设备、仪表的操作； （2）清理工作现场，检查并恢复设备状态	10	未清理现场扣 5 分；未检查并恢复设备状态扣 5 分		

模块二　站所终端运维技术

【模块描述】

本节介绍站所终端的基础知识、组成和应用场景，介绍了站所终端的日常巡视检查、调试的方法、步骤及相关作业危险点分析及标准化作业。

【学习目标】

掌握站所终端基础知识、基本原理，熟悉站所终端基本结构。能够完成站所终端的日常巡视检查及调试等基本技能。

【正文】

一、站所终端基础知识

站所终端是安装在配电网开关站、配电室、环网柜、箱式变电站等处的配电终端，完成数据采集、远程控制、故障就地动作、线损测量、通信等功能，同时具备接收当地一次设备状态监测数据并分析处理能力。

站所终端按照布置方式可分为集中式站所终端和分散式站所终端。

集中式站所终端是指站所内若干个间隔保护测控及备自投功能集成在一个终端内，通过二次电缆同各间隔连接，通过内部通信模块完成主站通信，相互配合，共同完成各项功能。

分散式站所终端是指终端由若干个间隔单元和公共单元组成，间隔单元和公共单元通过总线连接，相互配合，共同完成功能。

二、站所终端组成

1. 集中式站所终端

集中式 DTU 配置方案即全站各间隔保护及测控功能一体化集中于 DTU 装置中，支持多个间隔采样和信号的同时接入。集中式 DTU 功能模块实时监测线路电压、线路电流、零序电流、设备状态等运行及故障信息，完成遥信、遥测、遥控功能，将相关的逻辑功能集束在 DTU 核心单元，采用一体化设置，具备软压板远方投退和保护定值远方修改等功能，实现配电网自动化的实时监控。其保护功能实现线路故障就地检测、切除功能。集中式 DTU

组网如图 2-2-1 所示。集中式站所终端构造如图 2-2-2 所示，主要包括核心单元、电源模块、矩形连接器等。

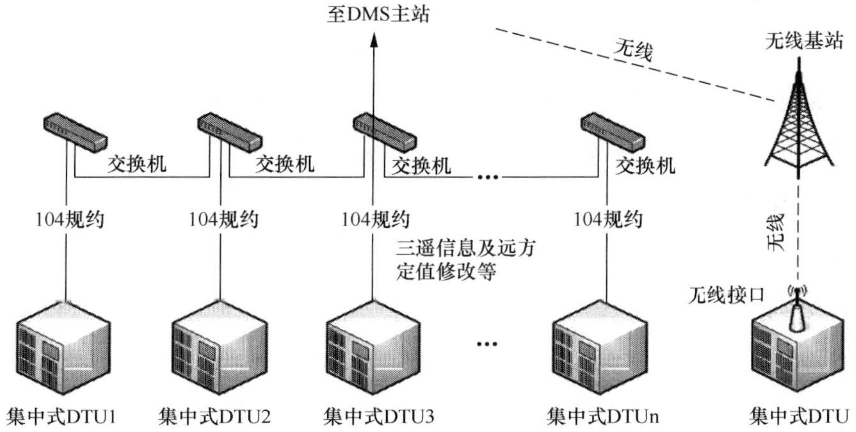

图 2-2-1 集中式 DTU 组网

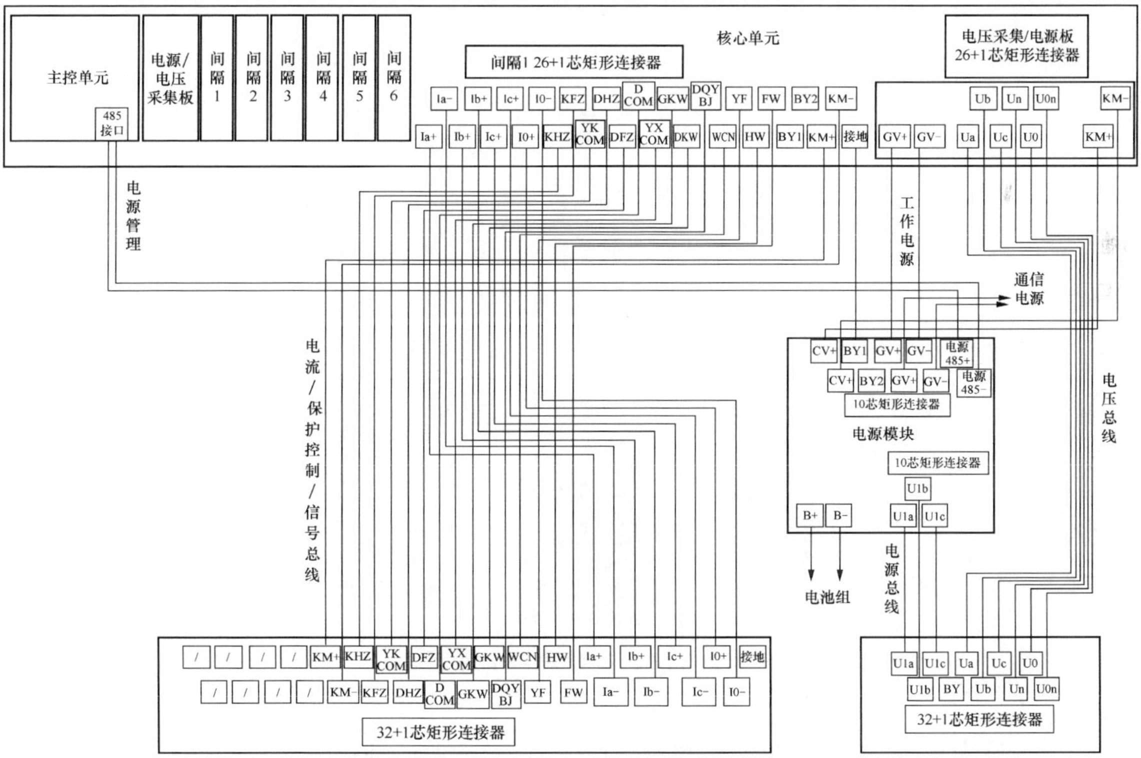

图 2-2-2 集中式站所终端构造

（1）核心单元具备数据采集、远程控制、故障就地动作，线损测量、通信等功能，同时具备接收当地一次设备状态监测数据并分析处理能力。

（2）电源模块包括电源管理功能、交流空气开关控制、直流空气开关控制、三孔交流插座 AC220V 输出、状态指示、电池投退寿命监测的功能；三相输入，任意掉一相电源均能够正常工作；三相全部失电后，无缝切换至后备电源，后备电源放电至低压告警阈值，上报低压告警信号，若继续放电至欠压切除阈值，电源自动切除对外输出。在后备电源切除前，电源模块应保证设备可一直正常工作。

（3）矩形连接器是一种多接触对低频连接器。横断面成矩形，有利于接触对的高密度排列。主要用于终端采集、处理，实现电流、电压量的遥测、配置终端采集、处理、状态量。

2. 分散式站所终端

分散式站所终端包括 DTU 公共单元（CDTU）与 DTU 间隔单元（SDTU）。其中，DTU 公共单元负责汇集各个间隔遥测数据、录波数据、运行状态等相关信息，并通过 ONU 等通信模块远传至主站。DTU 间隔单元负责根据配电网自动化的最新发展需求，汲取计算机技术、数字信号处理技术、电网故障检测技术研究的新成果研制的新型馈线终端单元设备。完成间隔就地测控、保护、计量等终端功能，并将信息通过 DTU 公共单元转发至主站。分散式 DTU 组网如图 2-2-3 所示。

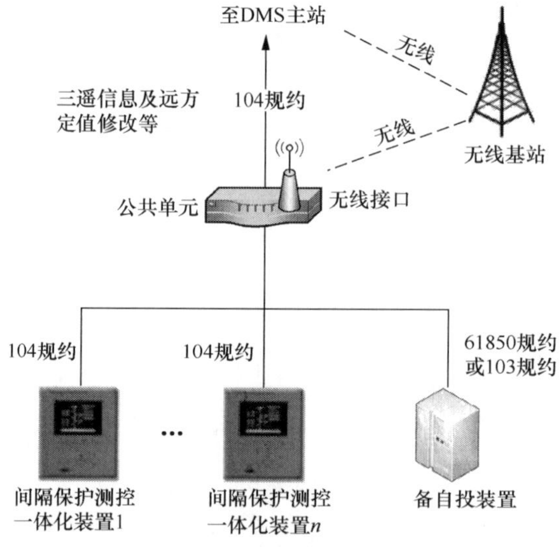

图 2-2-3　分散式 DTU 组网

分散式站所终端适用于 10kV 馈线监测和控制。它除具有遥信、遥测及遥控功能外，还具有故障信号（相间短路、单相接地等）捕捉能力，结合一次开关（断路器、负荷开关、重合器等），并与配电小区主站（或配电主站）组网配合，可以完成 10kV 馈线的故障诊断、故障区段隔离、网络重构和非故障区段的正常供电。

分散式站所终端构造如图 2-2-4 所示，主要包括间隔单元、公共单元等。

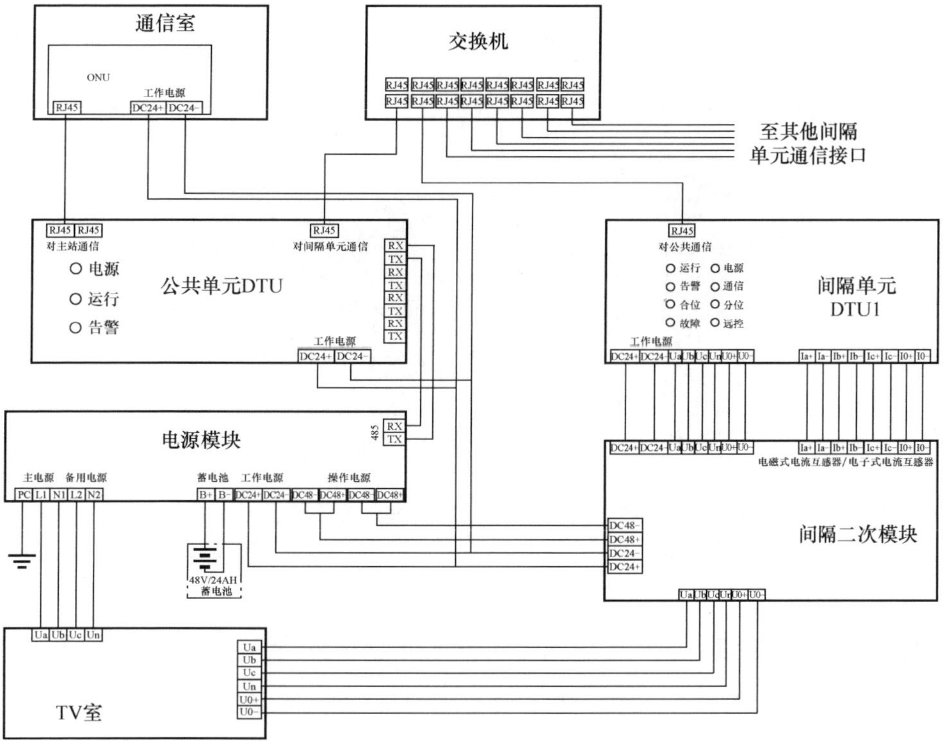

图 2-2-4 分散式站所终端构造

（1）公共单元是分散式站所终端的组成部分，其安装在公共单元柜内，完成远动、信息汇聚等功能。公共单元柜主要由以下几部分组成，包括：光纤通信箱、公共单元、电源管理模块、后备电源、交换机、端子排。公共单元功能具备 IEC 103、IEC 61850 规约等多种通信协议转换功能，支持无线公网和光纤专网通信模式。通过以太网络方式，优先采用 IEC 104 规约与各间隔装置通信，采集汇总各间隔信息。采用 IEC 104 规约与 DMS 主站通信，支持远方修改定值功能。

（2）间隔单元是分散式站所终端组成部分，其独立安装各间隔开关柜内，完成间隔就地测控等终端功能。具备自诊断、自恢复功能，对各功能板件、重要芯片等可以进行自诊断，异常时能上送报警信息，软件异常时能自动复位；具备历史数据循环存储功能，电源失电后保存数据不丢失；在间隔单元初次接入公共单元时，可自动完成信息的注册；在间隔单元上送信息变更时，可主动告知公共单元相关信息接口，实现间隔单元即插即用。

三、站所终端在配电网的应用

新建及改造 10kV 配电站房二次设备均应通过应用站所终端来实现具备软压板远方投退、

保护定值远方修改、配电自动化“三遥”等功能。

1. 10kV 开关站、环网室和配电室

采用分散式 DTU 配置方案，即按间隔独立配置保护测控一体化装置，通过公共单元实现各间隔信息的汇总并上送 DMS 主站。集中式 DTU 配置方案应用场景图如图 2-2-5 所示。

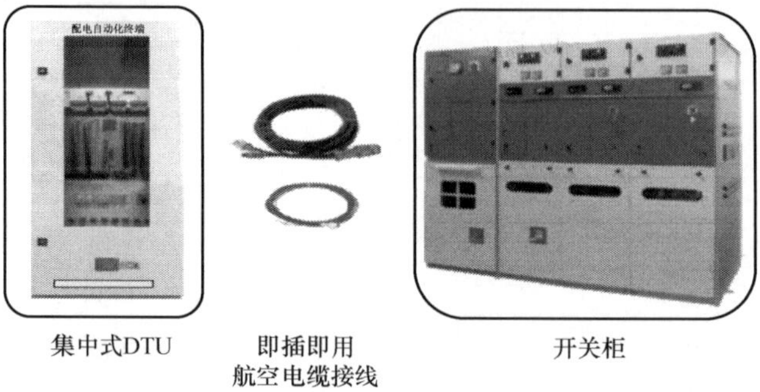

图 2-2-5 集中式 DTU 配置方案应用场景图

2. 10kV 环网箱

采用集中式 DTU 配置方案，即各间隔保护及测控功能一体化集中于 DTU 装置中，同时实现各间隔信息的汇总并上送 DMS 主站。分散式 DTU 配置方案应用场景图如图 2-2-6 所示。

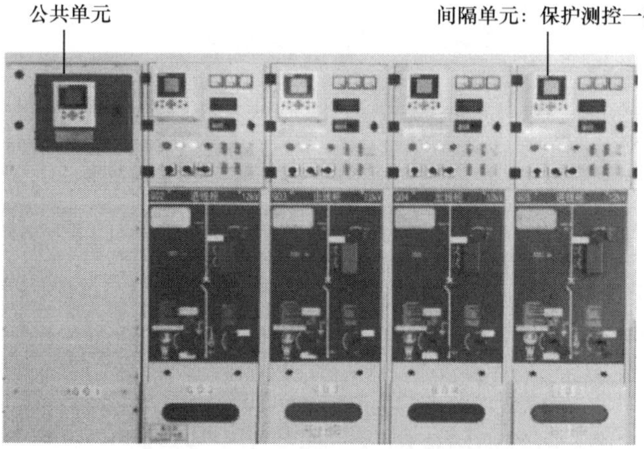

图 2-2-6 分散式 DTU 配置方案应用场景图

四、站所终端巡视

1. 例行巡视内容

站所终端巡视主要是指对配电自动化终端的外观、终端柜、终端指示灯、设备双重名称、终端标签、终端接线、终端电源和终端面板等常规性巡查，巡视项目按照现场运行通用规程和专用规程执行，站所终端巡视内容表见表 2-2-1。

表 2-2-1　　站所终端巡视内容表

序号	巡视部位	巡视内容及要求
1	检查终端外观	外观清洁，无污痕
		柜门、门锁是否平整、完好
		终端柜构架无锈蚀、变形、裂纹、损坏
2	检查终端柜	进出线孔洞封堵严密
		柜顶及柜内无存放杂物
3	检查终端指示灯	检查终端的各指示灯状态是否与现场运行状态一致
4	检查终端双重名称	检查终端上的各开关编号和名称是否与现场一致
5	检查终端标签	检查终端上各标签是否字迹模糊、脱落
6	检查终端接线	导线、扎线、扁缆是否排列整齐
		各接线是否紧固，有无松动情况
		各接线绝缘外层是否破损、断线
7	检查终端电源	电源空气开关是否合闸
		用万用表测交流工作电源是否正常
		蓄电池外观是否倾斜变形，表面清洁，无鼓胀漏液
		蓄电池电源线接头无锈蚀、无断线
		蓄电池数量是否完整
		用万用表测量蓄电池电压是否符合要求，一般为 DC24V 或 DC48V
8	检查终端面板	终端控制方式是否正确
		压板投退位置是否正确
9	检查蓄电池	蓄电池数量完整，无倾斜变形，表面清洁，无鼓胀爬酸，附件齐全良好
		蓄电池连接线无锈蚀、无断线
		蓄电池各连接部位接触良好，无松动、腐蚀现象

2. 危险点分析

本工作任务为站所终端的全面巡视，主要危险点及防范措施见表 2-2-2。

表 2-2-2　　站所终端巡视作业危险点分析表

序号	危险点	控制措施
1	巡视时误碰触带电设备导致触电	（1）严禁不符合巡视人员要求者进行巡视； （2）严禁人员身体状况不适时进行巡视； （3）巡视时应与带电设备保持足够的安全距离（10kV 应大于 0.7m）； （4）严禁误碰、误动、误登非配电自动化运行设备； （5）巡视检查时，严禁进行电气工作； （6）不得擅自打开设备网门，不得擅自改变安全措施

续表

序号	危险点	控制措施
2	测量时造成人身伤害	（1）测量工作至少应有两人进行，一人操作、一人监护，工作中对带电设备应保证有可靠安全距离，工作时且必须有足够的照明； （2）测量人员应了解测试仪表性能，测试方法及正确接线，熟悉测量的安全措施； （3）测量工作只允许在 0.4kV 及以下设备上进行
3	未按规定程序处理故障造成人身伤害	（1）严禁不戴安全帽、不按规定着装，以免在突发事件时失去保护； （2）发现设备缺陷及异常时，及时汇报，采取相应措施，不得擅自处理
4	特殊情况或天气造成人身伤害	（1）巡视时应小心谨慎，不得造成人员碰伤、摔伤、踩空； （2）巡视时若光线不足，应及时开启设备区照明或照明工具； （3）在 5 级及以上大风及大雨、大雾、雷电等恶劣天气情况下一般不进行巡视工作，正在进行中的巡视应暂停
5	室内（或通道）无照明或照明亮度不足、电缆盖板未盖好、在不平整的通道滑、摔倒、室内空气不流通、高温中暑、交通事故造成人身伤害	（1）巡视时经过较滑的、不平整的通道时应慢行，带好亮度合格、且电量充足的照明器具； （2）高温时巡视应带好防暑降温用品； （3）巡视时经过交通道路应遵守交通规则
6	小动物进入配电站房导致设备损坏	（1）进出配电站房应随手关门； （2）不得随意移除门栏挡板

3．标准化作业卡编制

标准化作业卡见表 2-2-3。

表 2-2-3　　标准化作业卡

序号	巡视部位	巡视内容及要求	执行完打√或描述异常
1	终端外观	外观清洁，无污痕	
		柜门、门锁是否平整、完好	
		终端柜构架无锈蚀、变形、裂纹、损坏	
2	终端柜	进出线孔洞封堵严密	
		柜顶及柜内无存放杂物	
3	终端指示灯	检查终端的各指示灯状态是否与现场运行状态一致	
4	终端双重名称	检查终端上的各开关编号和名称是否与现场一致	
5	终端标签	检查终端上各标签是否字迹模糊、脱落	
6	终端接线	导线、扎线、扁缆是否排列整齐	
		各接线是否紧固，有无松动情况	
		各接线绝缘外层是否破损、断线	
7	终端电源	电源空气开关是否合闸	
		用万用表测交流工作电源是否正常	

续表

序号	巡视部位	巡视内容及要求	执行完打√或描述异常
7	终端电源	蓄电池外观是否倾斜变形，表面清洁，无鼓胀漏液	
		蓄电池电源线接头无锈蚀、无断线	
		蓄电池数量是否完整	
		用万用表测量蓄电池电压是否符合要求，一般为DC24V或DC48V	
8	检查终端面板	终端控制方式是否正确	
		压板投退位置是否正确	
9	检查蓄电池	蓄电池数量完整，无倾斜变形，表面清洁，无鼓胀爬酸，附件齐全良好	
		蓄电池连接线无锈蚀、无断线	
		蓄电池各连接部位接触良好，无松动、腐蚀现象	

4. 巡视工具准备

巡视工具的准备应根据巡视作业现场实际情况合理配置所需的工器具。例如雨天巡视就需准备雨衣、绝缘靴。巡视作业工作巡视工具准备见表2-2-4。

表2-2-4　　巡视工具准备表

如已准备，打√	序号	名称	单位	备注
	1	安全帽	顶	检查安全帽是否有破损，是否超出质保期
	2	绝缘鞋（绝缘靴）	双	根据现场情况选择
	3	万用表/钳表	台	检查是否有电
	4	手电筒	把	检查是否有电
	5	终端钥匙	套	
	6	纱手套	双	
	7	设备说明书/图纸	/	
	8	验电笔	把	低压验电前应先在低压有电部位上试验，以验证测电笔良好
	9	气体检测仪	套	密闭空间巡视需要

5. 现场巡视

（1）检查终端外观。

1）巡视部位图。用电笔对设备外壳验电并对站所终端前后柜进行外观检查，配电终端外观如图2-2-7所示。

2）检查方法。外观清洁，无污痕；柜门、门锁是否平整、完好；终端柜构架无锈蚀、变形、裂纹、损坏；检查配电终端是否具有独立的保护接地端子，并与外壳牢固连接，接地螺栓的直径不应小于 6mm。

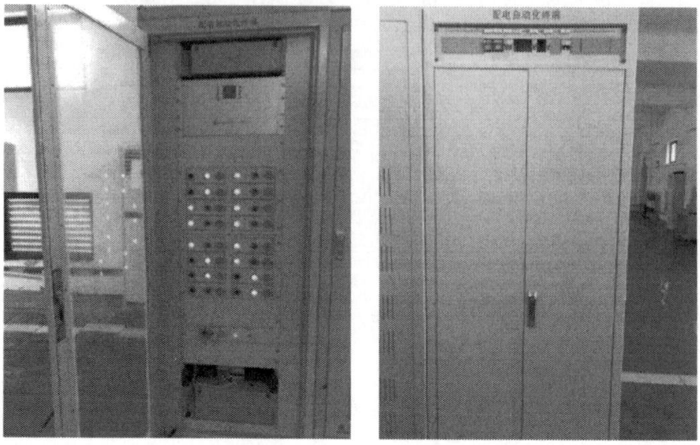

图 2-2-7 配电终端外观

（2）检查终端柜。

1）巡视部位图。打开柜门，检查终端柜、终端指示灯、终端双重名称、终端标签等部位，终端柜内图如图 2-2-8 所示。

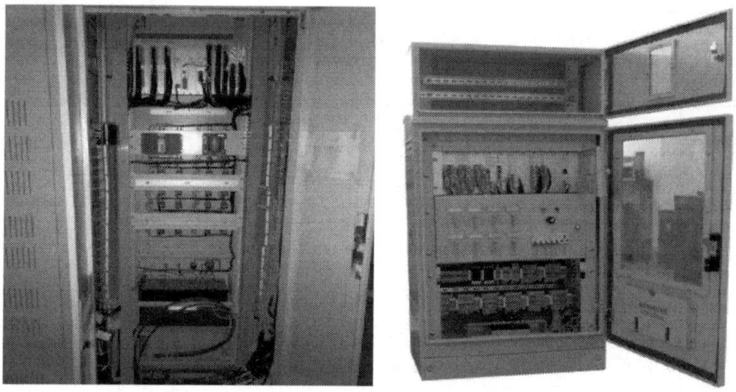

图 2-2-8 终端柜内图

2）检查方法。检查进出线孔洞封堵严密、柜顶及柜内无存放杂物，终端上的各指示灯状态与现场运行状态一致，终端上的各开关编号和名称与现场一致，终端上各标签无字迹模糊、脱落。各开关控制方式是否为“远方”遥控方式，压板投、退位置是否正确。

（3）检查终端接线。

1）巡视部位图。检查终端接线、插头、端子，接线、端子实物图如图 2-2-9 所示。

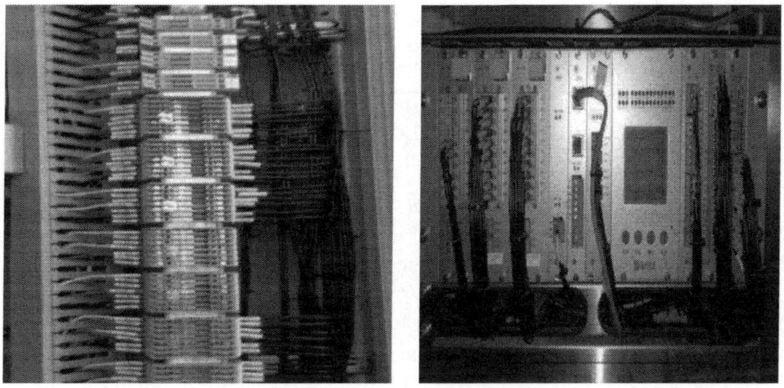

图 2-2-9 接线、端子实物图

2）检查方法。检查导线、扎线、扁缆是否排列整齐；与通信设备的接口线是否排列整齐；各接线绝缘外层是否破损，是否断线；各电路单元的连接插头、插座是否牢固；各单元接线是否紧固，有无松动情况；二次端子绝缘有无老化，螺丝有无松动、锈蚀现象。

（4）终端电源检查。

1）巡视部位图。检查终端电源、蓄电池实物如图 2-2-10 所示。

图 2-2-10 终端电源、蓄电池实物

2）检查方法。检查各电源空气开关是否合上，有无发热、过载；电源输入是否正常，输出能否提供正常运行电压；蓄电池数量完整，无倾斜变形，表面清洁，无鼓胀爬酸，附件齐全良好；蓄电池连接线无锈蚀、无断线；蓄电池各连接部位接触良好，无松动、腐蚀现象。

6. 站所终端巡视作业考核要求

选择站所终端开展巡视作业。按照危险点分析、标准化作业卡编制、巡视工具准备、现场巡视和巡视检查记录五个步骤完成站所终端的巡视作业。站所终端巡视作业考核评分表见表 2-2-5。

表 2-2-5　　站所终端巡视作业考核评分表

<table>
<tr><td colspan="2">部门</td><td></td><td>姓名</td><td></td><td>岗位名称</td><td colspan="2"></td></tr>
<tr><td colspan="2">开始时间</td><td colspan="2"></td><td colspan="2">结束时间</td><td colspan="2"></td></tr>
<tr><td colspan="2">考核时限</td><td colspan="2">60min</td><td colspan="2">考核方式</td><td colspan="2">技能笔试</td></tr>
<tr><td>说明</td><td colspan="7">1.本项目为单人操作项目，采取笔试或应用仿真培训系统，根据由主接线图、现场图片或视频材料等模拟的生产作业场景，完成危险点分析、编制任务派工单、设备巡视作业。
2.考核时间结束，立即停止工作，结束前 5min 时提醒一次。
3.满分 100 分，全部项目扣分扣完本项得分为止。
4.场景描述：工作地点为 10kV××西路环网柜。在城区或人口密集区地段。
5.工作任务：10kV××西路环网柜站所终端设备巡视工作</td></tr>
<tr><td>序号</td><td>作业名称</td><td colspan="2">质量要求</td><td>分值</td><td>扣分标准</td><td>扣分原因</td><td>扣分</td></tr>
<tr><td>1</td><td colspan="3">安全文明生产</td><td>10</td><td></td><td></td><td></td></tr>
<tr><td rowspan="2">1.1</td><td rowspan="2">工作前的准备</td><td colspan="2" rowspan="2">正确佩戴安全帽、安全带，着装符合电气作业规定要求</td><td rowspan="2">1</td><td>未正确佩戴安全帽、安全带，扣 0.5 分</td><td rowspan="2"></td><td rowspan="2"></td></tr>
<tr><td>着装未符合电气作业规定，扣 0.5 分</td></tr>
<tr><td rowspan="2">1.2</td><td rowspan="2">工作票、作业卡等齐备</td><td colspan="2" rowspan="2">检查工作票、作业卡等是否已准备齐全（直接向考评员口头汇报）</td><td rowspan="2">2</td><td>未口述提出办理工作票、作业卡，扣 1 分</td><td rowspan="2"></td><td rowspan="2"></td></tr>
<tr><td>未口述与运行人员许可扣 1 分</td></tr>
<tr><td rowspan="3">1.3</td><td rowspan="3">班前会</td><td colspan="2" rowspan="3">简明扼要、语言清晰、流畅地交代工作内容、安全措施、危险点预控及注意事项，并做好记录（直接向考评员口头汇报，征得许可后开始工作）</td><td rowspan="3">5</td><td>未交代工作内容、安全措施或语言混淆、不清晰、有严重错误，每项扣 1 分</td><td rowspan="3"></td><td rowspan="3"></td></tr>
<tr><td>未分析本次作业的危险源，扣 2 分；分析不全，每项扣 1 分</td></tr>
<tr><td>未征得考评员许可后开始工作，扣 0.5 分</td></tr>
<tr><td>1.4</td><td>班后会</td><td colspan="2">进行本次作业的安全总结（直接向考评员口头汇报，征得同意后结束工作）</td><td>2</td><td>未进行本次作业的安全总结，未办理工作票结束，扣 1 分</td><td></td><td></td></tr>
<tr><td>2</td><td colspan="3">配电自动化终端巡视</td><td>80</td><td></td><td></td><td></td></tr>
<tr><td>2.1</td><td>检查终端接线</td><td colspan="2">（1）导线、扎线、扁缆是否排列整齐；
（2）与通信设备的接口线是否排列整齐；
（3）各接线绝缘外层是否破损，是否断线</td><td>20</td><td>检查错漏项，一项扣 5 分</td><td></td><td></td></tr>
<tr><td>2.2</td><td>检查终端插头、端子</td><td colspan="2">（1）各电路单元的连接插头、插座是否牢固；
（2）各接线是否紧固，有无松动情况；
（3）二次端子绝缘有无老化，螺丝有无松动、锈蚀现象</td><td>20</td><td>检查错漏项，一项扣 5 分</td><td></td><td></td></tr>
<tr><td>2.3</td><td>检查终端电源</td><td colspan="2">（1）各电源空气开关是否合上，有无发热、过载；
（2）电源输入是否正常，输出能否提供正常运行电压</td><td>15</td><td>检查错漏项，一项扣 5 分</td><td></td><td></td></tr>
</table>

续表

序号	作业名称	质量要求	分值	扣分标准	扣分原因	扣分
2.4	检查蓄电池	（1）蓄电池数量完整，无倾斜变形，表面清洁，无鼓胀爬酸，附件齐全良好； （2）蓄电池连接线无锈蚀、无断线； （3）蓄电池各连接部位接触良好，无松动、腐蚀现象	15	检查错漏项，一项扣 5 分		
2.5	检查终端面板	（1）各开关控制方式是否为“远方”遥控方式； （2）压板投、退位置是否正确	10	检查错漏项，一项扣 2 分		
3	巡视结果记录		10			二
3.1	巡视完成	完整登记巡视情况	10	填写不完整一项扣 1 分		
考试开始时间			考试结束时间		合计	
考试成绩			考评员		考评组长	

五、站所终端调试

1. 调试内容

站所终端调试主要包括设备基本信息核对、公共单元检查、二次回路检查及对时功能测试、三遥基本功能调试、远方定值下载与召测功能调试、继电保护定值校验、整组传动试验、继电保护逻辑检查、故障录波与召测功能调试、电能量采集与收发功能调试、故障事件报文上传和存储功能调试等内容。站所终端调试内容表（调试报告）见表 2-2-6。

表 2-2-6　站所终端调试内容表（调试报告）

1.设备基本信息			
站点名称		设备型号	
开关编号		通信方式	4G【 】　光纤【 】5G【 】
IP 地址		设备厂家	
相 TV 变比		零序 TV 变比	
相 TA 变比		零序 TA 变比	
设备类型	□成套设备　□分散式 DTU □集中式 DTU　□单体保护	备用电源	□蓄电池　□超级电容
软件版本		装置/操作电源	DC24V/DC24V
公共单元 IP		分散式 DTU 选填	
2.公共单元检查（满足填“√”）分散式 DTU 选填			
公共单元配置地址与主站一致			

续表

3.二次回路检查及对时功能测试（满足填“√”）	
3.1 终端授时功能正常，采用网络对时。测试方法为修改时间后，经一定延迟可自动恢复成正确时间	
3.2 有独立的操作模块/操作板，电流及电压端子采用试验端子	
3.3 指示灯检查正常，面板指示灯名称和功能与文件完全一致	
3.4 硬压板检查正常，压板标签命名与文件相符，连接片安装符合反措要求	
3.5 装置工作电源与操作电源独立分开，具备独立的电源空气开关、操作空气开关	
3.6 分散式 DTU 间隔装置尺寸为 160mm×220mm（高×宽），集中式 DTU 不填	
4.三遥基本功能调试	
4.1 遥测精度调试（无该遥测项填“/”）	

遥测项	现场模拟值	设备显示值	主站显示值	遥测项	现场模拟值	设备显示值	主站显示值
相电压 U_a	20%U_n			相电压 U_b	20%U_n		
	100%U_n				100%U_n		
相电压 U_c	20%U_n			零序电压 U_0	20%U_0		
	100%U_n				100%U_0		
A 相电流 I_a	20%I_n			B 相电流 I_b	20%I_n		
	100%I_n				100%I_n		
C 相电流 I_c	20%I_n		/	零序电流 I_0	20%I_0		
	100%I_n		/		100%I_0		
频率 f	50Hz			电池电压	100%DCU		
功率因数				——	——	——	——
有功功率 P（UI 夹角=0°）	$U=U_n$ $I=I_n$			无功功率 Q(UI 夹角=90°）	$U=U_n$ $I=I_n$		

4.2 开关遥控操作、软压板遥控

实验内容	主站遥控，动作填√，不动作填×	
	远方就地把手置远方	远方就地把手置就地
开关遥控合		
开关遥控分		
遥控合闸出口软压板投退		
遥控分闸出口软压板投退		

续表

保护跳闸出口软压板投退		
重合闸出口软压板投退		
遥控保护总功能软压板投退		

4.3 软硬压板逻辑检验（满足填“√”）

4.3.1 解除保护功能总投软压板，保护功能退出	
4.3.2 解除保护跳闸出口软压板，保护动作但闭锁出口	
4.3.3 解除重合闸出口软压板，重合闸动作但闭锁出口	
4.3.4 解除遥控合闸/分闸出口软压板，遥控开关，开关不动作	

4.4 遥信正确性检验（满足填“√”）

遥信名称	主站端变位情况	遥信名称	主站端变位情况
就地位置		零序Ⅰ段保护动作	
交流失电		零序Ⅱ段保护动作	
电池欠压		零序后加速动作	
低气压闭锁		重合闸动作	
开关合位		过电流加速段动作	
开关分位		过电压保护动作	
操动机构储能状态		高频保护动作	
过电流Ⅰ段告警		低频保护动作	
过电流Ⅱ段告警		保护功能总投入软压板	
过负荷告警		保护跳闸出口软压板	
零序Ⅰ段告警		重合闸出口软压板	
零序Ⅱ段告警		遥控分闸出口软压板	
小电流接地告警		遥控合闸出口软压板	
过电流Ⅰ段保护动作		相邻间隔直流消失	
过电流Ⅱ段保护动作			

5.远方定值下载与召测功能调试（满足填“√”）

调试项目	检查结果
5.1 定值从1区开始，可召唤定值区号默认召唤定值区1	

续表

5.2 下装定值时采用全量定值下装的功能。终端应具备各间隔定值独立校验功能，终端仅支持主站同一时刻修改单一间隔定值（禁止同时修改多间隔定值），并返回定值整定异常的告警信号	全量定值下装功能正常（ ） 定值整定异常告警信号（ ）
5.3 使用改定值方式实现软压板的召唤、远方投退	

6.继电保护定值校验（无该项填"/"，满足填"√"）

实验内容	项目	动作情况正确	动作延迟不超过20ms	复压闭锁功能检查	反方向闭锁功能检查
过电流Ⅰ段保护动作	$I=0.95I_{zd}$				
	$I=1.05I_{zd}$				
过电流Ⅱ段保护动作	$I=0.95I_{zd}$				
	$I=1.05I_{zd}$				
过电流加速段	$I=0.95I_{zd}$			——	——
	$I=1.05I_{zd}$			——	——
零序Ⅰ段保护动作	$I=0.95I_{zd}$				
	$I=1.05I_{zd}$				
零序Ⅱ段保护动作	$I=0.95I_{zd}$				
	$I=1.05I_{zd}$				
零序过电流加速动作	$I=0.95I_{zd}$			——	——
	$I=1.05I_{zd}$			——	——
过电压保护动作	$U=0.95U_{zd}$			——	——
	$U=1.05U_{zd}$			——	——
高频保护动作	$m=0.95$			——	——
	$m=1.05$			——	——
低频保护动作	$m=0.95$			——	——
	$m=1.05$			——	——
重合闸动作	/			——	——

7.整组传动试验（无该项填"/"，项目满足填"√"）

故障类型	现场信号指示	动作情况	DMS 主站信号	检查结论
瞬时故障				□合格 □不合格
永久故障				□合格 □不合格

续表

8.继电保护逻辑检查（无该项填“/”，满足填“√”）

检查项目	检查结果
过负荷告警	
小电流接地告警（包括信号上送正常）	
重合闸检无压	
重合闸检同期	

9.故障录波与召测功能调试（满足填“√”）

实验内容	是否满足	实验内容	是否满足
设备生成录波文件		主站召测录波文件	

10.电能量采集与收发功能调试（无该遥测项填“/”）

项目	现场模拟值	主站值	项目	现场模拟值	主站值
正向有功电能			正向无功电能		
反向有功电能			反向无功电能		

11.故障事件报文上传和存储功能调试（满足填“√”）

实验内容	是否满足	实验内容	是否满足
故障事件生成		主站召测故障事件	

注 遥控检验应连续操作3次成功才算合格；无线通信要求遥信状态量传输时间小于60s；未开展该项调填“/”；4～11调试项目需按开关数量重复开展。

2. 危险点分析

本工作任务为站所终端的调试，该工作任务的主要危险点及防范措施见站所终端调试作业危险点分析表，见表2-2-7。

表2-2-7　　站所终端调试作业危险点分析表

序号	危险点	控制措施
1	防触电	（1）有可能接近带电体安全距离以内时，应设专人监护。 （2）使用带绝缘工具。使用具有漏电及过电流保护功能的电源插座。 （3）工作前核查工作地点附近带电部位，工作中注意与带电设备保持安全距离（10kV应大于0.7m）。 （4）在带电的电压互感器二次回路上工作，应采取措施防止电压互感器二次侧短路或接地。 （5）在带电的电流互感器二次回路上工作，应采取措施防止电流互感器二次侧开路。短路电流互感器二次绕组，应使用短路片或短路线，禁止用导线缠绕。 （6）二次回路通电或耐压试验前，应通知运维人员和其他有关人员，并派专人到现场看守，检查二次回路及一次设备上确无人工作后，方可加压

续表

序号	危险点	控制措施
2	电缆沟内毒气伤人	（1）进入电缆井应排除浊气后，再用气体检测仪检查井内的易燃、易爆及有毒气体的含量是否超标，并做好记录方可进入。 （2）电缆沟盖板开启后，应自然通风一段时间后方可下井
3	搬运设备、电缆敷设操作不规范伤人	（1）搬运工作应由有经验的专人负责。 （2）搬运的过道应平坦畅通，夜间搬运，应有足够的照明。 （3）翻电缆沟盖板时，防止盖板滑落压伤手脚；铺设电缆时，防止人员跌落电缆沟；在进入电缆沟前要检查电缆沟内是否安全；在破控制电缆外皮时，要戴手套和使用合格的工器具。 （4）控制电缆头制作应由有经验的人负责，工艺应规范，使用合格的安全工器具并做好安全防护措施
4	路边施工发生交通意外	城区、人口密集区或交通道口和通行道路上施工时，工作场所周围应装设遮拦（围栏），并在相应部位装设警告标示牌。必要时，派人看管
5	电力监控信息系统安全	（1）应填写电力监控工作票，使用专用调试计算机。 （2）专用调试设备要做好设备加固管理，关闭不必要的网络服务及端口，消除不必要软件、用户和程序不良行为。使用前均需对加固情况进行检查和验证，确认安全后方可接入电力监控系统网络

3. 标准化作业卡编制

标准化作业卡主要包括工作准备、工作开始、工作过程、工作结束四个阶段，站所终端调试作业标准化作业卡见表 2-2-8。

表 2-2-8 站所终端调试作业标准化作业卡

序号	检查项目		已正确执行的打“√”
1	工作准备	检查工作票所列安全措施是否正确完备，票种使用正确，工作内容与日计划是否相符	
2		核对现场勘查情况，检查作业现场情况与原勘查情况是否存在变化，有变化时应及时修正、完善安全措施	
3		按规定办理工作许可手续，未经许可（包括在客户侧工作时，未获客户许可）不得开始工作	
4		工作负责人向全体工作班成员交代工作任务和内容、工作地段和地点、现场保留的带电设备和部位、现场危险点及安全措施等，全体工作班成员在工作票上亲自签名确认	
5		交代人员分工，确认工作人员对工作任务、安全措施清楚明白	
6		对有触电危险、检修复杂、容易发生事故的工作是否设置专责监护人	
7		检查工作范围内设备有无双重名称，或名称及编号不唯一、不正确、不清晰的情况	
8		检查视频监控设备是否运行正常、拍摄角度是否正对现场作业内容	
9		检查现场安全工器具是否合格，自制施工工器具是否检测试验合格	
10	工作开始	路边作业装设围栏、遮拦及警示标志。作业人员不得擅自穿、跨越安全围栏、安全警戒线	
11		下达开工指令	
12		工作过程确认所有工作班成员安全措施已正确落实	

续表

序号	检查项目		已正确执行的打“√”
13	工作过程	设备基本信息核对	
14		公共单元检查	
15		二次回路检查及对时功能测试	
16		三遥基本功能调试	
17		远方定值下载与召测功能调试	
18		继电保护定值校验	
19		整组传动试验	
20		继电保护逻辑检查	
21		故障录波与召测功能调试	
22		电能量采集与收发功能调试	
23		故障事件报文上传和存储功能调试	
24	工作结束	工作结束，检查现场无遗留工具、材料；所有人员均汇报工作结束	
25		将设备恢复至工作许可状态	
26		所有工作人员撤离现场；办理工作终结手续	

4. 调试工具准备

调试工具的准备应根据现场实际情况合理配置所需的工器具。例如户外作业就需准备移动电源。调试工具准备表见表 2-2-9。

表 2-2-9 调试工具准备表

序号	名称	规格	数量	序号	名称	规格	数量
1	继电保护测试仪		1 套	8	设备说明书/图纸		若干
2	低压验电笔	0.4kV	1 支	9	调试计算机		1 台
3	钢丝钳		1 把	10	螺丝刀		2 把
4	斜口钳		1 把	11	照明工具		1 把
5	尖嘴钳		1 把	12	万用表		1 只
6	扳手		2 把	13	移动电源		1 台
7	剥线工具		1 把	14	气体检测仪		1 台

5. 现场调试

（1）设备基本信息核对。DTU 调试前应确认终端密钥已经中国电科院授权并导入主站加密服务器，配网异动图模已流转至调控中心自动化处，终端点表已提供，现场通信已贯通，

ORM 系统计划已审批，具备联调条件。电压互感器、零序实物如图 2-2-11 所示。

图 2-2-11　电压互感器、零序实物图

核对工作票中的设备名称是否与现场一致，并确认设备正常运行，应注意：DTU 间隔顺序应与单线图及主站点表相一致；检查设备外观、铭牌、备用电源、TA、TV、零序 TA、零序 TV 变比，并作调试报告记录。登录自动化终端，核对软件版本、三遥点表配置情况、保护定值等。此外，应检查公共单元配置地址与主站一致（分散式 DTU）。

（2）二次回路检查及对时功能测试。检查终端授时功能正常，采用网络对时。测试方法为修改时间后，经一定延迟可自动恢复成正确时间；有独立的操作模块/操作板，电流及电压端子采用试验端子；指示灯检查正常，面板指示灯名称和功能与文件完全一致；硬压板检查正常，压板标签命名与文件相符，连接片安装符合反措要求；装置工作电源与操作电源独立分开，具备独立的电源空气开关、操作空气开关。分散式 DTU 间隔装置尺寸为 160mm×220mm（高×宽）。终端二次回路实物如图 2-2-12 所示。

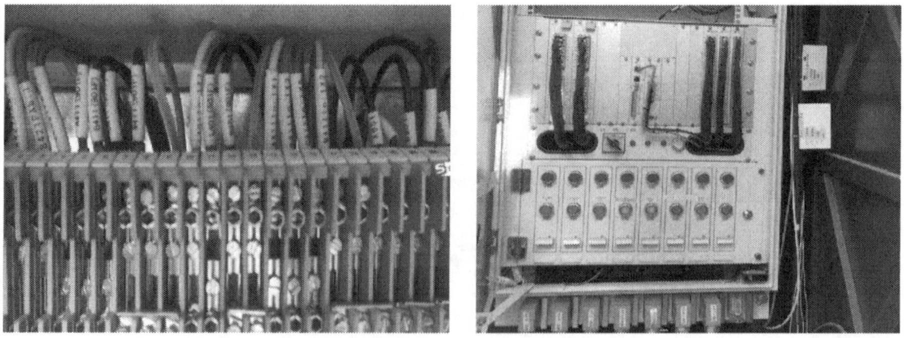

图 2-2-12　二次回路实物图

（3）三遥基本功能调试。

1）遥测精度调试。遥测通过交流模块实现交流模拟量数据采集及处理（TA 电流、TV 电压数据），处理结果通过通信模块向主站传送，实现电流、电压量的实时监测，达到实时监测馈线的运行工况，按线路分，每条线路采集、转化并处理的模拟量包括：电压 U_a、U_b、U_c；三相电流 I_a、I_b、I_c；零序电压 $3U_0$、零序电流 $3I_0$ 等，遥测原理图如图 2-2-13 所示。

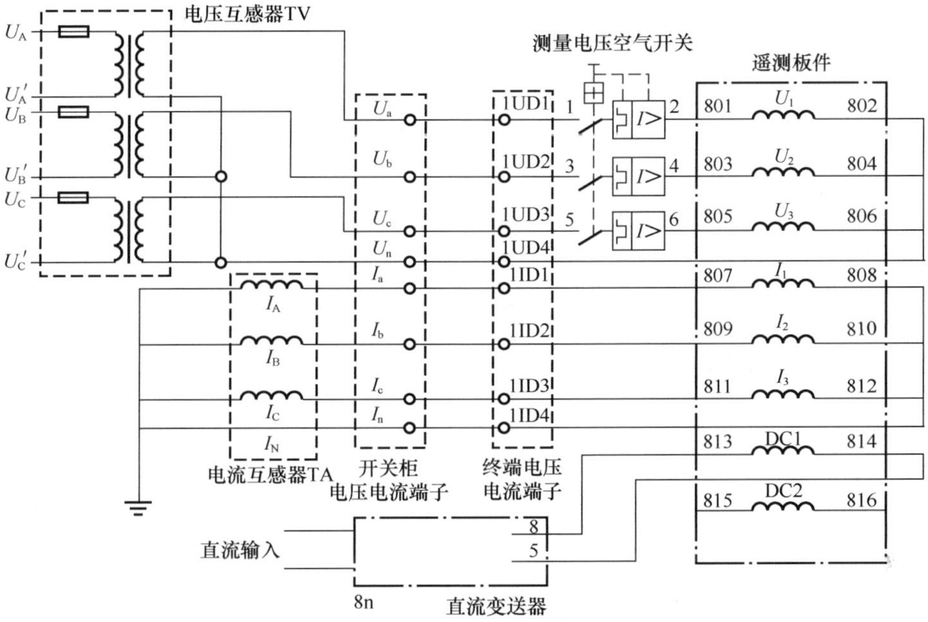

图 2-2-13　遥测原理图

调试目的：验证设备数据采集的准确性和及时性。

核对内容：在二次侧加电流/电压，输入值在额定值的 0.2、1 倍，核对各开关的电压电流值。应注意继电保护测试仪正确接线，严禁接线过程中出现 TV 回路短路或 TA 回路开路。仪器输出前应经第二人确认接线无误。遥测精度调试表见表 2-2-10。

合格标准：综合误差小于 0.5%。

表 2-2-10　　遥测精度调试表

遥测精度调试（无该遥测项填“/”）							
遥测项	现场模拟值	设备显示值	主站显示值	遥测项	现场模拟值	设备显示值	主站显示值
相电压 U_a	$20\%U_n$			相电压 U_b	$20\%U_n$		
	$100\%U_n$				$100\%U_n$		
相电压 U_c	$20\%U_n$			零序电压 U_0	$20\%U_0$		
	$100\%U_n$				$100\%U_0$		

续表

遥测项	现场模拟值	设备显示值	主站显示值	遥测项	现场模拟值	设备显示值	主站显示值
A 相电流 I_a	20%I_n			B 相电流 I_b	20%I_n		
	100%I_n				100%I_n		
C 相电流 I_c	20%I_n		/	零序电流 I_0	20%I_0		
	100%I_n		/		100%I_0		
频率 f	50Hz			电池电压	100%DCU		
功率因数 COSφ				——	——	——	——
有功功率 P（UI 夹角=0°）	U=U_n I=I_n			无功功率 Q（UI 夹角=90°）	U=U_n I=I_n		

2）开关遥控操作、软压板遥控以及软硬压板逻辑检验。通过遥控模块实现当地控制功能和远方控制功能。遥控模块接受并执行来自主站的遥控指令，主站一般通过遥控选择（反校正确）、遥控执行后完成开关的合、分闸操作以及软压板的投退。遥控操作流程简易图如图 2-2-14 所示，遥控操作原理图如图 2-2-15 所示。

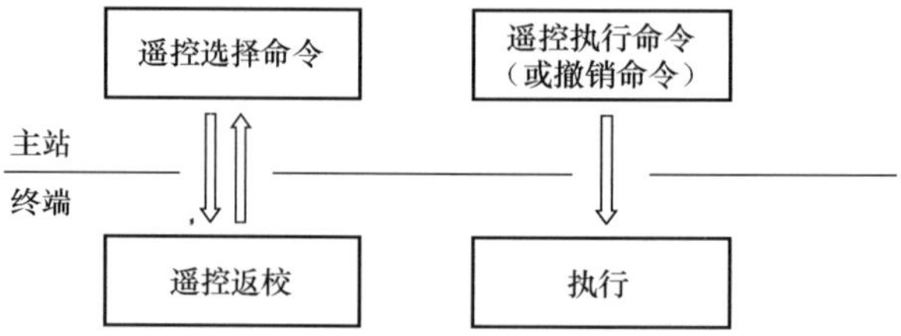

图 2-2-14 遥控操作简易图

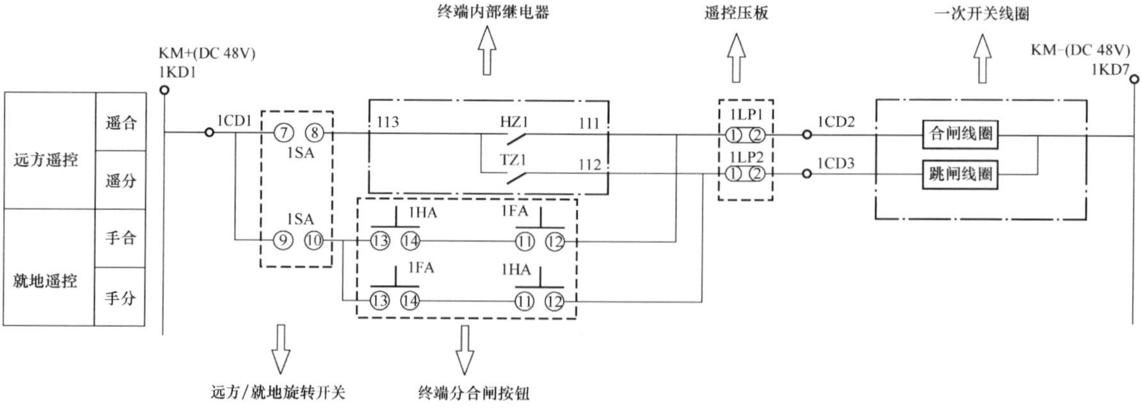

图 2-2-15 遥控操作原理图

调试目的：验证设备遥控操作的准确性和及时性以及软硬压板逻辑。

方法：主站在一次接线图上操作遥控开关和软压板，并核对开关变位情况和变位延时，现场观察设备动作情况，同时投退相应压板，检查压板逻辑情况。开关遥控操作、软压板遥控内容详见表 2-2-11 开关逻辑检验表。

合格标准：遥控分闸、遥控合闸执行正确，遥控命令选择、执行或撤销传输时间＜5s。且遥控操作及压板逻辑调试结果符合功能要求，遥控及压板相关逻辑正确动作图如图 2-2-16 所示。

表 2-2-11　　开关逻辑检验表

开关遥控操作、软压板遥控		
实验内容	主站遥控，动作填√，不动作填×	
	远方就地把手置远方	远方就地把手置就地
开关遥控合		
开关遥控分		
遥控合闸出口软压板投退		
遥控分闸出口软压板投退		
保护跳闸出口软压板投退		
重合闸出口软压板投退		
遥控保护总功能软压板投退		
软硬压板逻辑检验（满足填“√”）		
解除保护功能总投软压板，保护功能退出		
解除保护跳闸出口软压板，保护动作但闭锁出口		
解除重合闸出口软压板，重合闸动作但闭锁出口		
解除遥控合闸/分闸出口软压板，遥控开关，开关不动作		

远方/就地把手	控制分/合闸出口（软压板）	控制分/合闸出口（硬压板）	远方是否能遥控分/合闸	就地是否能分/合闸
远方	投入●	退出○	×	×
远方	投入●	投入●	√	×
远方	退出○	退出○	×	×
远方	退出○	投入●	×	×
就地	投入●	退出○	×	×
就地	投入●	投入●	×	√
就地	退出○	退出○	×	×
就地	退出○	投入●	×	√

保护跳闸/重合闸出口（软压板）	保护跳闸/重合闸出口（硬压板）	保护是否能出口动作
投入●	退出○	×
投入●	投入●	√
退出○	退出○	×
退出○	投入●	×

图 2-2-16　遥控及压板相关逻辑正确动作图

3）遥信正确性检验。遥信是一种状态量信息，反映的是断路器、隔离开关、接地刀闸等位置状态信息和过流、过负荷等各种保护信息。遥信一般通过将开关位置等触点串接入终端遥信回路的方式采集。遥信原理图如 2-2-17 所示。

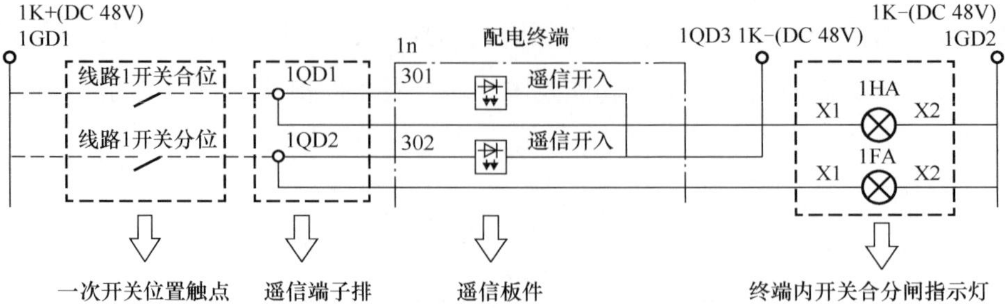

图 2-2-17　遥信原理图

调试目的：验证设备遥信状态的准确性和及时性。

核对内容：各开关的分合状态、交流失电信号、远方/就地、弹簧储能等，遥测正确性检验表见表 2-2-12。

合格标准：连续 2 次变位主站显示正确传送时间：光纤通信＜2s、无线通信＜30s。

表 2-2-12　遥测正确性检验表

遥信正确性检验（满足填“√”）			
遥信名称	主站端变位情况	遥信名称	主站端变位情况
就地位置		零序Ⅰ段保护动作	
交流失电		零序Ⅱ段保护动作	
电池欠压		零序后加速动作	
低气压闭锁		重合闸动作	
开关合位		过电流加速段动作	
开关分位		过电压保护动作	
操动机构储能状态		高频保护动作	
过电流Ⅰ段告警		低频保护动作	
过电流Ⅱ段告警		保护功能总投入软压板	
过负荷告警		保护跳闸出口软压板	
零序Ⅰ段告警		重合闸出口软压板	
零序Ⅱ段告警		遥控分闸出口软压板	
小电流接地告警		遥控合闸出口软压板	
过电流Ⅰ段保护动作		相邻间隔直流消失	
过电流Ⅱ段保护动作			

（4）远方定值下载与召测功能调试及继电保护校验。联系主站人员开展定值召测与下装功能检验，保护下装及录波截图如图 2-2-18 所示。

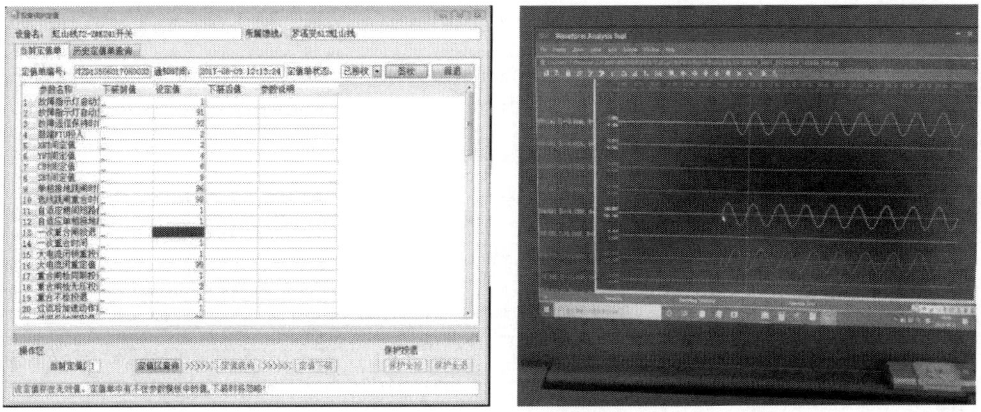

图 2-2-18　保护下装及录波截图

开展过电流保护、重合闸保护、零序过电流等继电保护功能检验，开展整组传动试验和继电保护逻辑检查，并通知主站人员进行故障录波召测、故障事件召测等。继电保护定值校验表见表 2-2-13。

表 2-2-13　继电保护定值校验表

继电保护定值校验（无该项填“/”，满足填“√”）					
实验内容	项目	动作情况正确	动作延迟不超过 20ms	复压闭锁功能检查	反方向闭锁功能检查
过电流Ⅰ段保护动作	I=0.95I_{zd}				
	I=1.05I_{zd}				
过电流Ⅱ段保护动作	I=0.95I_{zd}				
	I=1.05I_{zd}				
过电流加速段	I=0.95I_{zd}			—	—
	I=1.05I_{zd}			—	—
零序Ⅰ段保护动作	I=0.95I_{zd}				
	I=1.05I_{zd}				
零序Ⅱ段保护动作	I=0.95I_{zd}				
	I=1.05I_{zd}				
零序过电流加速动作	I=0.95I_{zd}			—	—
	I=1.05I_{zd}			—	—
过电压保护动作	U=0.95U_{zd}			—	—
	U=1.05U_{zd}			—	—
高频保护动作	m=0.95			—	—
	m=1.05			—	—

续表

实验内容	项目	动作情况正确	动作延迟不超过 20ms	复压闭锁功能检查	反方向闭锁功能检查
低频保护动作	m=0.95			—	—
	m=1.05			—	—
重合闸动作	/			—	—

整组传动试验 （无该项填“/”，项目满足填“√”）				
故障类型	现场信号指示	动作情况	DMS 主站信号	检查结论
瞬时故障				□合格　□不合格
永久故障				□合格　□不合格

继电保护逻辑检查（无该项填“/”，满足填“√”）	
检查项目	检查结果
过负荷告警	
小电流接地告警（包括信号上送正常）	
重合闸检无压	
重合闸检同期	

故障录波与召测功能调试（满足填“√”）			
实验内容	是否满足	实验内容	是否满足
设备生成录波文件		主站召测录波文件	

故障事件报文上传和存储功能调试（满足填√）			
实验内容	是否满足	实验内容	是否满足
故障事件生成		主站召测故障事件	

（5）电量功能及精度校验。通过继电保护仪输出电流电压，持续一段时间后与主站人员进行电量核对。精度校验涉及冻结数据，测试时间长，可采用以下快速测试方法：

1）在继电保护仪“状态序列功能内”施加三相正序 57.74V 电压（折算到一次为 5.77kV），三相正序 5A 电流（折算到一次为 600A）。

2）状态一：三相功角设 60°（第一象限），持续 3min；状态二：三相功角设 240°（第三象限），持续 3min；状态三：三相功角设 300°（第四象限），持续 3min；状态四：三相功角设 120°（第二象限），持续 3min；状态五：三相功角设 60°（第一象限），持续 3min。其余状态电压可不变，按状态一类推。功角设置方式为电压与电流之间的夹角为 60°，例：若电压三相角度为 0°、−120°、120°，则三相电流角度分别−60°、−180°、60°，即依次用电压角度减去 60°即可。

3）测试量施加完成后，读取当前值；修改装置时标，让装置生成 15min 冻结值与日冻结值并记录。

4）设置好以后直接确认开始继电保护仪会自动施加各个状态序列，再将得到的值与电科院标准值进行对比，确认精确度。

6. 站所终端调试作业考核要求

选择站所终端开展调试，按照危险点分析、标准化作业卡编制、调试工具准备、现场调试和调试检查记录五个步骤完成站所终端设备的调试作业。站所终端调试作业考核评分表见表 2-2-14。

表 2-2-14　　站所终端调试作业考核评分表

部门		姓名		岗位名称		
开始时间			结束时间			
考核时限	60min		考核方式	技能笔试		
说明	1.本项目为单人操作项目，采取笔试或应用仿真培训系统，根据由主接线图、现场图片或视频材料等模拟的生产作业场景，完成危险点分析、编制工作票、终端调试； 2.考核时间结束，立即停止工作，结束前 5min 时提醒一次。 3.满分 100 分，全部项目扣分扣完本项得分为止。 4.场景描述：工作地点为 10kV××西路环网柜。在城区或人口密集区地段。 5.工作任务：10kV××西路环网柜站所终端调试					
序号	作业名称	质量要求	分值	扣分标准	扣分原因	扣分
1	准备工作		10			
1.1	准备工作	正确检查工作中需要使用的仪表、工器具、说明书、图纸、定值单等资料	5	未检查或检查不规范，一项扣 1 分，扣完为止		
1.2	安全及劳动防护	正确使用劳动防护用品，学员规范穿戴工作服、绝缘鞋	5	工作服不规范扣 2 分；穿戴鞋不规范扣 2 分；戴安全帽不规范扣 1 分；工作中未戴手套扣 3 分；该项分数扣完为止		
2	工作过程		80			
2.1	检查站所终端	（1）检查设备外观、铭牌、备用电源、加密方式； （2）检查成套设备 TA、TV 变比； （3）检查设备保护定值、三遥点表配置、软件版本； （4）检查成套设备 SIM 卡号、IP 地址	5	一项未检查扣 3 分；一项检查记录错误扣 2 分；该项分数扣完为止		
2.2	三遥功能调试	（1）检查成套设备时钟是否与主站一致； （2）遥信正确性检验； （3）遥控操作试验； （4）遥测精度检验	30	漏做一项检验扣 10 分；成套设备时钟不会查看或查看错误，扣 5 分；未按题目要求正确发送遥信信号，一项扣 5 分，扣完为止；未正确切换成套设备远方就地状态，扣 5 分；未正确通入题目要求测试量或未正确记录主站收到遥测值一项扣 5 分		

续表

序号	作业名称	质量要求		分值	扣分标准	扣分原因	扣分
2.3	继电保护功能检验	定值召测与下装功能检验		5	未正确召测保护定值扣5分。未正确下装保护定值扣2分		
		过电流保护、重合闸保护、零序过电流定值检验		15	未正确使用测试仪输出扣5分。 未在后台正确查看保护动作信号扣5分。不会判断保护动作准确性扣5分。错项漏项扣5分/项。该项分数扣完为止		
		继电保护逻辑检验		10	未正确继电保护逻辑检验每项扣5分		
2.4	故障录波、召测功能及电量调试	（1）笔记本连接成套设备查看故障录波波形； （2）通过笔记本电脑导出成套设备故障波形文件； （3）电量调试		5	未正确查看查阅故障波形，扣5分；未导出正确故障波形并保存，扣5分；未能电量调试扣5分		
2.5	填写调试报告	根据测试内容填写调试报告		10	调试报告填写不完整，每项扣3分；调试报告填写错误，每项扣1分，扣完为止		
3	工作结束			10			
3.1	安全生产及现场恢复	（1）考试过程中遵守安全工作规程，未发生危及人身或损坏设备、仪表的操作； （2）清理工作现场，检查并恢复设备状态		10	未清理现场扣5分；未检查并恢复设备状态扣5分		
考试开始时间			考试结束时间		合计扣分		
考试成绩			考评员		考评组长		

模块三　故障指示器运维技术

【模块描述】

本节介绍故障指示器运维巡视的方法、步骤；故障指示器安装调试方法、步骤；故障指示器典型缺陷及其处理方法。

【学习目标】

学习故障指示器的基础知识和基本原理。能够完成故障指示器的安装调试以及日常巡视检查，能够掌握故障指示器典型缺陷处理的基本技能。

【正文】

远传型故障指示器由指示单元和汇集单元两部分组成，指示单元负责检测线路通过的电流，通常包括三个短路故障传感器，并对传感器传送来的电流信息进行判断并及时做出故障指示动作。指示单元和汇集单元之间通过无线射频 433MHz 连接传输信息。汇集单元则将指示单元传输信息汇总后通过无线公网上传到配电主站。远传型故障指示器安装方式如图 2-3-1 所示。

图 2-3-1　远传型故障指示器安装方式

当配电线路发生故障时，由于从故障点到电源点的线路都出现了故障电流，因此从故障点到电源点之间线路上所有的故障指示器翻牌动作，配电主站根据各故障指示器上传的故障信息，通过拓扑分析，将故障点定位在最后一个翻牌动作的故障指示器与第一个没有翻牌动作的故障指示器之间。运用故障指示器，能够快速定位故障点，从而提高配电网运行水平和事故处理效率。

一、故障指示器运维巡视的方法、步骤

1. 汇集单元部分

检查外观清洁，无污痕；安装构件是否松动、锈蚀；箱门、门锁平整、完好；箱体构架无锈蚀、变形、裂纹、损坏；箱体内无杂物、遗留物，特别是易燃物；进出线孔洞封堵严密；导线、扎线排列整齐；检查标签无字迹模糊、脱落现象；线缆绝缘外层无破损，无断线；各插件单元的连接插头、插座牢固、无松动；接线端子绝缘无老化，螺丝无松动、锈蚀现象；检查内部各模块有无缺失；汇集单元安装高度是否规范（距离地面高于 3m），有无因地势高度变化导致高度不足；电源指示灯正常，电源输入正常，输出电压正常；设备各组件运行灯正常。

2. 天线部分

检查天线是否安装牢固，有无掉落、未连接等现象。

3. 电池部分

检查太阳能充电电池是否完整，是否被偷窃；是否出现鼓胀、漏液、爬酸；电池连接线是否连接牢固，有无锈蚀现象。

4. 太阳能板部分

检查太阳能板是否被偷窃；检查太阳能板外观，有无因外力击打而破裂现象；太阳能板是否采光异常，如朝向错误（方向应朝南）、树荫遮挡、新增建筑物遮挡、表面污秽。

5. 采集单元部分

检查采集单元是否缺失，安装方向是否正确；检查采集单元安装位置是否偏移，如卡扣

松弛，因弧垂造成采集单元偏移。

6. 其他部分

对照台账核对安装地点是否偏差；检查无线公网通信是否异常，如无信号或信号偏弱。

二、故障指示器调试方法、步骤

1. 调试前设备检查

查看故障定位仪的型号、外观及相关的标识，查看运行指示灯是否正常运行；检查联调单与安装点的信息是否一致（SIM 卡号、IP 地址、安装地点）。

外观及接线检查。检查故障定位仪连接线是否连接牢固（包括 433 线、GPRS 天线、太阳能板与电池连接线）。

2. 指示单元调试

正确配置采集器，查看采集器状态是否正常。

3. 与配电主站联调

（1）设备选择。在“设备选择”界面，选择配套的设备及通信规约，如图 2-3-2 所示。

指示器类型选择：选择指示器类型，不同的指示器配置的参数内容不一样。

通信规约：不同的指示器类型需要选择不同的通信规约。

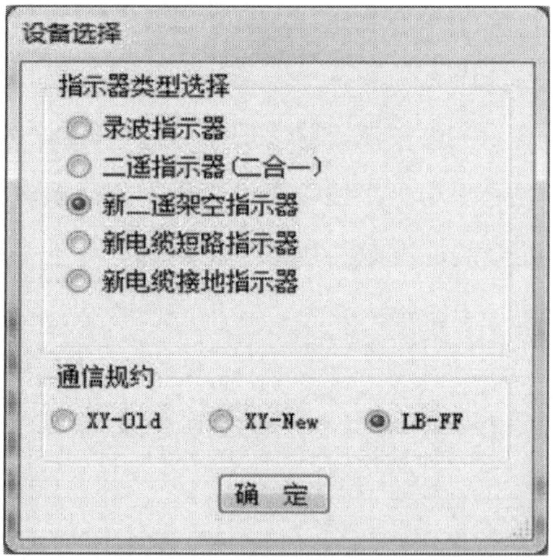

图 2-3-2 “设备选择”界面

（2）通信选择。支持串口号、波特率选择。

（3）遥测参数设置，如图 2-3-3 所示。

☑ 选择	MAC地址	上传方式	上传间隔T2(min)	电流档 I1(A)	电流档 I2(A)	绝对突变值(A)	相对突变值(%)	上传间隔T3(min)	结果
☑	90-8A-F1-01								○

图 2-3-3 “遥测参数设置”界面

（4）电流保护定值参数设置，如图 2-3-4 所示。

图 2-3-4　“电流保护定值参数设置”界面

（5）接地保护定值参数设置，如图 2-3-5 所示。

图 2-3-5　“接地保护定值参数设置”界面

（6）配置调试参数。用笔记本电脑模拟配电主站检查信号的正确性，查看终端是否上线。

（7）遥测数据调试。用笔记本电脑模拟主站检查遥测数据是否正常；查看电池电量和充电电压；检查遥测精度值是否符合标准（100A 以内 3A，100A 以上 3%以内）。

（8）短路故障模拟。查看故障电流突变量和复位时间；用继电保护仪器加故障电流，查看故障指示器是否正确指示。

（9）遥信数据调试。检查遥信数据是否正常；用笔记本查看故障记录（过电流值、故障遥信记录）。

（10）遥控调试。发送遥控复位指令，查看是否正确复位。

三、故障指示器安装步骤、方法及验收

1. 故障指示器安装步骤

（1）安装设备信息检查。检查安装的杆号、采集单元的每相编号、汇集单元编号、IP 地址、SIM 卡号与调试信息表是否匹配。

（2）采集单元检查、安装。检查故障指示器外观是否整洁，有无损伤或机械形变；用托杯和绝缘杆将指示器扣紧导线，收回托杯和绝缘杆；检查采集单元的相序是否与线路匹配。

（3）汇集单元检查、安装。将抱箍安装在电杆上，检查距离地面是否符合要求（距离地面 3m 以上，距离带电部分是否有足够的安全距离）；检查汇集单元外观是否整洁，有无损伤或机械变形，将汇集单元（包括太阳能板）正确安装在抱箍上。

（4）太阳能板检查。检查太阳能面板外观是否整洁，有无破裂或机械损伤；检查、调整太阳能板的朝向（一般情况下应朝正南方向，如遇建筑物和树木遮挡，可适当调整朝向）。

（5）天线安装。正确安装天线并固定。

（6）电池连接线。电池正负极正确接线，并检查电池的电量。

2. 故障指示器安装方法

（1）工器具准备，见表 2-3-1。

表 2-3-1 工器具准备

序号	名称	型号/规格	单位	数量	备注
1	安全带	双保险	副	1	按人员配置
2	个人工具包	—	套	1	按人员配置
3	故障指示器安装器	—	个	1	
4	脚扣（脚踏绳、脚踏板）	—	副	1	
5	绝缘操作杆	—	根	4	
6	绝缘手套	—	双	1	
7	传递绳	15m	条	1	按现场实际情况配置
8	苫布	三防苫布	块	1	
9	梯子	—	个	1	
10	护目镜	防打击护目镜	副	2	按人员配置
11	警示标志牌、安全围栏	—	套	1	

注 绝缘工器具机械及电气强度均应满足《电力安全工作规程》要求，周期预防性检查性试验合格。

（2）现场作业风险辨识和控制措施，见表 2-3-2。带电安装时，应严格遵守相关安全规程。

表 2-3-2 现场作业风险辨识和控制措施

序号	风险辨识内容	控制措施
1	作业时，误登带电构架或安全距离不足引起触电	（1）工作人员登杆时应核对线路名称、杆塔号、标志是否与停电线路相符；登杆时，监护人要进行全过程监护。 （2）作业时，作业工具绝缘最小有效长度不小于 0.7m；人体与带电体最小安全距离不得小于 0.7m。 （3）登杆带电作业应在专人监护下进行，登杆作业人员应先检查登杆工具和绝缘防护用具；穿戴好绝缘鞋、安全帽及其他绝缘防护用具； 登杆人员人体与带电设备（设施）应保持足够安全距离。 （4）登杆带电作业应在专人监护下进行，登杆作业人员上杆前，应选好工作位置；穿戴好绝缘鞋、全棉长袖工作服、手套、安全帽和护目镜
2	杆塔上（高处）作业未正确使用安全带，造成作业人员高处坠落或悬吊空中	（1）在杆塔上作业时，必须使用双控安全带，戴安全帽。安全带要系在牢固构件上，防止安全带被锋利物伤害，系安全带后，要检查扣环是否扣好，杆塔上作业转位时，不得失去安全带保护；安全带不得低挂高用。 （2）人员登杆塔过程，地面人员应认真进行监护，同时要避免对登杆过程人员的干扰，如临时交代或要求临时处理其他事项，并加强监护；脚扣登杆全过程系安全带。 （3）禁止携带器材在杆塔上移位；人员在转位时，手扶的构件应牢固，且不得失去后备保护绳的保护。 （4）上、下横担、配电变压器架或登杆过障碍物时必须系好安全带。 （5）梯子登高要有专人扶守，梯子应有防滑措施及限高标志，作业前对梯子进行冲击试验
3	杆塔上（高处）作业，工具、材料放置或传递方式不正确或落物，造成人员受到物体打击	（1）杆塔上作业人员防止掉东西，使用的工具、材料等要装在工具袋内，不得乱扔，传递工具时要用绳索传递，杆塔下防止行人逗留。 （2）在高处作业现场，工作人员不得站在作业处的垂直下方，高空落物区不得有无关人员通行或逗留。 （3）使用各类工具时，应抓牢，用力应均匀，以防工具脱手坠落伤人。 （4）在城区或行人道口或人口密集区地段施工时，工作场所周围应装设遮栏（围栏）或其他保护措施
4	措施不当造成倒杆及电杆断裂伤人	（1）上杆塔作业前，必须先检查根部、基础和拉线是否牢固；新立电杆在杆基未完全牢固或做好临时拉线前，严禁攀登；遇有冲刷、起土、上拔或导地线、拉线松动的电杆，应先培土加固，打好临时拉线或支好杆架后，再行登杆。 （2）杆塔上有人工作时，严禁调整或拆除拉线
5	相间短路	安装故障指示器指示单元时用力应平稳，并采取防止引线摆动造成相间短路的措施

（3）作业内容及标准，见表 2-3-3。

表 2-3-3 作业内容及标准

序号	作业内容	作业步骤	标准及注意事项
1	作业准备	（1）检查杆塔基础及杆塔是否牢固。 （2）检查登高工具、双保险安全带是否完整牢固，并进行冲击试验。 （3）作业人员登杆至工位	（1）登杆塔时要核对线路的双重名称无误，并设专人监护。 （2）应先检查根部、基础和拉线是否牢固。 （3）使用定期检验、检查合格的脚扣及安全带；使用前外观检查合格。 （4）全程按规定使用安全带，防止失稳高处坠落
2	故障指示器安装	（1）将安装器具安装在绝缘操作杆上。 （2）将故障指示器置于安装器具内，用弹簧挑叉将压线弹簧扳起，并用安装器具的挂钩将压线弹簧钩住。 （3）手握绝缘杆将指示器卡线开口对准导线平稳用力往上顶，压线弹簧将会自动与挂钩脱开并夹住导线。 （4）下拉绝缘操作杆使安装器具脱离指示器。 （5）将终端箱用吊绳拴牢后拉升至工作位后，使用专用抱箍固定在杆上。 （6）将插头正确插到对应位置并锁紧，展开太阳能板并固定，完成安装	（1）安装过程用力应平稳，防止导线摆动造成相间短路故障。 （2）故障指示器安装应选择靠近道路，以便容易发现故障情况。 （3）杆上临近带电作业，应始终与带电部位保持 0.4m 以上的安全距离。 （4）遇有恶劣天气将威胁作业人员安全时，工作负责人应下令临时停止工作。 （5）工作地点下方应设置围栏，禁止无关人员在工作地点下方穿越逗留。 （6）正确使用安全带，不得失去后备绳的保护。 （7）传递物品应使用吊绳传递，传递物品及操作过程中应防止物品脱落伤人
3	自验收	工作负责人对施工工艺、质量进行自查验收	
4	清理现场	（1）作业人员撤离工位，返回地面。 （2）回收、清点工器具和材料，清理现场	

3. 故障指示器验收

（1）故障指示器外观检查。检查故障指示器外观是否整洁，有无损伤或机械变形，封装材料是否饱满，装设是否规范，查看电池是否有鼓包、漏液。

（2）采集单元检测。检查采集单元是否安装牢固（用绝缘棒敲打是否从导线上滑脱）。

（3）汇集单元安装检查。检查汇集单元固定是否可靠，检查设备外壳是否有可靠接地。

（4）太阳能板安装检查。检查太阳能板安装朝向、有无遮荫现象。

（5）调试前检查。检查联调单与安装点的信息是否一致（SIM 卡号、ID 号、安装地点）；查看故障定位仪的型号、外观及相关的标识，检查运行指示灯是否正常运行；正确配置采集器，查看采集器状态是否正常。

（6）功能调试检查。正确配置调试参数，利用笔记本电脑模拟主站检查信号的正确性；利用笔记本电脑模拟主站检查遥测数据是否正常；查看故障电流突变量和复位时间；查看电池电量和充电电压；正确查看终端是否上线；查看遥控复位功能是否正常；查看出厂调试报告和联调报告是否齐全。

四、故障指示器典型缺陷及其处理方法

1. 汇集单元电池部分

汇集单元电池如图 2-3-6 所示。

（1）汇集单元电池损坏、电量过放。现象：白天上线，夜晚掉线。措施：查上线情况；断开与太阳能板的连接线，查电池电压。

（2）汇集单元电池未接入设备。措施：查电池连接线和电池开关是否断开。

（3）汇集单元电池损坏。检查磷酸铁锂电池外观是否鼓胀、漏液；断开与太阳能板的连接线，测量电池电压；更换电池。

（4）汇集单元电池被偷窃。措施：重新安装相同型号的汇集单元电池。

2. 汇集单元太阳能板部分

汇集单元太阳能板如图 2-3-7 所示。

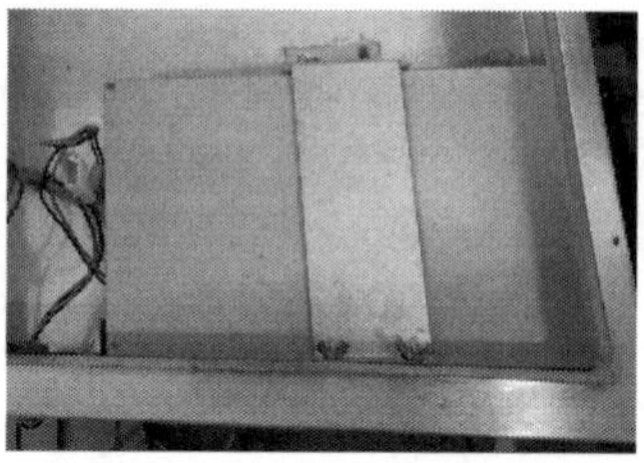

图 2-3-6　汇集单元电池

图 2-3-7　汇集单元太阳能板

（1）汇集单元安装点采光异常（朝向错误、树荫遮挡）、太阳能板清洁为设备检修和巡视的必备工作；如发现上述问题应相应采取以下措施：太阳能板朝向调整为正南方，经树木业主同意后修剪遮挡太阳能板采光的树枝，用柔软的掸子或布料擦拭太阳能板表面的污渍或灰尘。

（2）汇集单元太阳能板破裂：检查外观，更换太阳能板。

（3）汇集单元太阳能板被偷窃：重新安装太阳能板，并观察上线情况。

3. 采集单元部分

采集单元如图 2-3-8 所示。

（1）采集单元安装方向错误，措施：拆卸后按正确方向重新安装。

（2）采集单元偏移：卡扣松弛，因弧垂造成采集单元偏移，措施：拆卸原采集单元，更换卡扣或调整卡扣松紧度后重新安装。

（3）采集单元内部锂电池电量耗尽，措施：更换新的采集单元。

（4）线路电流太小，采集单元不能启动，措施：使用调试软件，重新设置采集单元的启动电流。

（5）遥测精度偏差、误报漏报时，检查故障指示器采集单元安装是否符合规范；如采集

单元故障损坏，则更换采集单元并重新配置相应的参数。

4. 汇集单元本体部分

汇集单元内部结构图如图 2-3-9 所示。

图 2-3-8　采集单元

图 2-3-9　汇集单元内部结构图

（1）汇集单元太阳能板输出正负极接线错误：核查太阳能板接线方式。

（2）汇集单元天线异常：天线掉落，未连接等；检测汇集单元通信信号强度；有上线无数据时，检查故障指示器小无线天线；与主站通信掉线，检查 GPRS 天线。

（3）汇集单元掉线：在线情况异常，可能是设备死机，重启即可；检查故障指示器通信参数是否错误或丢失；检测故障指示器汇集单元与主站的通信工况（是否有长期掉线、白天上线晚上掉线、频繁掉线等工况）；检查 SIM 卡及卡槽是否损坏。

（4）汇集单元内部模块缺失：核查内部各模块是否缺失。

（5）汇集单元 SIM 卡损坏、缺失：SIM 卡不能使用，卡槽坏等。

5. 故障指示器时钟异常

检查故障指示器时钟是否偏差，与主站或调试软件的标准时钟对时，召测故障指示器时间并核对。

6. 安装不规范

安装地点偏差；与设计图不符；与台账不符；SIM 卡与台账不符；与主站数据库不符。

7. 移动通信异常

无信号（所在位置无 GPRS 信号或信号偏弱）；核对 SIM 卡是否因欠费停机。

8. 数据部分

（1）数据异常。遥测、遥信异常：核查线路负荷情况和采集单元工况；故障信息报文出错：核查设备各项参数；采集单元与汇集单元之间无线射频 433MHz 通信异常或误码率高：天线脱落、信号被遮挡。

（2）汇集单元频繁上下线：信号干扰，汇集单元模块故障等。

（3）现场无故障误翻牌、现场故障漏翻牌、遥信异常。误报漏报时，应检查核对故障指示器电流告警阈值，查看设置界面如图 2-3-10 所示。

图 2-3-10 故障指示器参数设置界面

9. 技术管理部分

（1）参数配置与管理、软件备份、软件版本管理，应设专人负责。

（2）台账整理：做到备份数据及台账的完整性、统一性、一致性，即数据、台账与现场设备实际情况一致，信息完整、统一。

（3）线路迁改后，应及时修改台账、主站数据库。

模块四 智能台区融合终端运维技术

【模块描述】

本模块主要介绍台区智能融合终端运维管理原则、台区智能融合终端缺陷管理、终端离线问题消缺。

【学习目标】

学习智能融合终端的基础知识和基本原理。掌握智能融合终端的日常管理，能够识别智能融合终端的故障，能够掌握智能融合终端的缺陷处理。

【正文】

一、台区智能融合终端运维管理原则

台区智能融合终端的运行维护及异常情况处理主要由各地市、县公司负责，并开展本单位融合终端应用工作质量的监督管理与统计分析工作。

各地市、县公司运检专业应每天查看融合终端在线率、数据采集完整率等相关指标，做

好终端运行记录。做好各项指标变动情况的整理分析，发现异常情况应及时研究存在的问题，提出有针对性的改进措施，提高系统各项指标。对通信不在线和数据采集不完整的终端，应及时处理。

各地市、县公司运检专业应定期对融合终端设备进行巡视、检查、记录，发现异常情况及时处理，做好记录并按有关规定进行汇报。应建立融合终端设备台账，建立设备缺陷、测试数据记录。

各地市、县公司应加强融合终端在运行维护过程中的安全管理工作，在安装、调试、检修融合终端及进行缺陷和故障处理时加强监护，确保人身和设备安全。

各地市、县公司负责本单位管辖范围内配电自动化系统四区主站、用电采集信息系统巡视，包括值班巡视和特别巡视。

（1）值班巡视工作为每日两次的例行巡视，由配电自动化系统四区主站值班人员承担，主要包括在值班时间内对配电自动化系统四区主站运行设备进行常规检查。

（2）特别巡视指长假和特殊情况下进行的专项重点检查。特殊情况下，如重要节假日、灾害期间、重要保供电等期间进行。

各地市、县公司负责本单位管辖范围内现场设备巡视，包括周期巡视和异常巡视。

（1）周期巡视为公变运维单位按照一次设备的巡视周期，结合日常巡视工作定期对公变台区现场设备进行巡视，确保公变台区现场设备的正常运行，发现异常及时向管理部门汇报。

（2）异常巡视为运维单位根据配电自动化系统四区主站、用电信息采集系统监测人员提供的公变台区现场设备异常情况，开展有针对性的现场检查，并按流程落实处理，及时将处理情况向管理部门汇报。

二、台区智能融合终端缺陷管理

1. 一般缺陷

设备本身及周围环境出现不正常情况，对近期安全运行影响不大，可列入年、季度维修计划或日常维护工作中消除。一般缺陷应在一至三个月内消除，也可结合维修计划尽早消除，但应处于可控状态。一般缺陷包括 TTU 设备标识不全、TTU 本体或外挂箱外壳破损、个别遥测数据存在误差等。

2. 重大（严重）缺陷

设备处于异常状态，可能发展为事故，但仍可在一定时间内继续运行。该缺陷应在短期内消除，消除前应加强监视。重大（严重）缺陷应在一周内消除。重大（严重）缺陷包括 TTU 及相关设备停运、TTU 本体故障导致无法进行正常监控、TTU 通信中断等。

3. 紧急（危急）缺陷

严重威胁设备的安全运行，不及时处理，随时有可能导致事故的发生，必须尽快消除或采取必要的安全技术措施进行处理。紧急（危急）缺陷应立即汇报，必须在 24h 内进行消缺，紧急（危急）缺陷消除率应达到 100%。

为及时消除设备缺陷，设备安全、可靠、稳定运行，TTU 运维单位应根据辖区内设备运行情况、设备检修情况，制定申报 TTU 及相关设备的备品备件需求，定期开展备品备件消耗情况分析，确保备品备件充足完备，保证消缺抢修需要。

地市运检部负责定期巡视、检查、记录；负责通信资费检查，根据每月账单流量情况，提出整改意见并组织整改；缺陷发现部门应将缺陷情况录入系统闭环管理。

地市运检部负责现场勘查、现场设备消缺。若出现重大故障确需停电时，由地市运检部负责上报停电计划并安排消缺。地市运检部储备一定的联调合格的台区智能融合终端备品，当现场设备缺陷难以消除，可采用带电轮换设备方式消缺。更换下的旧设备，经维修合格后，重新作为备品台区智能融合终端。

三、终端离线问题消缺

1. 离线问题排查

（1）离线现象与初步排查分类。根据现场离线排查与消缺情况，统计配电自动化主站、物管平台设备管理组件、物管平台 Roma 组件的终端在线情况，初步排除排查离线问题原因，并开展现场运维消缺。离线问题初步排查见表 2-4-1，其中“√”表示在线，“×”表示离线。

表 2-4-1　　离线问题初步排查表

序号	配电自动化主站	物管平台 Roma 组件	物管平台设备管理组件	初步排查问题
1	×	×	×	现场安装问题； 系统固件问题； 磁盘问题； 系统或硬件问题
2	√	×	×	物联 SIM 卡问题； APN 问题； SDK 问题
3	×	×	√	App 版本问题； 密码问题
4	√	√	×	edgecli 程序问题
5	×	√	√	配电 SIM 卡问题； APN 问题； 安全代理文件配置问题； 证书问题； 加密芯片问题； App 版本问题

（2）问题描述。简要问题描述如下：

1）现场安装问题：台区变压器没电或者现场终端未安装。

2）系统固件问题：系统固件不稳定导致无法上线。

3）磁盘问题：终端磁盘跑满，导致 SIM 卡拨号失败。

4）系统或硬件问题：现场终端损坏。

5）App 版本问题：电科院出口的 App 版本未升级为最新版本。

6）SDK 问题：SDK 不稳定导致安全网关连接异常。

7）APN 问题：APN 配置错误导致无法上线。

8）SIM 卡问题：通信 SIM 卡烧坏、安装点信号不好导致离线。

9）edgecli 程序问题：终端 App 非最新版本导致掉线。

10）安全代理文件配置问题：主站 IP 和端口配置错误导致离线。

11）证书问题：测试证书未发中国电力科学研究院认证或正式证书未导入，加密认证失败。

12）加密芯片问题：加密芯片损坏。

（3）消缺职责分工。责任单位与配合单位表见表 2-4-2。

表 2-4-2　　责任单位与配合单位表

序号	问题分类	责任方	配合方
1	现场安装问题	地市班组：解决现场问题 调试单位：解决现场问题	无
2	系统固件问题	地市班组：解决现场问题	信通公司：升级补丁包 设备厂家：提供补丁包
3	磁盘问题	地市班组：解决现场问题 信通公司：远程解决问题	电科院：技术指导
4	系统或硬件问题	地市班组：解决现场问题	设备厂家：提供维修服务
5	App 版本问题	地市班组：解决现场问题	信通公司：查询并完成升级版本 电科院：技术指导
6	SDK 问题	地市班组：解决现场问题	信通公司：远程升级 SDK 电科院：技术指导
7	APN 问题	地市班组：解决现场问题 调试单位：解决现场问题	无
8	SIM 卡问题	地市班组：解决现场问题	移动通信运营商
9	edgecli 程序问题	地市班组：解决现场问题	电科院：技术指导
10	安全代理文件配置问题	地市班组：解决现场问题 调试单位：解决现场问题	电科院：技术指导
11	证书问题	地市班组：解决现场问题	电科院：技术指导
12	加密芯片问题	地市班组：解决现场问题	设备厂家：提供维修服务

2. 解决问题需要准备工具材料

（1）台账：收集台区台账提供给信通公司（包含 esn 码、IP、物联网卡号等对应信息）。

（2）通信参数：确认地市物联平台连接 APN、IP 和端口号，提供给现场调试人员。

（3）现场消缺工具：调试电脑、维护软件（Xeshell 等）、通信线（网线、串口线）、App 安装包、系统固件（包含补丁）等。

3. 离线终端现象与解决措施

（1）现场安装问题。

1）现象：

a．配电自动化主站、物管平台设备管理组件、物管平台 Roma 组件的终端状态均离线；

b．现场运维发现现场台区变压器或终端未安装，或终端未通电。如图 2-4-1 所示。

2）解决措施：安排现场人员核查终端未安装原因，安排计划安装时间与送电时间并开展相关调试上线工作。

（2）系统固件问题。

1）现象：

a．配电自动化主站、物管平台设备管理组件、物管平台 Roma 组件的终端状态均离线。

b．现场运维发现终端查询的固件版本号与正确版本不符，如图 2-4-2 所示。

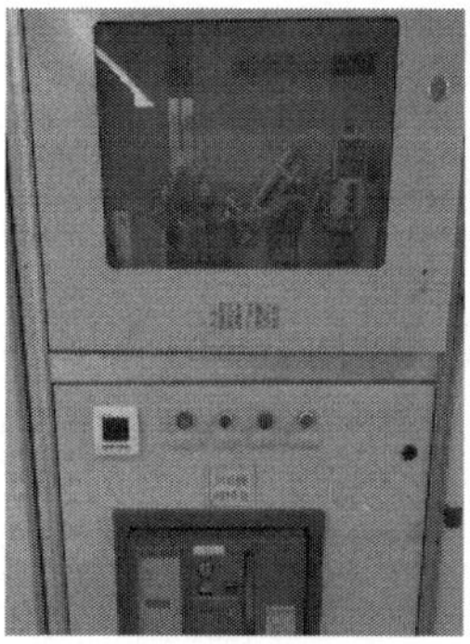

图 2-4-1　未安装终端现场图

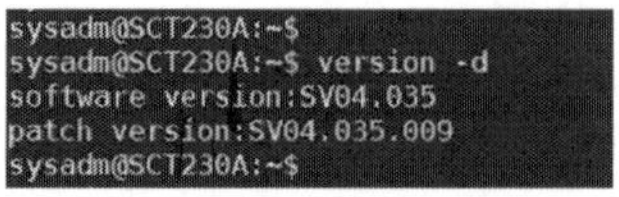

图 2-4-2　固件版本号不符合图

2）解决措施：

a．现场运维人员通过网线连接终端，通过 Xshell 工具输入命令：

a）version-d 查询设备管理固件版本。

b）若终端返回信息符合表 2-4-3 所示版本号和补丁号表明设备系统固件正确，否则需升级设备系统固件。

表 2-4-3　版本号和补丁号列表

序号	固件版本 softwareversion	补丁版本 patchversion
1	SV04.042	SV04.042.003
2	SV04.035	SV04.035.011

b．通过本地连接方式升级系统固件版本，步骤见表 2-4-4。

表 2-4-4　　　　　　　　　　　升级系统固件版本步骤

步骤	执行
1	联系终端厂家获取补丁包以及对应的 md5 值
2	通过 Xshell 软件，使用命令 sudorz 命令将补丁包上传到终端，假设补丁包为 OS_V04.042_P002.tar.gz、md5 值为 f6823ea74b88441bd7a003ae784cdd10
3	赋权限：sudochmod777OS_V04.042_P002.tar.gz
4	输入命令升级补丁：update./OS_V04.042_P002.tar.gzf6823ea74b88441bd7a003ae784cdd10
5	升级结束后，输入命令 version-d 查看补丁是否升级成功

c．通过物管平台远程升级系统固件版本，步骤见表 2-4-5。

表 2-4-5　　　　　　　　通过物管平台远程升级系统固件版本步骤

步骤	执行
1	联系终端厂家获取补丁包以及对应的 md5 值
2	选择要升级的终端，如终端“可否升级”状态显示“可升级”，则可进行下一步；如终端“可否升级出显示‘-’”，则说明设备档案中的设备厂商、设备型号等信息与补丁包信息不符，可联系组件运维人员进行修改 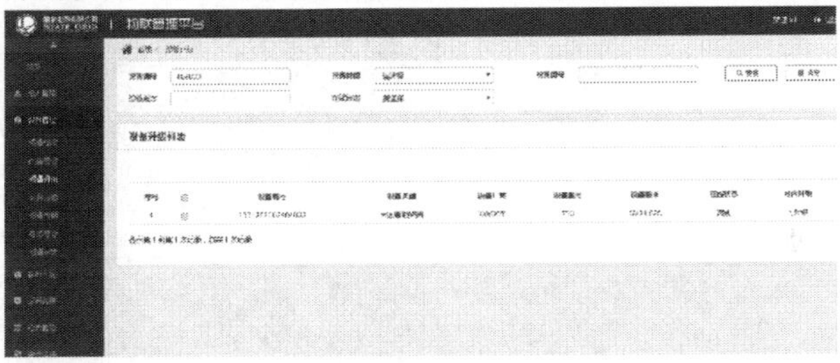
3	选择要升级的补丁包，点击升级后，可在升级记录列表内查看到当前升级的进度。可以每个补丁包都点击，在上一成功后，再点击下一个。提示升级成功后，此次升级完成。升级完成后终端会自动重启 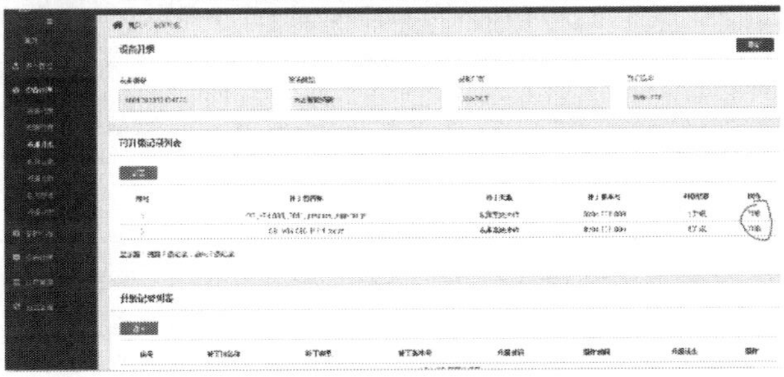

（3）磁盘问题。

1）现象：

a．配电自动化主站、物管平台设备管理组件、物管平台 Roma 组件的终端状态均离线；

b．现场运维发现 4G 模块通信灯不亮。

c．现场运维发现终端查询的固件版本为正确版本，但磁盘查询发现磁盘空间占满。

2）解决措施：

磁盘空间清理步骤见表 2-4-6。

表 2-4-6 磁盘空间清理步骤

方法	执行
删除终端内部无用大型日志文件	（1）通过 Xshell 软件，使用命令 version-d 查询系统固件版本，确认与正确版本先符合。 （2）通过 Xshell 软件，使用命令 df-dh 查看磁盘容量，若出现下图所示 100%，即磁盘容量占满。 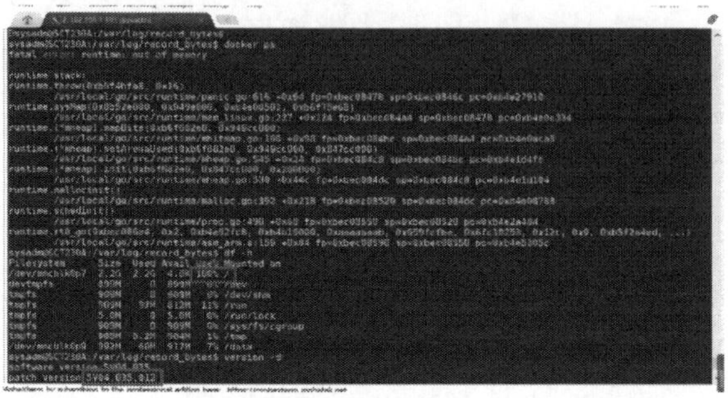 （3）删除终端中部分无用大文件，如 debug 文件；使用命令 cd/var/log/进入文件所在路径；输入命令 sudormdebug 删除文件；删除前可能需要先赋权 sudochmod777debug；文件删除后需重启终端。 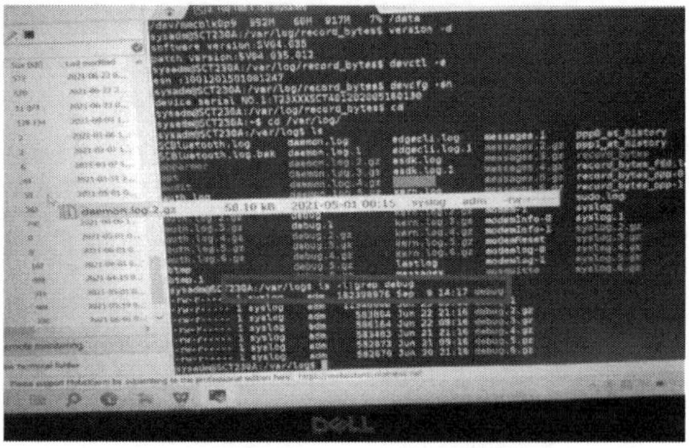 （4）输入命令升级补丁：update./OS_V04.042_P002.tar.gzf6823ea74b88441bd7a003ae784cdd10。 （5）升级结束后，输入命令 version-d 查看补丁是否升级成功

（4）系统或硬件问题。

1）现象：

a．配电自动化主站、物管平台设备管理组件、物管平台 Roma 组件的终端状态均离线。

b．现场运维发现除 PWR 电源灯亮外，无其他灯亮；或所有灯都不亮。

c．现场运维发现融合终端本体开裂。

2）解决方法：联系厂家返厂维修。

（5）旧版 App 问题导致卡超流量。

1）现象：

a．roma 组件掉线，设备管理组件掉线。

b．现场 4G 模块通信指示灯灭掉一组。

c．使用移动公司平台查看，卡离线，流量使用超过 500M。

2）解决措施：

App 升级，升级步骤见表 2-4-7。

表 2-4-7　　App 升级步骤

方法	执行
物管平台查询 App 并升级版本	若设备管理组件在线，通过物管平台远程查询并升级 App 版本。 物管平台查询 App 版本。 查询路径：物管平台管理组件—应用管理—设备容器—容器详情—容器编号。 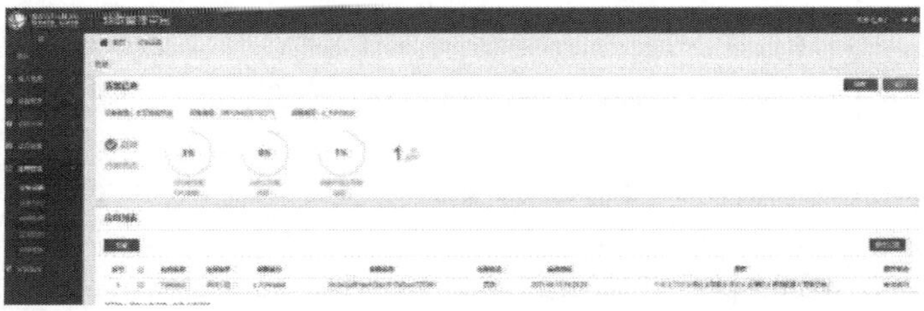 如果设备在线，App 不是最新版本，可以通过物管平台远程升级，详细操作参考《设备管理组件平台 App 远程下发流程》
现场运维查询并升级 App 版本	通过 Xshell 软件，使用命令 dockerps 查看是否安装了 16 个 App。 使用 appm-I-cc_database 查看 App 的版本。其中标蓝的为容器名称，名称和版本可以对照表 2-4-8。 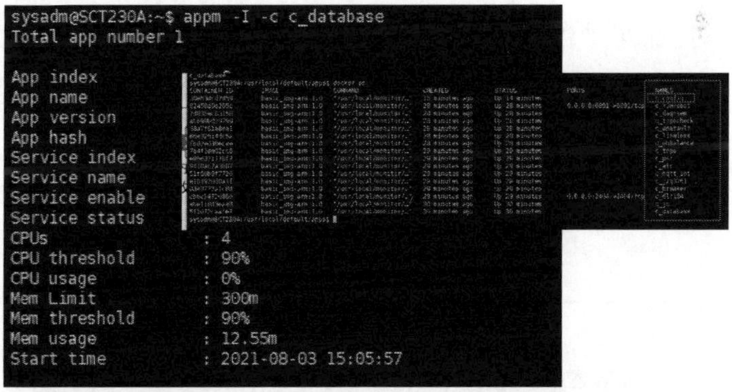 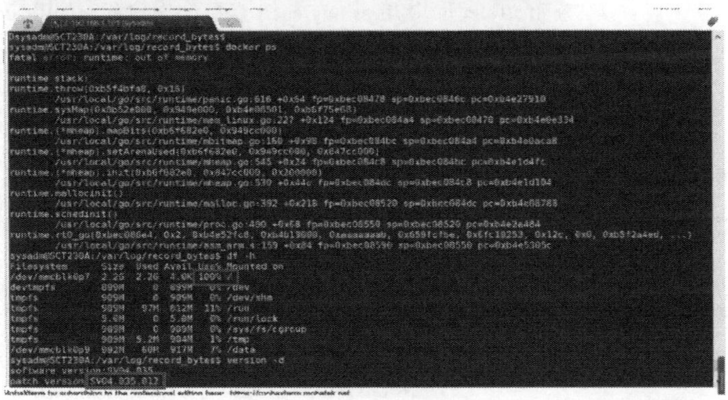

表 2-4-8 App 版本记录

序号	程序	容器名称	版本号
1	database	c_database	SV01.007
2	jc	c_jc	SV01.007
3	dlt104	c_dlt104	SV01.210
4	mqtt_iot	c_mqtt_iot	SV01.018
5	breaker	c_breaker	SV01.110
6	jzq3761	c_jzq3761	SV01.027
7	config	c_config	SV01.050
8	daqosem		SV01.005
9	YJHrobot	c_sem	SV01.021
10	DaqoGPS		SV01.002
11	atc		SV01.002
12	psr	c_atc	SV01.004
13	issue		SV01.001
14	lineloss		SV01.302
15	anafault	c_lineloss	SV01.012
16	topocheck		SV01.011

（6）SDK 不稳定导致安全网关连接异常。

1）现象：

a．roma 组件掉线，设备管理组件掉线。

b．使用移动公司平台查看，卡状态正常，能够通信。

c．现场查看：①SDK 服务是否未启动；②加载配置文件失败；③服务端口未开启；④因为版本未升级，导致内存占用率过高，进而影响容器的运行。

2）解决措施： SDK 故障处理步骤见表 2-4-9。

表 2-4-9 SDK 故障处理步骤

<table>
<tr><th>方法</th><th>执行</th></tr>
<tr><td>现场消缺升级 SDK</td><td>若程序未启动，按以下步骤执行：
1）杀死 ctl 进程。使用 ps-ef|grepctl 查看 ctl 的进程。使用 sudokill-922712 杀死 ctl 进程，其中 22712 为图中 ctl 进程的 ID。
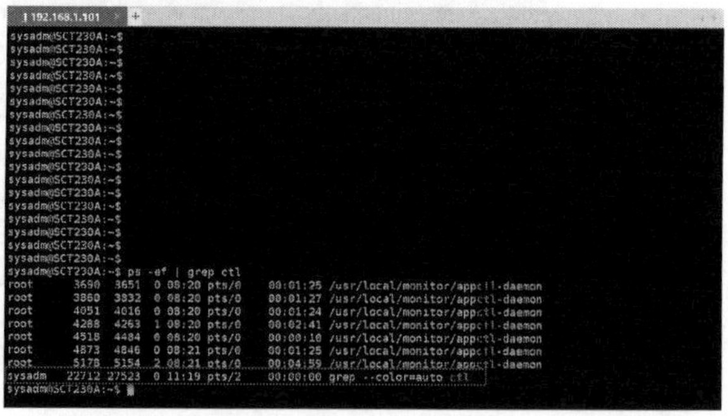
</td></tr>
</table>

续表

方法	执行
现场消缺升级 SDK	2）杀死 proxy 进程。使用 ps-ef|grepproxy 查看 proxy 的进程。使用 sudokill-919788 杀死 proxy 进程，其中 19788 为图中 proxy 进程的 ID。杀死之后会自动重启该进程。  3）重启 ctl 进程后，使用 netstat-tunlp 查看 30011 和 30023 端口连接情况，发现都未连接。此时使用命令 sudotail-f/tmp/proxy_client.log 查看 sdk 运行日志，如下图所示。 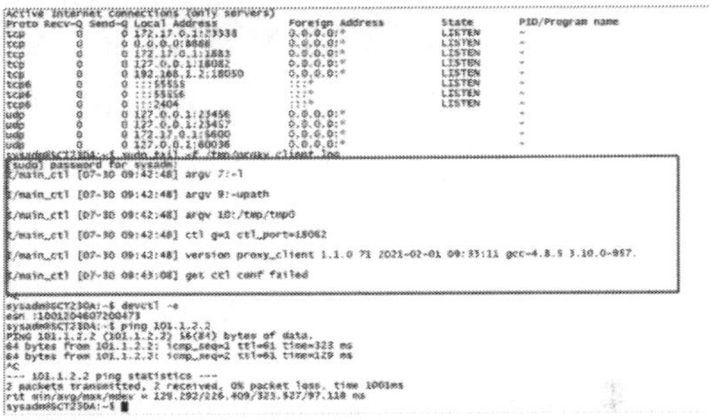 由于物管 iotapp 和设备管理组件都是通过一个软加密的 SDK 软件进行连接，上图表示该 SDK 软件存在共享内存资源回收一些问题，导致无法成功建立通道，在日志中一直看到获取配置文件失败，用 netstat-tunlp 发现 30011 和 30021 端口无法映射出给物管 App 和设备管理组件 App 使用，导致设备管理组件掉线。 解决方法： 1）通过 Xshell 软件，使用命令 rz 将文件 clear_shm_term.sh 传输到终端； 2）输入命令：chmod+xclear_shm_term.sh； 3）输入命令：sudo./clear_shm_term.sh； 4）补充：查看 SDK 版本。 使用 sudo～/release/proxy_client.eabinhf-v 可查看 SDK 的版本为 1.1.071 
信通公司远程重启 SDK 服务\升级 SDK 文件	联系信通公司开展 SDK 远程升级

（7）APN 配置错误导致无法上线。

1）现象：

a．roma 组件掉线，设备管理组件掉线。

b．现场 4G 模块通信指示灯灭掉一组。

c．使用移动公司平台查看，卡离线状态。

d．现场查看 ppp-1 端口 APN 配置不正确。

2）解决措施：APN 配置错误处理步骤见表 2-4-10。

表 2-4-10　　APN 配置错误处理步骤

方法	执行
现场消缺配置正确 APN	通过 Xshell 软件，使用命令 wwan apn show dev all 查询当前配置 APN 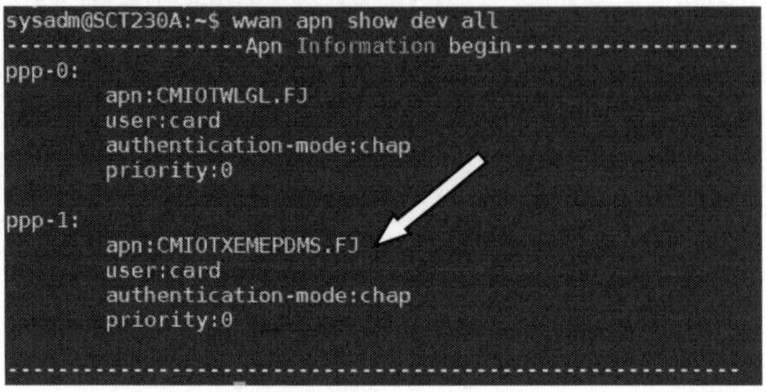 查看 ppp-1 端口 APN 配置。厦门地区正确的为 CMIOTWLGL.FJ，图中 CMIOTXEMEPDMS.FJ 为错误配置。 正确配置 APN 操作为： 1）输入 cd，回车，返回 XShell 初始界面。 2）输入 wwan apn add，回车。 3）输入 apn name（1-99）：CMIOTWLGL.FJ，回车。 4）输入 user name（1-64）：card，回车。 5）输入 password（1-32）：card，回车（不显示）。 6）输入 authentication（pap or chap）：chap，回车。 7）填入 apn priority（0-15）：0，回车。 8）填入 dev name（1-64）：ppp-1，回车。  配置正确 APN 后，查询一下确认已经设置成功

（8）通信卡烧坏、信号不好。

1）现象：

a．roma 组件掉线，设备管理组件掉线。

b．现场 4G 模块通信灯灭掉。

c．通信卡烧坏，通信卡会有明显变形、烧痕。

d．信号强度可通过安装位置（是否地下室）、手机信号同样较差来判断。

2）解决方法：通信卡异常处理步骤见表 2-4-11。

表 2-4-11　　通信卡异常处理步骤

方法	执行
通信卡烧坏：拍照登记，由配电中心统一更换为工业级物联网卡	见下文
信号不好：记录问题，尝试把天线引出到信号较强处	见下文

通信卡烧坏：拍照登记，由配电中心统一更换为工业级物联网卡

现场查看通信模块指示灯状态，正常状态下 2 组指示灯都亮。（下图第 2 组灯灭，通信异常）。

如指示灯状态异常，需进一步排查。

拆下模块，打开 SIM 卡安装卡槽，查看是否卡变形。

SIM 卡变形的需要拍照记录，消缺台账登记，汇总发送给市公司统一处理

信号不好：记录问题，尝试把天线引出到信号较强处

1）查看安装地点通信信号，可通过比较手机信号大致判断，物管用 SIM 卡为移动卡。如果现场信号较差，可以尝试引出设备天线到信号较强处，也可以通过融合终端本地查询信号强度。

```
//查看通信质量
wwanmodemshowdevppp-0
?========ppp-0information========
Model=N720
ModemType=N720
Manufacturer=NEOWAY
ModemFirmwareVersion=N720_EAB0CM_DL_V011
HardwareVersion=V1.1
ICCID=898604181320C0025778
IMSI=460043891705778
IMEI=863912042148835
PDPType=IP
CurrentNetworkConnection=4G
CurrentRSSI=-89dBm
//CurrentRSSI 接收信号强度指示（ReceivedSignalStrengthIndicator）。
```

RSRP(dBm)	覆盖强度级别	备注
Rx<=-105	覆盖强度等级6	覆盖较差。业务基本无法起呼。
-105<rx<=-95 p=""> </rx<=-95>	覆盖强度等级5	覆盖差。室外语音业务能够起呼，但呼叫成功率低，掉话率高。室内业务基本无法发起业务。
-95<rx<=-85 td=""> </rx<=-85>	覆盖强度等级4	覆盖一般，室外能够发起各种业务，可获得低速率的数据业务。但室内呼叫成功率低，掉话率高。
-85<rx<=-75 p=""> </rx<=-75>	覆盖强度等级3	覆盖较好，室外能够发起各种业务，可获得中等速率的数据业务。室内能发起各种业务，可获得低速率数据业务。
-75<rx<=-65 p=""> </rx<=-65>	覆盖强度等级2	覆盖好，室外能够发起各种业务可获得高速率的数据业务。室内能发起各种业务，可获得中等速率数据业务。
Rx>-65	覆盖强度等级1	覆盖非常好。

续表

<table>
<tr><th>方法</th><th>执行</th></tr>
<tr><td>信号不好：记录问题，尝试把天线引出到信号较强处</td><td>
2）重新启动拨号程序，查看拨号是否正常。
wwandialerstop 先停拨号程序
sudowwan_alive 手动启动拨号程序
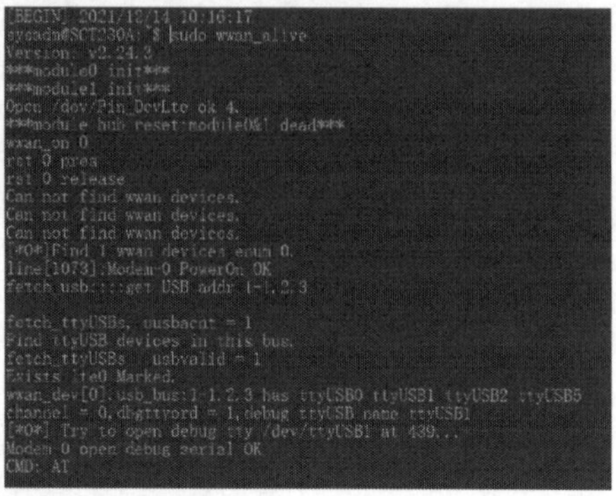

3）本地根据不同通道查看流量使用情况。
cat/var/log/record_bytes_ppp-1.log/var/log/record_bytes/record_bytes_ppp-1.log
共有以下四个通道可以查看
record_bytes
record_bytes_FE0.log
record_bytes_ppp-0.log
record_bytes_ppp-1.log
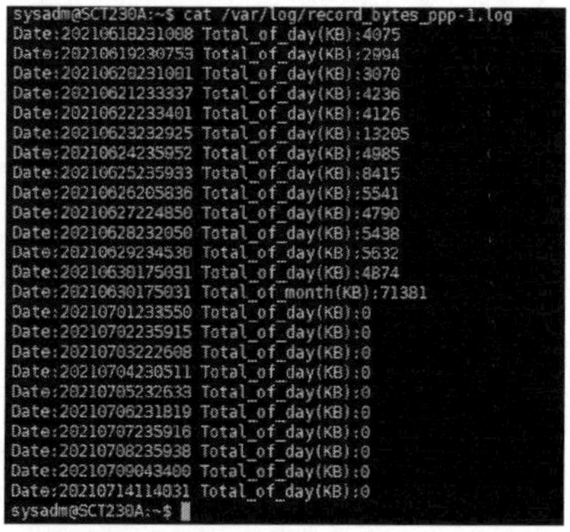

4）通过移动公司 OneLink 平台查看流量情况：
网址：<u>https：//ec.iot.10086.cn/ecology/homePage</u>
账号、密码通过各个地市移动公司获取。
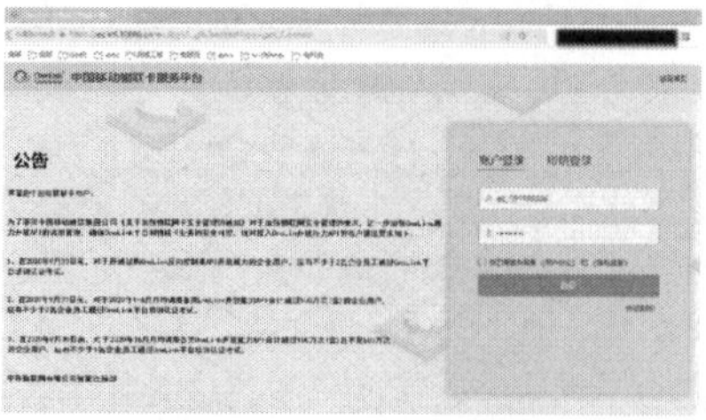

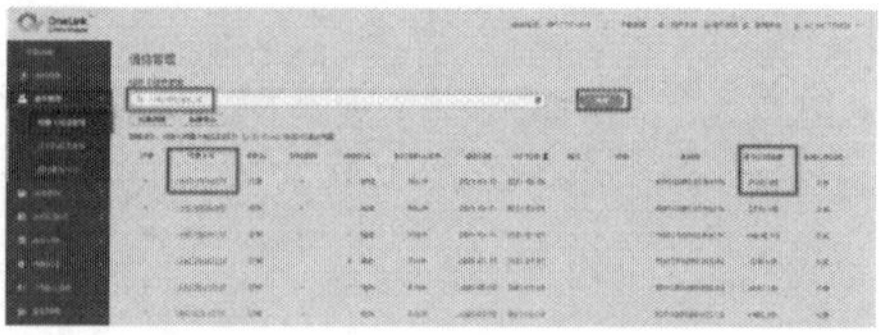

通过【通信管理】-【物联卡信息管理】的路径，输入物联卡号，查询本月使用流量的情况，超过 500M 为异常情况
</td></tr>
</table>

（9）应用 App 运行不稳定导致掉线。

1）现象：

a．设备管理组件平台告警中 App 和容器出现反复重启的现象。

b．roma 组件反复掉线或一直掉线，管理组件应能在线。

2）解决方法：App 运行不稳定处理步骤见表 2-4-12。

表 2-4-12　　App 运行不稳定处理步骤

<table>
<tr><th>方法</th><th>执行</th></tr>
<tr><td>设备本地查看 App 运行告警</td><td>
可通过 Xshell 软件，输入命令 appm-I-cc_jc 查看 App 运行状态是否正常。

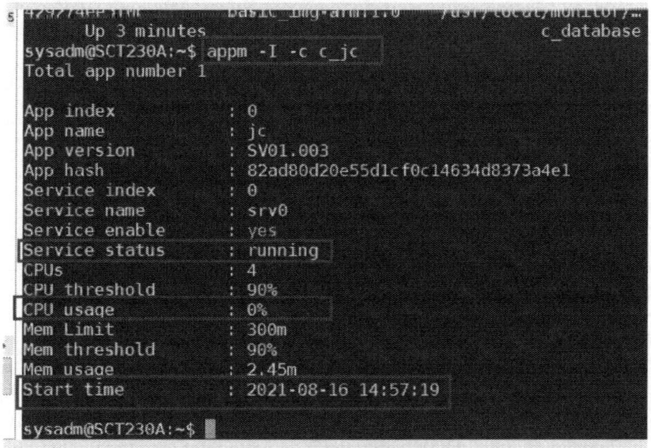

备注：c_jc 是容器名字，若查询 jcapp 运行状态，则输入 appm-I-cc_jc 查询。其他 App 以此类推。确认 App 版本，如不是最新版本需要更新 App；如是最新版 App，需要联系电科院做进一步分析
</td></tr>
<tr><td>物管平台查看 App 运行告警</td><td>
查询路径：物管平台管理组件—运行管理—运行监测—运行详情—告警监测。

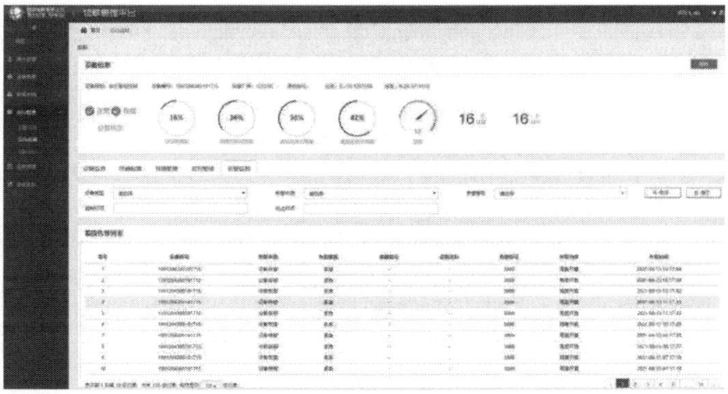

确认 App 版本，如不是最新版本需要更新 App
</td></tr>
</table>

（10）现场配置文件与平台密码不一致或存在不可用符号。

1）现象：

a．管理组件在线，roma 组件离线，App 运行正常。

b．protel 平台、roma 组件、配置文件 paramFile 密码存在不一致或密码中含有“;”“#”。

2）解决方法：密码问题处理步骤见表 2-4-13。

表 2-4-13　　密码问题处理步骤

步骤	执行
平台间密码不一致，在平台侧重置密码	protel 平台、roma 组件密码不一致，在平台侧重置密码 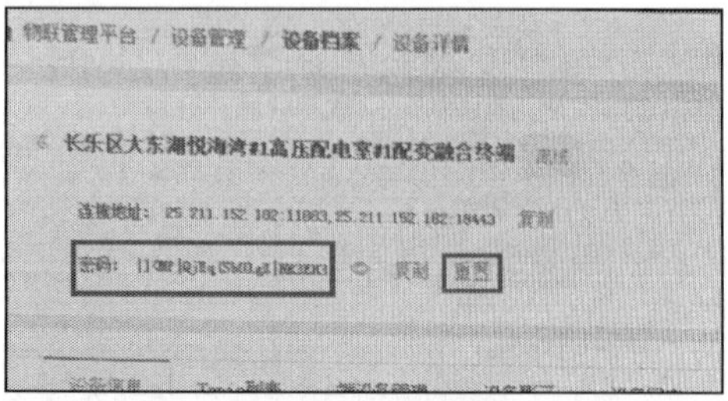 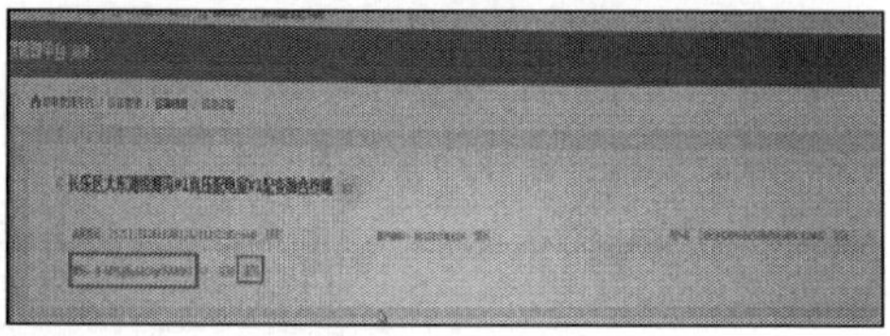
配置文件与平台密码不一致，修改配置文件	配置文件与平台密码不一致，修改配置文件 先赋权限：sudochmod777/data/app-R 进入终端路径：cd/data/app/mqtt_iot/config/ 修改配置文件 paramFile 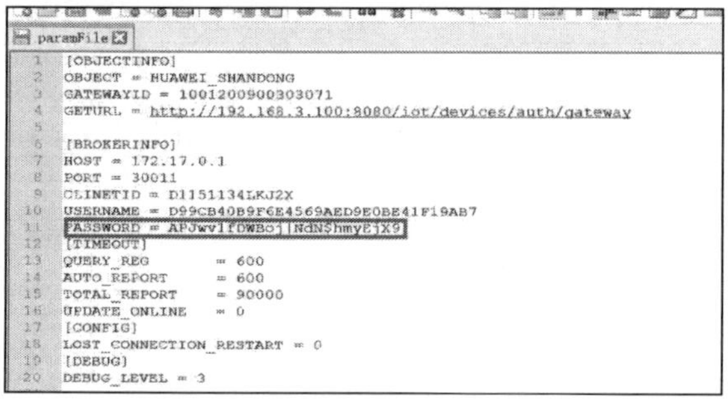 paramFile [OBJECTINFO] OBJECT = HUAWEI_SHANDONG GATEWAYID = 1001200900303071 GETURL = http://192.168.3.100:8080/iot/devices/auth/gateway [BROKERINFO] HOST = 172.17.0.1 PORT = 30011 CLINETID = D1151134LKJ2X USERNAME = D99CB40B9F6E4569AED9E0BE41F19AB7 PASSWORD = APJwv1fDWBoj|NdN$hmyEjX9 [TIMEOUT] QUERY_REG = 600 AUTO_REPORT = 600 TOTAL_REPORT = 90000 UPDATE_ONLINE = 0 [CONFIG] LOST_CONNECTION_RESTART = 0 [DEBUG] DEBUG_LEVEL = 3
密码中含有“;”“#”，平台侧重置密码，现场修改配置文件	先赋权限：sudochmod777/data/app-R 进入终端路径：cd/data/app/mqtt_iot/config/ 修改配置文件 paramFile 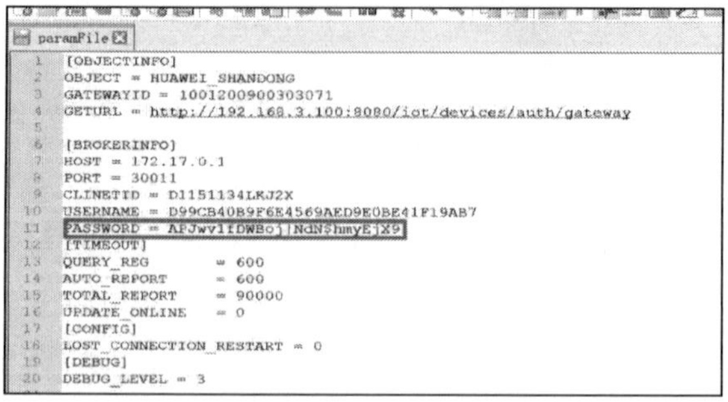 paramFile [OBJECTINFO] OBJECT = HUAWEI_SHANDONG GATEWAYID = 1001200900303071 GETURL = http://192.168.3.100:8080/iot/devices/auth/gateway [BROKERINFO] HOST = 172.17.0.1 PORT = 30011 CLINETID = D1151134LKJ2X USERNAME = D99CB40B9F6E4569AED9E0BE41F19AB7 PASSWORD = APJwv1fDWBoj|NdN$hmyEjX9 [TIMEOUT] QUERY_REG = 600 AUTO_REPORT = 600 TOTAL_REPORT = 90000 UPDATE_ONLINE = 0 [CONFIG] LOST_CONNECTION_RESTART = 0 [DEBUG] DEBUG_LEVEL = 3

（11）App 无法安装。

1）现象：

a．roma 组件掉线，设备管理组件掉线。

b．现场 4G 模块通信指示灯灭掉一组。

2）解决方法：App 无法安装处理步骤见表 2-4-14。

表 2-4-14　　App 无法安装处理步骤

方法	执行
查询并安装报文	使用命令行输入：输入 tail-f/var/log/edgecli.log|grep-aEC5 “CMD|REP_JOB_命令，查安装报文。   使用 sudo/root/edgecli-v 查看 edgecli 程序版本，实验室中的 edgecli 程序版本为 Version：v01.052

（12）edgecli 程序问题。

1）现象：

a．仅设备管理组件离线。

b．设备管理组件无正常交互报文。

2）解决方法：使用 tail-200f/var/log/edgecli.log 命令查看 edgecli 程序运行状态。若无正常

的交互报文则：使用 sudo kill-9'pid of edgecli'命令杀死 edgecli 进程。

（13）安全代理文件配置问题。

1）现象：

a．配电主站掉线。

b．安全代理文件中主站 IP 和端口配置错误。

c．加密报文报 GETESNError 且报文停止在此处。

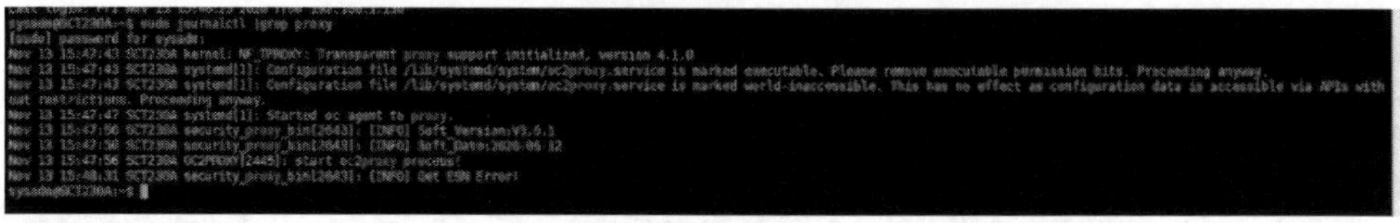

2）解决方法：edgecli 程序问题处理步骤见表 2-4-15。

表 2-4-15　edgecli 程序问题处理步骤

步骤	执行
现场修改为正确 IP 及端口	查看 sudocat/mnt/internal_storage/security_proxy_config 修改 sudovi/mnt/internal_storage/security_proxy_config 保存退出先按 Esc，再输入“：wq”。 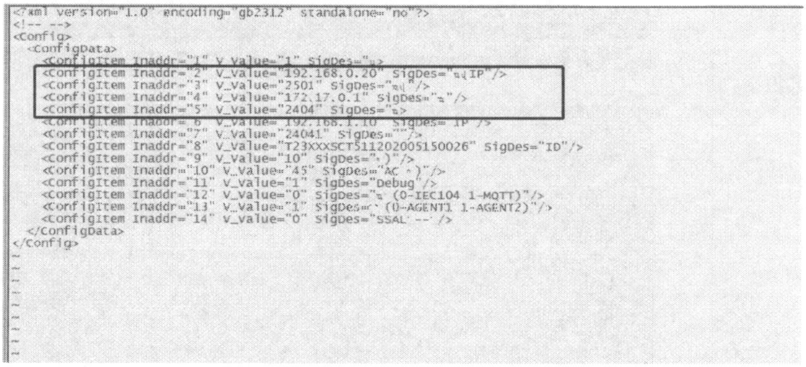 主要修改 Inaddr=2，3，4，5 这四行，2、3 填写配电自动化主站 IP 和端口，4、5 默认填写 172.17.0.1 和 2404。修改后，需重新启动安全代理程序。 1）sudo kill-9'pidofsecurity_proxy_bin 2）sudo/usr/sbin/security_proxy_bin，使用上述两条命令可以重启安全代理程序

（14）证书问题。

1）现象：

a．配电主站掉线。

b．测试证书未发中国电科院认证或正式证书未导入，加密认证失败。

2）解决方法：证书问题处理步骤见表 2-4-16。

表 2-4-16　　　　　　　　　　　证书问题处理步骤

步骤	执行
确认测试证书是否已发中国电科院认证	配电自动化 I 区主站加密上线需经过主站前置与终端进行双向证书认证，终端与配电自动化主站加密认证过程中循环报 5051，认证不通过。排查该终端信息是否与主站配置对应，如终端 SN 号、SIM 卡 ID、端口号、主站侧证书等，如不一致需将信息与主站对应。如果认证报文只显示到 59，说明前置没有终端的证书；如果认证报文只显示到 51，说明前置的终端证书错误 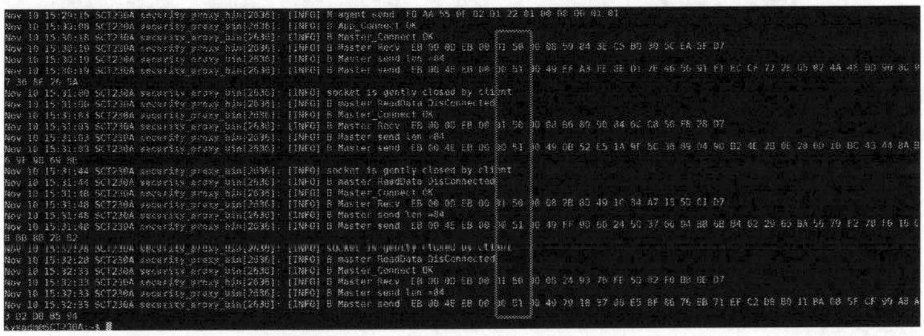
现场重新导入正式证书	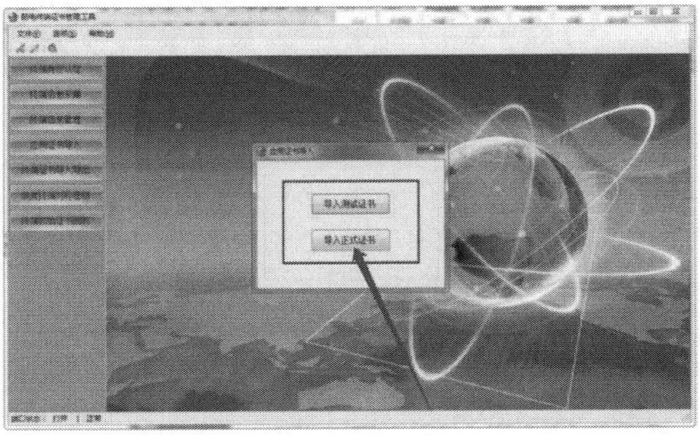

（15）加密芯片损坏或焊接问题。

1）现象：融合终端调试时，加密认证不过，查看安全代理报文，表现为加密通信时报文为 GetChipSNerrorexit，如图 2-4-3 所示。

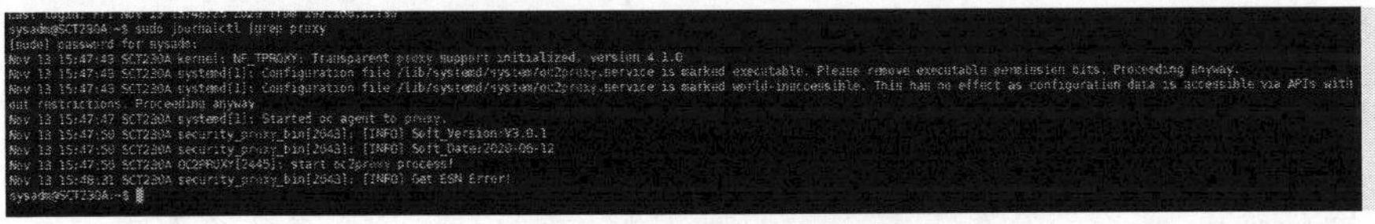

图 2-4-3　加密通信报文截图

2）解决方法：返厂维修，重新焊接加密芯片或更换加密芯片。

第三部分　智能配电通信运维

模块一　有线通信运维技术

【模块描述】

本节介绍有线通信设备运维巡视的方法、步骤；有线通信典型缺陷及其检修处理方法。

【学习目标】

学习有线通信的基础知识、基本原理，能够掌握光纤通信、串口通信典型缺陷处理的基本技能。

【正文】

一、有线通信在配电自动化系统中的应用

在我国的配电网自动化通信系统中，有线通信的通信设备主要是光缆。配电网自动化终端大量采用光纤环网和光纤以太网作为接入网。随着通信技术的不断发展，会有越来越多的新型通信技术被应用作为接入网。光纤通信是智能配电网通信组网技术的一种新型通信方式。它利用光信号传输技术，实现数据传输。光纤通信的应用可以提高配电设备的通信速度和传输精度，为信息传输提供了更为安全和可靠的保障。从结构体系上看，将其划分为树状网、环状网、辐射网。配电网通信是将配电主站与子站、终端连接的系统，其将现场配电终端采集电网信息传输到主站控制中心，中心收到反馈后下发命令或指示至终端，进而实现配电网监管控制。从现代整体电力通信系统结构来看，配电网通信系统主要包含柱上开关、环网柜、配电室及开关站等。配电网自动化系统中存在一个有效的系统站，可与远方终端、智能装置之间进行数据传递、控制、筛选、整合，但对于配电网自动化通信系统而言具，其有自己的信息处理特点，主要表现为通信节点数量相对较大、通信节点相对分散、通信节点距离短、可采用的通信方式较多等。通信技术配电网是自动化体系中的主要组成部分，因此对通信技术有着严格的要求，主要表现在通信要具有较高的可靠性、满足数据的传输要求、具有实时性，通信不受停电和故障等外界因素的影响、使用和维护要简单、具有较高的发展开放性。

二、配电自动化通信相关示意图

（1）配电自动化通信系统示意图如图 3-1-1 所示。

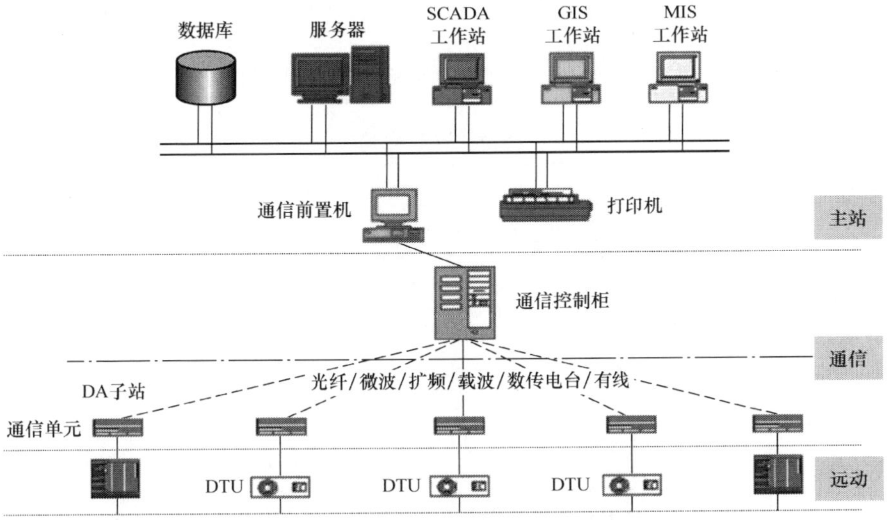

图 3-1-1　配电自动化通信系统示意图

（2）ODF 架安装示意图如图 3-1-2 所示。

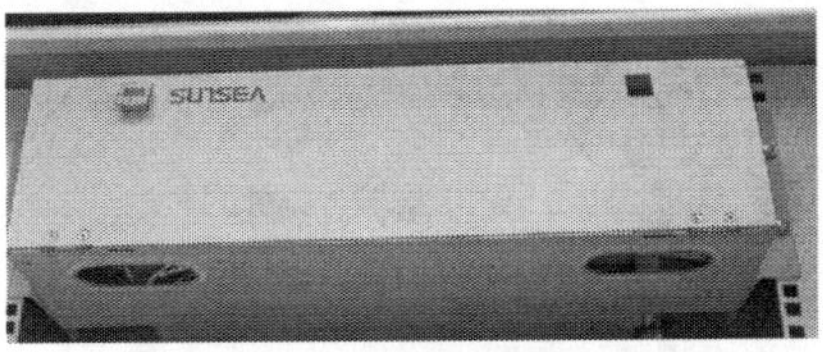

图 3-1-2　ODF 架安装示意图

（3）现场光缆熔接如图 3-1-3 所示。

图 3-1-3　现场光缆熔接施工图

（4）光缆测试图如图 3-1-4 所示。

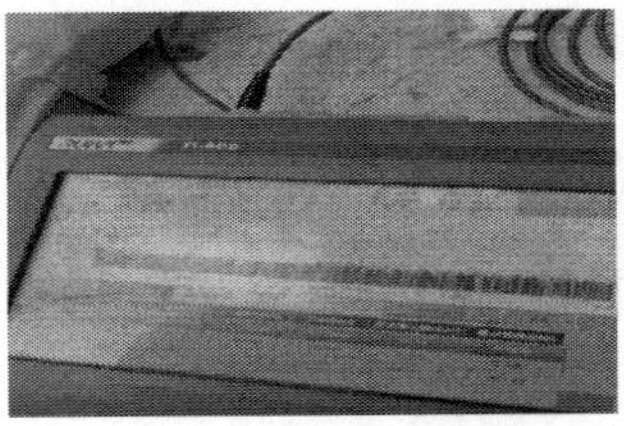

图 3-1-4　现场光缆测试图

三、有线通信（光纤通信）巡视

（一）例行巡视内容

例行巡视是一种常规性巡查，主要是对设备的外观、运行状态、参数设置等的缺陷和隐患进行跟踪和检查。具体巡视项目按照现场运行通用规程和专用规程执行，具体巡视内容见表 3-1-1。

表 3-1-1　　例行巡视检查表

序号	巡视部位	巡视内容及要求
1	通信箱体检查	柜体或箱体外观清洁，无污痕
		检查放置或固定的位置是否正确、稳妥、牢固，有无掉落隐患
		柜门或箱门、门锁平整、完好
		柜门或箱门构架无锈蚀、变形、裂纹、损坏
		进出线孔洞封堵严密
		柜顶及柜内无杂物、遗留物，特别是易燃物
2	设备电源板卡检查	电源指示灯正常，电源输入正常，输出电压正常
		设备各组件运行灯正常
		交换机：检查工作电源、通信接口、网络口以及交换机本体硬件的各类电源指示灯和运行指示灯是否正常，有无告警
		通信板卡接口或硬件的电源指示灯和运行指示灯是否正常，有无告警
3	标签线缆检查	检查交换机、尾纤标签是否完整，是否字迹模糊，有无脱落现象
		检查线缆、尾纤、网线排列整齐，有无松动现象
		各类线缆绝缘外层无破损，无断线
		各插件单元的连接插头、插座牢固、无松动
		各类接线紧固，无松动情况
		接线端子绝缘无老化，螺丝无松动、锈蚀现象
		光纤配线架（ODF）：检查接口是否松脱或纤芯断开
4	参数配置	检查核对终端 ID、主站 IP 以及端口号等通信参数设置是否正确、通信规约设置是否正确等

（二）有线通信（光纤通信、串口通信）典型缺陷及其处理方法

1. 光纤通信故障

（1）故障成因。

1）操作不规范。首先，熔接点故障大多是由于操作人员对光纤熔接的工艺、流程与质量标准等掌握不准确；其次，对熔接损耗的技术与方法等未能有效把握，导致光缆熔接衰耗过大，为以后信号传输埋下隐患；再次，光缆检修、运行与维护过程中，也经常由于误拔跳纤、盘纤理线过程中过度弯折等导致光缆故障。

2）外力因素干扰。通信光缆大多处于相对开放的公共空间中，受外来因素的影响较大，特别是自然灾难，如地震、台风、雨水、雷暴天气等都可能对通信光缆带来破坏性影响。

3）技术与工艺因素。光缆无论是初期的生产、施工安装都需要准确把握专业的技术和工艺。光缆的制作参数及工艺是否满足国家规范标准；施工安装过程中光缆引下线和接头盒的

装配等是否符合工艺标准。这些都会影响光纤的正常通信。

（2）故障分类。在日常运维工作中，常见故障现象有电源板卡故障、光纤本体硬件故障及软件配置故障等类型。常见故障情况见表 3-1-2。

表 3-1-2　故障分类及主要原因

序号	故障分类	常见故障情况
1	电源板卡故障	交换机故障。故障类型包括工作电源故障、通信接口故障、网络线故障以及交换机本体硬件故障
		通信板卡接口或硬件故障
2	光纤本体硬件故障	光纤配线架（ODF）接口松脱或纤芯断开
		光纤电缆终端故障
		光缆线路故障　（详见注释 1）
		光信号丢失。主要原因有激光器输出功率不足、长距离光纤传输无中继或中继不足、连接器故障、光纤接头故障、光纤接头配置过多、熔接盘或光纤配线盘连接处故障、光纤断裂
		光信号时断时续。主要原因有结合处制作工艺水平较差或结合次数过多造成光纤衰减严重（通常衰减门限值是 37dB）、连接器损伤（指纹、擦伤、灰尘、湿度及多次插拔连接器、输出功率过低、热胀冷缩影响死结
		法兰盘故障。光时域反射仪（OTDR）观察不到曲线。消缺方法：首先是清洁；清洁无效则更换法兰盘，如果仍然无效则可能是尾纤故障
		尾纤故障。需更换尾纤
		接头盒故障、光纤接续故障（详见注释 2）
3	参数配置错误	主要包括终端 ID、主站 IP 以及端口号等通信参数设置错误、通信规约设置错误和主站参数设置错误等

表 3-1-2 中注释 1：

1）光缆受损。光缆本体因自然灾害、高温、过度弯折、过度拉伸、外力物理挤压变形、强电场干扰导致的电腐蚀等机械性能的变化使得线芯衰耗增大而无法正常传输光信号。

2）光缆断裂。施工外破、盗割、小动物啃咬导致光缆纤芯中断而阻断光信号传输。OTDR 测试时表现为纤芯全部中断。解决办法：首先根据 OTDR 测试结果来对照线路技术资料，准确判定障碍点；再利用障碍点两端预留光纤拉拢接续，或者接续新光纤的方式进行修复。

3）自然断纤。光纤由玻璃纤维拉制而成，比较脆弱，长时间运行可能产生静态疲劳、老化、接头盒进水导致断纤。光缆出现非全阻，可用备用纤芯或同路由其他光缆代替故障纤芯上的通信业务。

4）线路接头故障。光缆熔接头、跳纤接头、接续盒及 ODF 配线设备等故障。

表 3-1-2 中注释 2：

1）接头盒故障。因自然应力、振动和静态疲劳造成接头盒中的光纤和光纤接头出现断裂。现象为：接头位置只有一根或少数几根断纤，对同管光纤进行比较测试后，判断故障是否在接头位置；出现反射峰而衰耗较小的假峰现象。

2）光纤接续故障。光纤的接续很难避免，但要求接续产生的附加衰减（接续损耗）尽可能小。结构参数不同的光纤对接在一起时就容易导致附加衰减增大，因此在接续时，同一中继段要采用同一厂家和同一型号的光纤，以保证接续的光纤折射率和尺寸偏差尽量小。其次，接续时要控制好接续的次数。如果第一次接续接头损耗过大，对光纤接头再次接续时，对护层的圆滑度再次整形，可以增大纤芯包层内的光通量，使接头的损耗降低。但是如果纤芯多次受到高压放电，接头和包层将形成另一种介质，光的折射率将发生变化，光信号传输产生大量辐射，增加接头损耗。同一接头接续的次数一般掌握在 3 次以内为宜。

（3）处理方法：光时域反射仪（OTDR）的使用。故障查找是光纤通信运维的一项重要工作，OTDR 是判断光纤线路故障的主要仪表。OTDR 利用瑞利散射原理，通过采集后向散射信号曲线来分析各点的情况。菲涅尔反射是瑞利散射的特征，是光纤折射率突变时出现的特殊反射峰。观察菲涅尔反射峰的高低、位置可以定位光纤故障点。测试时应将 OTDR 的折射率调整与光纤的折射率一致，避免故障点定位的偏差。用 OTDR 精确测试障碍点与邻近接头点的纤长，将测试的纤长换算成皮长，再将皮长换算成障碍点的皮长，即可准确定位障碍点。

（4）小结：光纤通信具有其他通信方式无可比拟的优点，但故障修复比较麻烦。光纤通信的运行维护并没有固定模式，需要光纤通信人员应了解常见的故障，不断积累经验，快速排除故障。

2. 串口通信故障

（1）串口通信线缆芯线破损断开。

（2）串口通信板卡接口或硬件故障。

（3）RS-232 通信 DB9 插头内部虚焊或断开。

（4）RS-232 通信线收、发、地三条线芯接线错误。通常较容易出现的是收、发线芯接线错误，只需将收、发线芯交换即可。

（5）串口通信线和电源等强电线捆扎在一起，受强电干扰导致信号不稳定。

（三）有线通信巡视作业危险点分析表

本工作任务为有线通信（光缆通信）设备的全面巡视，该工作任务的主要危险点及防范措施见表 3-1-3。

表 3-1-3　有线通信巡视作业危险点分析表

序号	危险点	控制措施
1	误碰、误动、误登运行设备	巡视检查时，不得攀登杆塔
2	发现缺陷及异常单人处理	禁止巡视作业过程单人处理设备缺陷及异常
3	发现缺陷及异常时，未及时汇报	发现设备缺陷及异常时，及时汇报，采取相应措施

续表

序号	危险点	控制措施
4	与设备保持距离不够，造成触电伤害	巡视检查时应与带电设备保持足够的安全距离（特别是低压侧避雷器安全距离），10kV（0.7m），110kV（1.5m）
5	进入电缆沟、电缆井受有毒气体伤害	打开电缆沟、电缆井井盖，先通风15min后，经检测合格后方可进入井沟工作。井盖开启后，应装设遮拦
6	未按规定佩戴安全防护用具	按规定着装，并佩戴相应的安全防护用具
7	未按照巡视线路巡视，造成巡视不到位，漏巡视	严格按照巡视线路图进行设备巡视
8	使用不合格的安全工器具	安全工器具定期检查试验。巡视前，检查所使用的安全工器具完好
9	生产现场安全措施不规范，如警告标识不齐全、孔洞封锁不良、带电设备隔离不符合要求，造成人员伤害	定期对现场环境进行检查，对不符合要求的警告标识和其他环境危险因素进行修复
10	夏秋季节巡视户外设备时，被蛇咬造成人身伤害	（1）行走时要注意脚下，尽量避免在草地行走。 （2）变电站应备有蛇伤药，有蛇伤紧急处理预案

（四）巡视作业评分表

巡视作业评分表见表3-1-4。

表3-1-4　　有限通信作业考核评分表

部门		姓名		岗位名称	
开始时间		结束时间			
考核时限	30min	考核方式	技能笔试		
说明	1.本项目为单人操作项目，采取笔试与实操相结合，画简易有线通信拓扑图，完成危险点分析、编制现场工作任务派工单、设备巡视计划。 2.考核时间结束，立即停止工作，结束前5min时提醒一次。 3.满分100分，全部项目扣分扣完本项得分为止。 4.场景描述：工作地点为10kV技培线1#杆至10kV技培线实训2#环网柜。 5.工作任务：10kV技培线1#杆至10kV技培线实训2#环网柜有线通信设备巡视工作				

操作步骤及考核要项		考评内容	评分标准	配分	扣分	扣分原因
一	现场工作任务派工单			30		
1	工作负责人、工作班成员栏填写	正确填写部门、工作班组、工作负责人、工作班人数	错漏一处扣1分	2		
2	工作线路（电缆）或设备名称、工作地点、工作任务、计划工作时间栏填写	正确填写工作线路（电缆）或设备名称、工作地点、工作任务	错漏一处扣2分	4		

续表

操作步骤及考核要项		考评内容	评分标准	配分	扣分	扣分原因	
3	安全措施和注意事项	打开电缆沟、电缆井井盖，先通风15min后，经检测合格后方可进入井沟工作。井盖开启后，应装设遮拦	正确填写相应的安全措施，每漏项扣2分；有害气体含量未检测该项不得分	5			
		梯子应坚固完整，有防滑措施，人在梯子上工作时，有专人扶持	正确填写相应的安全措施，每漏项扣2分	4			
		使用安全带、脚扣登高工作时，使用合格齐备工器具。工作前应认真检查安全工器具，保证足够的机械强度。安全带的挂钩或绳子应挂在结实牢固的构件上，并高挂低用	正确填写相应的安全措施，每漏项扣2分	5			
		核对工作线路、间隔名称是否正确	未进行核对扣2分	2			
		检查杆根、杆塔表面是否正常；检查拉线是否松弛、杆塔埋深是否足够及杆根情况	未进行核对，每漏项扣2分	6			
		城区、人口密集区或交通道口和通行道路上施工时，工作场所周围应装设遮拦（围栏），并在相应部位装设警告标示牌。必要时，派人看管	未做好安全措施扣2分	2			
二	巡视结果填写			70			
1	通信箱体检查	柜体或箱体外观清洁，无污痕	正确填写检查结果，每漏项扣2分	4			
		检查放置或固定的位置是否正确、稳妥、牢固，有无掉落隐患	正确填写检查结果，每漏项扣2分	4			
		柜门或箱门、门锁平整、完好	正确填写检查结果，每漏项扣2分	4			
		柜门或箱门构架无锈蚀、变形、裂纹、损坏	正确填写检查结果，每漏项扣2分	4			
		进出线孔洞封堵严密	正确填写检查结果，每漏项扣2分	4			
		柜顶及柜内无杂物、遗留物，特别是易燃物	正确填写检查结果，每漏项扣2分	4			
2	设备电源板卡检查	电源指示灯正常，电源输入正常，输出电压正常	正确填写检查结果，每漏项扣2分	4			
		设备各组件运行灯正常	正确填写检查结果，每漏项扣2分	4			
		交换机：检查工作电源、通信接口、网络口以及交换机本体硬件的各类电源指示灯和运行指示灯是否正常，有无告警	正确填写检查结果，每漏项扣2分	4			
		通信板卡接口或硬件的电源指示灯和运行指示灯是否正常，有无告警	正确填写检查结果，每漏项扣2分	4			

续表

操作步骤及考核要项		考评内容	评分标准	配分	扣分	扣分原因	
3	标签线缆检查	检查交换机、尾纤标签是否完整，是否字迹模糊，有无脱落现象	正确填写检查结果，每漏项扣 3 分	5			
		检查线缆、尾纤、网线排列整齐，有无松动现象	正确填写检查结果，每漏项扣 3 分	5			
		各类线缆绝缘外层无破损，无断线	正确填写检查结果，每漏项扣 3 分	5			
		各插件单元的连接插头、插座牢固、无松动，各类接线紧固，无松动情况	正确填写检查结果，每漏项扣 3 分	5			
		接线端子绝缘无老化，螺丝无松动、锈蚀现象	正确填写检查结果，每漏项扣 3 分	5			
		光纤配线架（ODF）：检查接口是否松脱或纤芯断开	正确填写检查结果，每漏项扣 3 分	5			
综合成绩				100			

模块二 载波通信运维技术

【模块描述】

学习载波通信基础知识、基本原理，熟悉载波通信方式和架构。能够完成配电线载波设备的日常巡视检查，能够完成载波通信典型故障处理的基本技能。

【学习目标】

1．掌握载波通信的基本原理、架构、接口、传输路由。

2．掌握载波通信巡视、检修方法、步骤。

3．了解载波通信典型缺陷及其处理方法。

【正文】

一、电力线载波基础知识

电力线载波通信是一种利用电力线进行数据传输的通信技术，即利用现有电力线作为信号的传输介质，让电力网在传输电力能源的同时进行数据、语音等信号的传输。电力线载波通信是电力系统中特有的一种通信方式。由于电力线路已架设完毕，结构牢固稳定，电力线输送工频电流的同时，用之传送载波信号，节省线路投资，既经济又十分可靠。这种综合利用早已成为世界上所有电力部门优先采用的特有通信手段。

电力线载波通信按照采用的通信线路的不同，可分为输电线载波通信、配电线载波通信和低压配电线载波通信三类。

电力线载波通信将信息调制在高频载波信号上，通过已建成的电力线进行传输。对于输电线载波通信，载波频率一般为 10～300kHz；对于配电线载波通信，载波频率一般为 5～40kHz；对于低压配电线载波通信，载波频率一般为 50～150kHz。对传输信息的调制可采用幅度调制、单边带调制、频率调制或频移键控（Frequency Shift Keying,FSK）等方式。

以输电线路作为高频通道传输高频信号，必须对输电线路进行高频信号调制解调，即将载波信号经结合滤波器和耦合电容器注入输电线路。在输电线路的两相上作高频加工的通道，称为“相—相”制高频通道，也称相相耦合；只在一相上进行高频调制解调加工的，称为“相—地”制高频通道，也称相地耦合。“相—相”制高频通道的衰耗小，但所需加工设备多，投资大；“相—地”制高频通道的传输效率较低，但所需的加工设备较少，投资较小。国内一般都采用“相—地”制高频通道，其构成如图 3-2-1 所示。

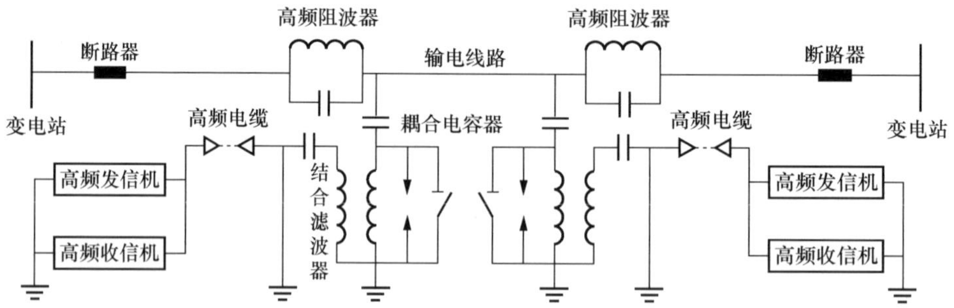

图 3-2-1 相地耦合方式

二、载波设备组成

传统的载波通信的设备有：在变电站安装的多路载波机、在馈线端监测对象处安装的配电线载波机也称为从站设备，以及高频通道。高频通道设备主要由高频阻波器、耦合电容器、结合滤波器和高频收发信机组成。

高频阻波器串联在线路两端，它是由电感线圈和可变电容组成一个对高频信号的并联谐振电路，因此对高频电流呈现最大的阻抗，从而将高频信号限制在本线路的范围内。耦合电容器将低压的高频收发信机耦合到高压线路上。结合滤波器与耦合电容器共同组成对高频信号的串联谐振回路，对高频信号呈现最小的阻抗，让高频电流顺利通过。高频电缆用来连接高频收发信机与结合滤波器。高频电缆采用同轴电缆，它具有高频损耗小、抗干扰能力强等优点。放电间隙用以防止过电压对收发信机的损坏。高频收发信机接收和发送高频信号。

在发送端，载有数据信息的载波信号经结合滤波器和耦合电容器注入电力线传往接收端；在接收端，通过耦合电容器和结合滤波器将调制信号从电力线上分离出来，并经解调装置将信息提取出来。配电线载波通信系统的典型构成如图 3-2-2 所示。

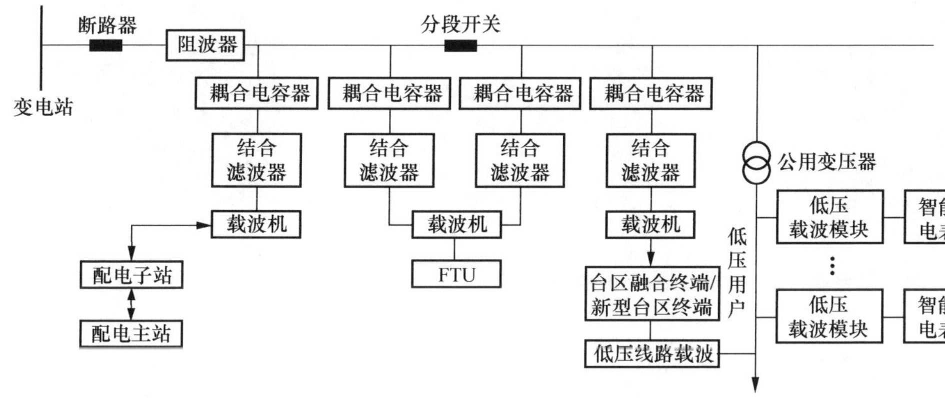

图 3-2-2 配电线载波通信系统

在变电站安装多路配电线载波机并与配电子站相连，在 10kV 馈线的分段开关处安装 FTU，采用配电线载波机经耦合电容器耦合至馈线，并通过馈线与相应的配电子站相连，这样就可把分散的 FTU 上报的信息集中至变电站的配电子站处，配电子站再通过高速数据通道将收集到的信息转发给配电主站。为了避免线路开关分断时切断载波通道，可在分段开关处通过耦合电容器及结合滤波器构造载桥路；为了防止在发生单相接地时影响载波通信，可采取两线对地耦合方式，即通过 4 台耦合电容器将载信号分别耦合至分段开关两侧的两相线上。

三、载波在配电网的应用

配电网中常用的载波设备为高速电力线载波（High-speed power line carrier，HPLC），也称为宽带电力线载波，是以电力线作为通信媒介，实现配电网电力用户用电信息汇聚、传输、交互的通信方式。主要采用正交频分复用（OFDM）技术，频段使用 2～12MHz。与传统的低速窄带电力线载波（PLC）技术比较而言，HPLC 技术具有带宽大、传输速率高，可以满足低压电力线载波通信更高的需求。宽带电力线载波相比窄带电力线载波主要有两点优势：一是提升通信数据量，窄带电力线载波的带宽在 120～270kHz，只能传输用电量等有限数据用于日常收费，而宽带电力线载波的带宽可以达到 2～12MHz，可以实现大数据的通信。二是达到通信实时性，窄带电力线载波只要求一天通信一次即可，而新型电力系统的提出，要求电网监测实时数据，包括不限于每小时电量、故障实时上报等信息。

配电网中，在电缆线路主要采用电感耦合器、通信终端机、网桥等设备组成；在杆塔线路上，一般采用电容耦合器、通信终端机、网桥等设备组成。常见接口为 RJ45 的网络口，如图 3-2-3～图 3-2-5 所示。

图 3-2-3 电感耦合器

图 3-2-4 电容耦合器

图 3-2-5 通信终端机

配电网常见载波通信组网如图 3-2-6 所示。

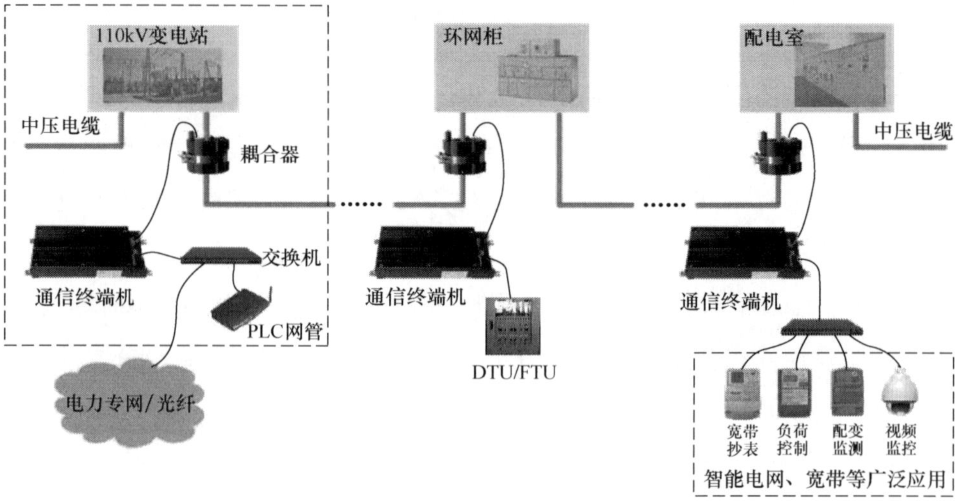

图 3-2-6 配电网常见载波通信组网

配电线载波通信系统方案时，应注意以下技术问题：

（1）随着线路上的分段开关、联络开关和分支开关的动作，线路结构将变动，载波信号的衰减情况也随之发生变化。随着线路的用电负荷变动，载波信号的衰减情况也随之发生变化，一般负荷越重，衰减越严重，在设计时应考虑最坏的情况。

（2）不同的用电设备对载波信号的干扰也不同，直接整流环节和高频激励的气体放电等对载波信号的干扰较大。

（3）地埋电缆的线线、线地之间的分布电容较大，因此对载波信号的衰减较大；并且载波信号频率越高，衰减越大，因此要求在有地埋电缆的线路上，使用较低的载波频率。配电线的载波频率越低，在线路上传输时衰减越小，受 50Hz 工频的谐波干扰越强；其频率越高，在线路上传输时衰减越大，受 50Hz 工频的谐波干扰越弱。综合考虑，配电线载波信号的频率范围应为 5～40kHz，在衰减可以接受的情况下，使用 20～40kHz 最佳。

（4）因使用的频率较低，耦合电容器必须在 10000pF 以上，阻波器和结合滤波器也与输电线载波通信系统的不同。

（5）因线路分支较多，为降低成本，一般不在各分支上加阻波器，为此必须采取以下措施：载波机采用 FSK 方式提高抗干扰能力；增大输出功率以提高信噪比和适应范围；具备一定的输出功率裕量，以保证在最不利的情况下满足使用要求。对一些非常复杂且信号衰减大的线路，或对一些能产生强干扰的分支，应适当加设阻波器以降低信号衰减和减少干扰信号进入载波通道。对于一些在通信距离上满足不了的配电长线路，可以在其适当位置加设阻波器，并将其两侧的线路上的数据信息分别上报给两侧相应的主变电站。

（6）配电线载波系统由于反射导致驻波，从而在馈线某些位置可能会存在盲点。

配电线载波通信有如下优点：可以完全为供电公司所控制，便于管理；可以沟通供电公司所关心的任何测控点；不需要得到无线电管理委员会的许可等。但是配电线载波通信系统的数据传输速率较低，容易受到干扰、非线性失真和信道间交叉调制的影响，并且配电线载波通信系统采用的电容器和电感器的体积较大、价格也较高。

四、载波巡视检查

（一）例行巡视内容

例行巡视是常规性巡查，主要对载波设备的外观、异常声响、接线接头等的缺陷和隐患进行跟踪检查。具体巡视项目按照现场运行通用规程和专用规程执行，具体巡视内容见表 3-2-1。

表 3-2-1　　例行巡视检查表

序号	巡视部位	巡视内容及要求
1	电源模块	运行正常、指示灯正常
		设备外观正常，无破损裂纹、无放电痕迹等异常现象
		各接头牢固，无松动
		设备无异常发热、无异常声响
2	通信终端机	指示灯正常、运行数据等均应正常
		各接头牢固，无松动
		设备外观正常，无破损裂纹、无放电痕迹等异常现象
		设备无异常发热、无异常声响
		电源线、电缆、通信线应无发热迹象
3	网桥	指示灯正常、运行数据等均应正常
		各接头牢固，无松动
		设备外观正常，无破损裂纹、无放电痕迹等异常现象
		设备无异常发热、无异常声响
		电源线、电缆、通信线应无发热迹象

续表

序号	巡视部位	巡视内容及要求
4	电感耦合器	耦合器外观正常，无破损裂纹，无鼓胀，无放电痕迹
		卡扣式耦合器，接头牢固，无错位，无松动
		设备无异常发热、无异常声响
		接头牢固，无松动
		部件连接处，接头牢固，无松动
		电缆线正常，无异常发热，塑料皮套无异常
		标签标识正常，无脱落
		耦合器运行环境正常，无污水，无腐蚀气体等污染环境
5	电容耦合器	耦合器外观正常，无破损裂纹，无鼓胀，无放电痕迹
		绝缘支柱外观正常，无破损裂纹，无放电痕迹
		设备无异常发热、无异常声响
		固定螺丝安装牢固，无松动
		耦合器和绝缘支柱等各部件连接处，接头牢固，无松动
		电缆线正常，无异常发热，塑料皮套无异常
		接线绑扎牢固，无脱落，无松动
6	接线	接线牢固，无松动
		各连接线无异常发热，表皮正常
		各连接线标签、标识正常，无脱落，无污渍
7	其他	各部件应密封良好，安装固定牢固
		通风、照明完好
		电缆孔洞封堵严密

（二）特殊巡视内容

特殊巡视指因设备运行环境、方式变化而开展的巡视。遇有以下情况，应进行特殊巡视：

（1）大风后、雷雨后、冰雪后、冰雹后、雾霾过程中。

（2）新设备投入运行后。

（3）设备经过检修、改造或长期停运后重新投入系统运行后。

（4）设备缺陷有发展时。

（5）设备发生过故障等异常情况。

（6）法定节假日、上级通知有重要保供电任务时。

（7）存在发生较大电网事故或者存在发生较大信息安全风险时段。

（三）危险点分析

载波巡视是对载波通信设备的全面巡视，其作业危险点及防范措施见表 3-2-2。

表 3-2-2 载波巡视作业危险点及防范措施

序号	危险点	防范措施
1	误碰、误动、误登运行设备	巡视检查时，不得攀爬主变压器、不得误动误碰带电设备等
2	发现缺陷及异常单人处理	禁止巡视作业过程单人处理设备缺陷及异常
3	发现缺陷及异常时，未及时汇报	发现设备缺陷及异常时，及时汇报，采取相应措施
4	与设备保持距离不够，造成触电伤害	巡视检查时应与带电设备保持足够的安全距离（特别是低压侧避雷器安全距离），10kV（0.7m），110kV（1.5m）
5	进入电缆沟、电缆井受有毒气体伤害	打开电缆沟、电缆井井盖，先通风一段时间，经检测合格后方可进入井沟工作。井盖开启后，应装设遮拦
6	未按规定佩戴安全防护用具	按规定着装，并佩戴相应的安全防护用具
7	未按照巡视线路巡视，造成巡视不到位，漏巡视	严格按照巡视线路图进行设备巡视
8	使用不合格的安全工器具	安全工器具定期检查试验。巡视前，检查所使用的安全工器具完好
9	生产现场安全措施不规范，如警告标识不齐全、孔洞封锁不良、带电设备隔离不符合要求，造成人员伤害	定期对现场环境进行检查，对不符合要求的警告标识和其他环境危险因素进行修复
10	夏秋季节巡视户外设备时，被蛇咬造成人身伤害	（1）行走时要注意脚下，尽量避免在草地行走。 （2）变电站应备有蛇伤药，有蛇伤紧急处理预案

（四）标准化作业卡编制

标准化作业卡是使巡视作业工作内容更加清晰明确，确保设备巡视不漏巡和错巡的一项重要措施。根据 DL/T 546—2012《电力线载波通信运行管理规程》编制配电网载波通信设备全面巡视标准化作业卡（见表 3-2-3）。

表 3-2-3 配电网载波通信设备全面巡视标准化作业卡

序号	巡视部位	巡视内容及要求	执行完打√或描述异常
1	电源模块	运行正常、指示灯正常	
		设备外观正常，无破损裂纹、无放电痕迹等异常现象	
		各接头牢固，无松动	
		设备无异常发热、无异常声响	
2	通信终端机	指示灯正常、运行数据等均应正常	
		各接头牢固，无松动	
		设备外观正常，无破损裂纹、无放电痕迹等异常现象	
		设备无异常发热、无异常声响	
		电源线、电缆、通信线应无发热迹象	
3	网桥	指示灯正常、运行数据等均应正常	
		各接头牢固，无松动	
		设备外观正常，无破损裂纹、无放电痕迹等异常现象	
		设备无异常发热、无异常声响	
		电源线、电缆、通信线应无发热迹象	

续表

序号	巡视部位	巡视内容及要求	执行完打√或描述异常
4	电感耦合器	耦合器外观正常，无破损裂纹，无鼓胀，无放电痕迹	
		卡扣式耦合器，接头牢固，无错位，无松动	
		设备无异常发热、无异常声响	
		接头牢固，无松动	
		部件连接处，接头牢固，无松动	
		电缆线正常，无异常发热，塑料皮套无异常	
		标签标识正常，无脱落	
		耦合器运行环境正常，无污水，无腐蚀气体等污染环境	
5	电容耦合器	耦合器外观正常，无破损裂纹，无鼓胀，无放电痕迹	
		绝缘支柱外观正常，无破损裂纹，无放电痕迹	
		设备无异常发热、无异常声响	
		固定螺丝安装牢固，无松动	
		耦合器和绝缘支柱等各部件连接处，接头牢固，无松动	
		电缆线正常，无异常发热，塑料皮套无异常	
		接线绑扎牢固，无脱落，无松动	
6	接线	接线牢固，无松动	
		各连接线无异常发热，表皮正常	
		各连接线标签、标识正常，无脱落，无污渍	
7	其他	各部件应密封良好，安装固定牢固	
		通风、照明完好	
		电缆孔洞封堵严密	

（五）巡视工具准备

应根据巡视作业现场实际情况合理配置所需的工器具，例如雨天巡视就需准备雨衣、绝缘靴。变电站巡视作业的巡视工具准备见表 3-2-4。

表 3-2-4　　变电站巡视工具准备

如已准备打√	序号	名称	单位	备注
	1	安全帽	顶	
	2	绝缘鞋（绝缘靴）	双	根据现场情况选择
	3	万用表	只	
	4	应急灯	盏	根据现场情况选择
	5	钥匙	套	
	6	纱手套	双	
	7	笔记本电脑	台	
	8	RJ45 网络线	条	
	9	望远镜	个	根据现场情况选择
	10	红外测温仪	个	根据现场情况选择
	11	气体检测仪	套	根据现场情况选择

（六）现场巡视

1. 电源模块的巡视检查

（1）巡视部位图。应对外观、指示灯等方面进行观察。载波通信设备的电源模块如图 3-2-7 所示。

图 3-2-7　载波通信设备的电源模块

（2）检查方法。检查电源模块是否运行正常，一般通信终端机运行正常的话，电源模块的输出电压是正常的。查看设备外观正常，无破损裂纹、无放电痕迹等异常现象。检查各接头是否接线牢固，无松动。检查设备有无异常发热、有无异常声响。

电源模块有异常会直接影响通信运行，需进一步用万用表检查电源模块的输入输出电压是否正常，以此判断是输入电源异常还是电源模块本身故障。

2. 通信终端机\网桥的巡视检查

（1）巡视部位图。应对外观、指示灯、接头等方面进行观察。载波通信设备的通信终端机如图 3-2-8 所示。

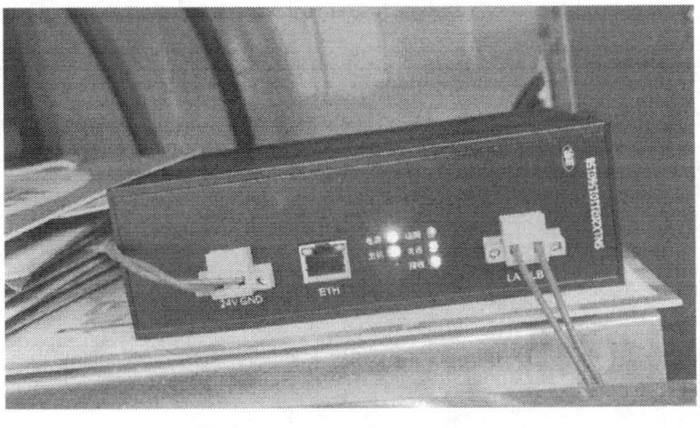

图 3-2-8　通信终端机

（2）检查方法。检查通信终端机是否运行正常，电源指示灯、运行指示灯、通信灯等是否闪烁正常。查看设备外观正常，无破损裂纹、无放电痕迹等异常现象。检查电源线、电缆、通信线等有无异常现场，检查各接头是否接线牢固，无松动。检查设备有无异常发热、有无异常声响。参数设置中：主从机设置是否正常、载波频率设置是否正常等。

3．电感耦合器的巡视检查

（1）巡视部位图。应对外观、接头、卡扣接触点等方面进行观察。电感耦合器如图 3-2-9 所示。

图 3-2-9　电感耦合器

（2）检查方法。检查电感耦合器外观正常，无破损裂纹，无鼓胀，无放电痕迹。卡扣式耦合器接头牢固，无错位，无松动。设备无异常发热、无异常声响。电缆线正常，无异常发热，塑料皮套无异常。标签标识正常，无脱落。检查耦合器运行环境正常，无污水，无腐蚀气体等污染环境。

图 3-2-10　电容耦合器

4．电容耦合器的巡视检查

（1）巡视部位图。应对外观、接头、绝缘支柱等方面进行观察。电容耦合器如图 3-2-10 所示。

（2）检查方法。检查电容耦合器外观正常，无破损裂纹，无鼓胀，无放电痕迹。绝缘支柱外观正常，无破损裂纹，无放电痕迹。检查设备无异常发热、无异常声响。固定螺丝安装牢固，无松动。检查电容耦合器和绝缘支柱等各部件连接处，接头牢固，无松动。电缆线正常，无异常发热，塑料皮套无异常。接线绑扎牢固，无脱落，无松动等现象。

【任务评价】

一、载波通信设备巡视作业考核要求

1. 理论测验

完成载波通信设备巡视知识测验，主要内容包括知识准备部分和标准化作业卡。

2. 技能考核

选择线路上的载波设备或者电缆上的载波设备开展巡视作业。通过技能实训场或仿真培训系统按照危险点分析、标准化作业卡编制、巡视工具准备、现场巡视和巡视检查记录五个步骤完成载波通信设备的巡视作业。

二、巡视作业考核评分表

载波巡视作业考核评分表见表 3-2-5。

表 3-2-5　　载波巡视作业考核评分表

部门			姓名		岗位名称	
开始时间			结束时间			
考核时限	60min		考核方式	技能笔试		
说明	1.本项目为单人操作项目，采取笔试或应用仿真培训系统，根据由主接线图、现场图片或视频材料等模拟的生产作业场景，完成危险点分析、编制任务派工单、设备巡视作业。 2.考核时间结束，立即停止工作，结束前 5min 时提醒一次。 3.满分 100 分，全部项目扣分扣完本项得分为止。 4.场景描述：工作地点为 10kV××线 023 杆。在城区或人口密集区地段。 5.工作任务：10kV××线 023 杆（或者 10kV××西路环网柜）载波通信设备巡视工作					
操作步骤及考核要项		考评内容	评分标准	配分	扣分	扣分原因
一	任务派工单填写			30		
1	工作负责人、工作班成员栏填写	正确填写部门、工作班组、工作负责人、工作班人数	错漏一处扣 1 分	3		
2	工作线路（电缆）或设备名称、工作地点、工作任务、计划工作时间栏填写	正确填写工作线路（电缆）或设备名称、工作地点、工作任务	错漏一处扣 2 分	6		
3	安全措施和注意事项	进入电缆沟、电缆井，要先自然通风一段时间，经检测合格后方可进入井沟工作。井盖开启后，应装设遮拦	正确填写相应的安全措施，每漏项扣 2 分	7		
		梯子应坚固完整，有防滑措施，人在梯子上工作时，有专人扶持	正确填写相应的安全措施，每漏项扣 2 分	7		
		使用安全带、脚扣登高工作时，使用合格齐备工器具。工作前应认真检查安全工器具，保证足够的机械强度。安全带的挂钩或绳子应挂在结实牢固的构件上，并高挂低用	正确填写相应的安全措施，每漏项扣 2 分	7		

续表

操作步骤及考核要项		考评内容	评分标准	配分	扣分	扣分原因
二	巡视结果填写			70		
1	载波通信设备巡视	电源模块	正确填写检查结果，每漏项扣3分	15		
		通信终端机	正确填写检查结果，每漏项扣3分	20		
		耦合器	正确填写检查结果，每漏项扣3分	20		
		接线	正确填写检查结果，每漏项扣3分	10		
		其他	正确填写检查结果，每漏项扣2分	5		
综合成绩				100		

【任务扩展】

配电网中的载波通信设备由于运行环境影响，通信设备长时间运行，可能会出现各种故障。在设备日常运维中，自动化终端设备发现通信中断，需一级一级检查通信设备是否运行正常。在载波通信出现异常时。应首先排除通信终端机故障，再排除耦合器的连接是否紧密、牢固，再排查接线等情况。

必须注意的是：在电缆沟或者电缆井工作前需自然通风一段时间，经气体检查合格后方可进入井沟工作。高处作业时，检查安全工器具合格齐备，有足够机械强度。使用梯子时有防滑措施，人在梯子上工作时，有专人扶持。杆上作业距离带电体距离太近时，需申请线路停电检修。

1. 电源模块故障

电源模块的输入输出部位检查。

首先检查电源的输入是否正常，电源输入一般为交流220V或者直流输入。用万用表检查相应的输入电压是否正常。再次检查输出电压是否正常。一般输出电压为直流，需检测空载及带载时的电压情况。空载时电压异常，可确认为电源模块异常。空载时检测电压正常，带载时电压异常，一般为后端负载异常或者短路导致电源模块的异常。

当电源模块异常时，电源模块的相应指示灯运行不正常。通信终端机的电源指示灯闪烁不正常。

2. 通信终端机或者网桥故障

通信终端机作为载波通信的核心部件，是日常运维中的重点。当通信终端机故障时，常见的指示灯会显示异常。可以用配置软件进入终端机，查询、维护终端机。检查配置参数、

IP 地址等重要参数，必要时，可以用 ping 终端机的两端设备，以判断信号是否正常，如图 3-2-11 所示。

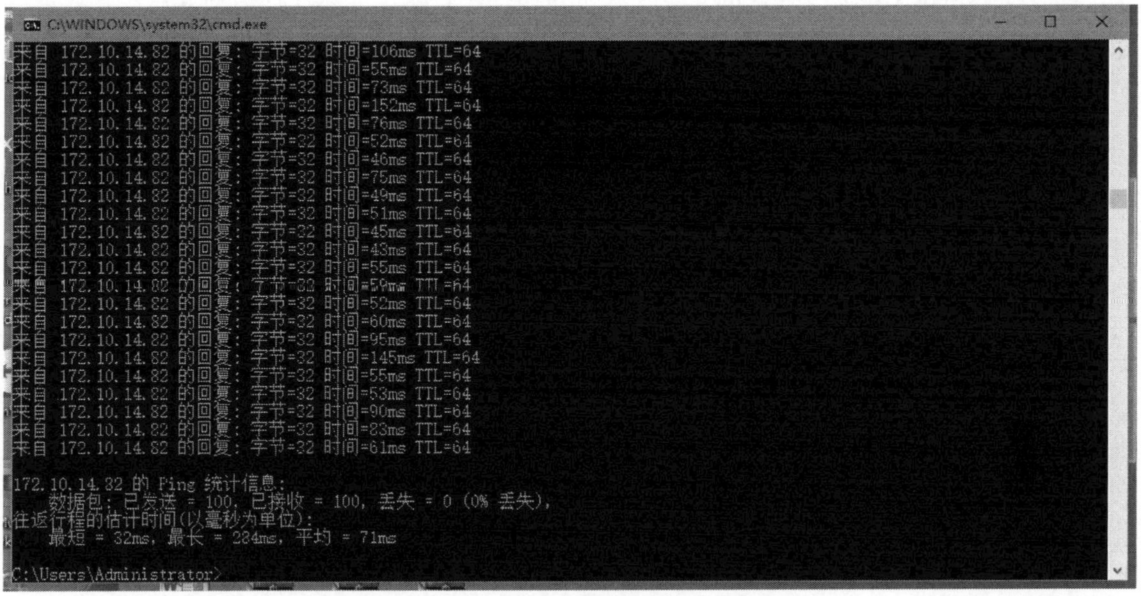

图 3-2-11　用 ping 命令测试网络通信情况

当出现通信丢包严重时，还有可能是运行环境有信号干扰，采用频谱分析仪查看干扰信号的波段，再通过调整载波频率等方法解决。

3. 耦合器故障

排除电源、通信终端机异常外，载波信号还有异常的，可能是耦合器故障。常见的有耦合器接触头松动、耦合器接触头偏位、耦合器接触头生锈等情况。耦合器属物理硬件，一般直接更换即可解决问题。

模块三　无线通信运维技术

【模块描述】

本节介绍无线通信技术应用，无线通信模块配置方法，无线通信设备运维巡视的方法、步骤，无线通信典型缺陷及其检修处理方法。

【学习目标】

学习无线通信的基础知识，能够掌握无线公网通信典型缺陷处理的基本技能。

【正文】

一、无线通信技术分析

和有线通信相比，无线通信的安全性和可靠性都比较低，但无线通信的优点是建设成本低，施工简单，可以进行灵活拓展。由于社会的发展，无线传输技术得到了普遍欢迎，由于本身所具备的数据保障技术和加密技术，使得无线通信技术成为通信传播领域中的主要部分。但是就目前而言，配电网中所具有的网络技术会存在网络时间延时、对于信息保密性低、费用高、可靠性差等问题，主要类型包括 GPRS 和 CDMA。但无线宽带引入 BWA 技术后，可以满足配电自动化延时、速度和带宽的要求，广泛用于电力配网，促进了自动化系统发展。针对宽带网络接入，无线宽带接入 BMA 是非常便捷的部署形式，主要有四种类型，分别是无线广域网、城域网、局域网和个人域网。作为经常使用且日益普遍的无线网具有多方面的优势，其中最为主要的优势就是所覆盖的范围广、本身所具备的安全系数高以及信息传播率较大等。加之施工方便，不受时间和位置因素的限制等。无线宽带具有多种优势，因其覆盖面广、安全性高、传输距离长、信号速率高等受到大众的关注和喜爱。

二、5G 通信技术的特点及其在配电自动化过程中的应用

有线通信在配电自动化系统中的应用，尽管干扰性较小，但是成本较高，信息的传递往往局限于短距离传输。并且传递质量和效率较低。与有线通信不同，5G 通信的主要传输方式是微波，后者的传输通道是肉眼不可见的自由空间。因此与有线通信相比节省了通道费用和成本。在智能分布式配电自动化中，综合考虑安装成本、信息传递稳定性、可靠性、质量和维护等因素，5G 通信技术也逐渐成为配电自动化系统中应用的主要通信方式。

智能分布式配电自动化是当前一种高效的供电模式，其优点主要是在电路系统中具备分段开关，当局部线路出现问题、发生故障时，断路器能够及时识别故障位点，利用分段式开关实现定点区域功能关闭和隔离，而其他非问题区保持正常供电。这种高效的故障定位、分析和解决速度来源于较快的通信传输速度。在配电自动化系统中，规定故障开关的完成时间小于 150ms，而信息上传到主站的时间小于 3s。而按照有线通信和无线通信的传输速度相比，5G 通信技术尽管会受到信号的相互干扰，但是其传输速度较快，其理论的通信延迟小于 1ms，因此可以满足智能分布式配电自动化系统的要求。

近年来，尽管智能化配电自动化逐渐得到推广，但是有线的通信方式限制了配电自动化的进一步发展。5G 通信技术具有良好的安全性、低成本、高传输速率及连接广泛等优点，尽管通信技术的发展不能完全避免信号干扰对 5G 通信技术的影响，但是其在智能化配电自动化系统中依然发挥着巨大优势。

5G 通信技术为智能化配电系统开启了一个良好方向，很多研究人员及团队已经成功将 5G

通信技术应用于智能化配电系统，并在实验室搭建了模型。在此基础上，实质检测了 5G 通信技术的传输速度，并验证了故障发生过程、通信延迟时间、故障切断和供电恢复过程，结果表明，相比于有线通信故障处理时间分钟级提高到了毫秒级。

三、无线通信模块配置

1. 珂博威通信模块配置指导

准备材料：珂博威通信模块 1 个、USB 转 232 串口线（见图 3-3-1）1 条、DB9/232 母头转 XH2.54 端子线（见图 3-3-2）1 条、安装相关通信模块维护软件的笔记本电脑 1 台。

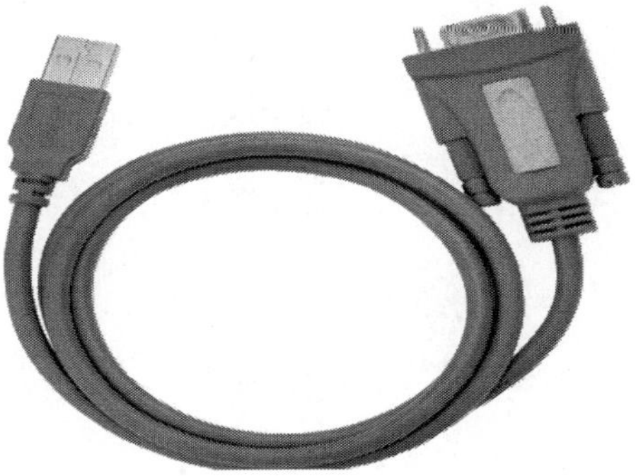

图 3-3-1 USB 转 232 串口线图

图 3-3-2 DB9/232 母头转 XH2.54 端子线图

（1）珂博威通信模块外观如图 3-3-3 所示。设备连接方式为客户端 TCP 调试模式（需要设置主站 IP、主站端口号、APN 三个参数）。

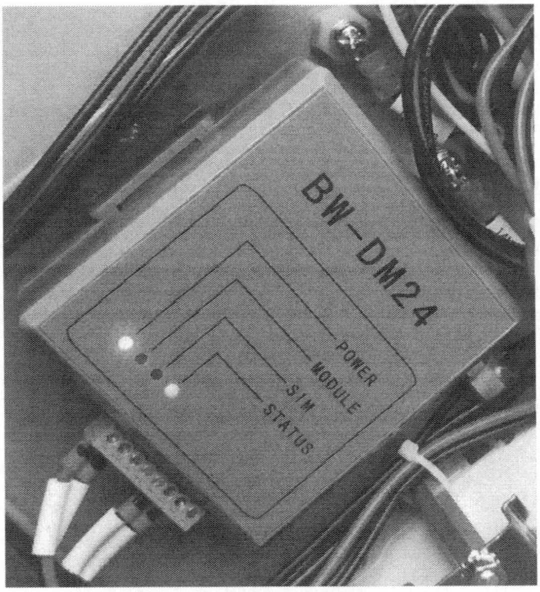

图 3-3-3 珂博威通信模块外观图

点击本地串口设置：根据通信模块选择相应串口波特率，串口数据位，串口停止位，串口校验位为无效验。

（2）串口数据线与无线通信模块链接示意如图 3-3-4 所示。

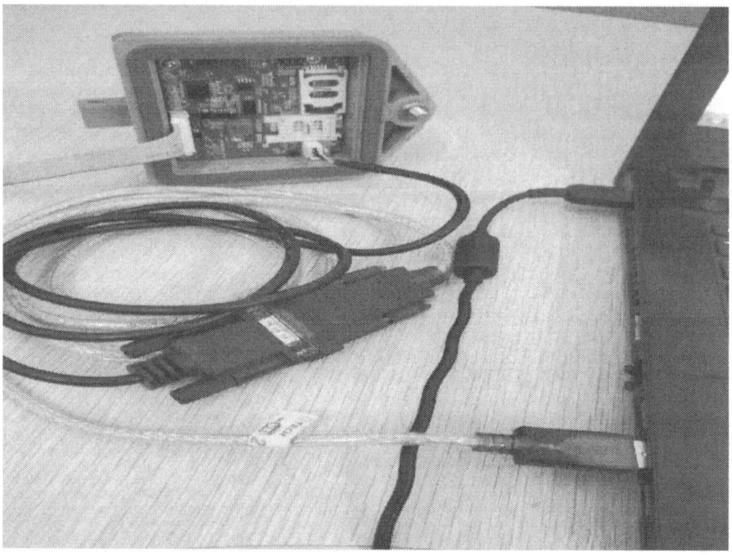

图 3-3-4 串口数据线与无线通信模块链接示意图

（3）通过通信模块配置工具连接设备后在主页可查看通信模块状态、SIM 卡 IP，查看图如图 3-3-5 所示。

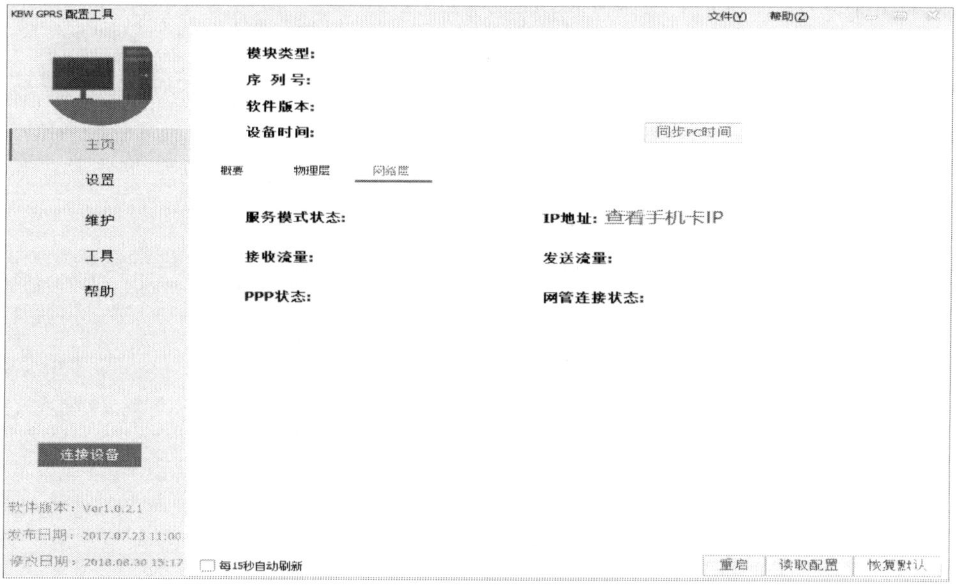

图 3-3-5 通信模块状态、SIM 卡 IP 查看图

（4）通过通信模块配置工具连接设备后在设置—菜单，设置主站的 IP、端口号如图 3-3-6 所示。

图 3-3-6　设置主站的 IP、端口号

（5）通过通信模块配置工具连接设备后在设置—菜单—拨号参数，设置主站的 APN 如图 3-3-7 所示。

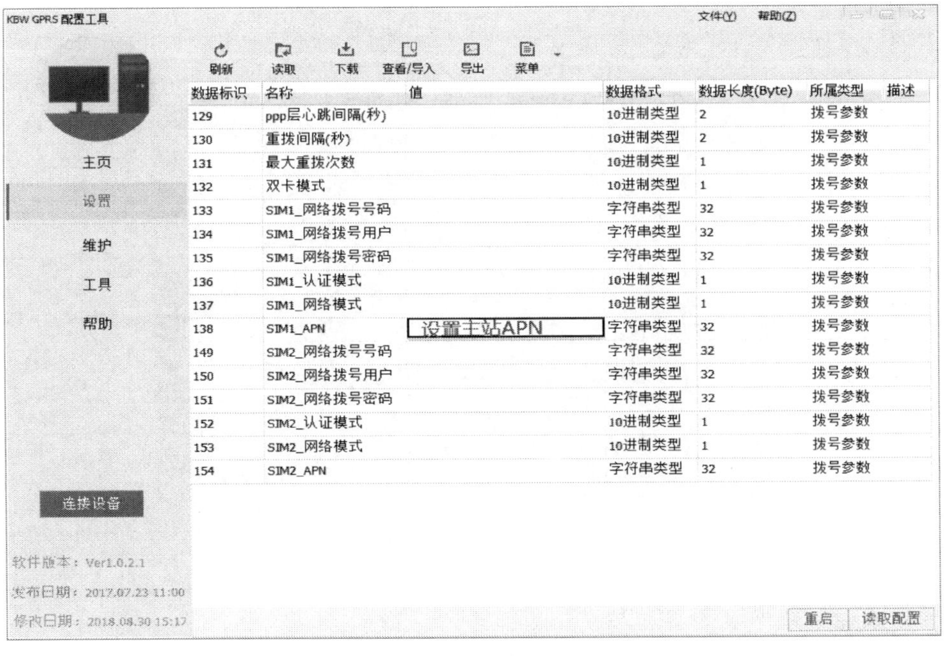

图 3-3-7　设置主站的 APN

（6）通过通信模块配置工具连接设备后在维护—实时日志—开始接收，监控报文如图 3-3-8 所示。

图 3-3-8 监控报文

（7）注意事项：串口线通过面板的通信 1 串口连接小开关需要拨向下（端口方向），目前只有 BF2 五代支持通过面板串口 1 调通信。串口线通过模块上的白色三针端子连接小开关需要拨向上（卡 2 方向）；调试完成小开关需要拨向下（端口方向），手机卡只能插在卡 1，如图 3-3-9 所示。

图 3-3-9 注意事项标注

2. 四信通信模块参数设置指导

（1）准备材料：四信通信模块 1 个、四信通信线材 1 条、232 串口线 1 条 USB 转 232 串口线、网线 1 条、已安装四信通信模块配置软件和维护软件电脑 1 台。

（2）配置步骤：点击本地串口设置，修改串口波特率为 9600bit/s，串口数据位为 8，串口停止位为 1，串口校验位为无效验，本地串口扫描间隔为 50ms，数据包响应超时 0，本地串口帧大小 1024。

1）设备外观（见图 3-3-10 和图 3-3-11）。

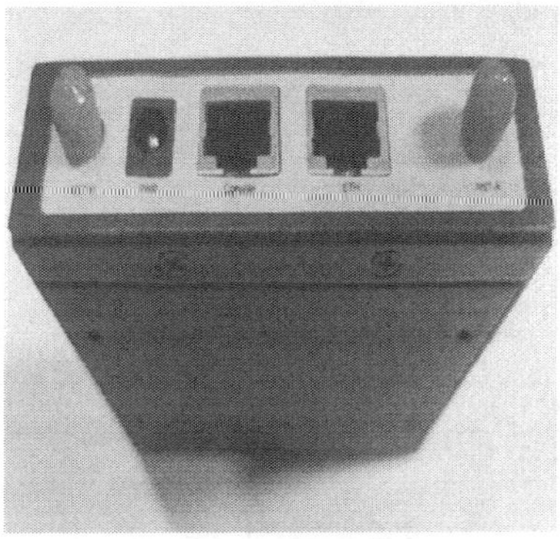

图 3-3-10　设备外观图 1

图 3-3-11　设备外观图 2

2）通信模块各指示灯状态说明如图 3-3-12 所示。

指示灯	状 态	说　明
PWR	亮	设备电源正常
	灭	设备未上电
SYS	闪烁	系统正常运行
	灭	系统不正常
SIM	亮	设备 SIM/UIM 卡正常
	灭	设备 SIM/UIM 卡不正常
Online	亮	设备已登录网络
	灭	设备未登录网络
ETH	灭	相应网络接口未连接
	亮/闪烁	相应网络接口已连接/正在数据通信
信号强度指示灯	亮一个灯	信号强度较弱（小于–90dbm）
	亮两个灯	信号强度中等（–70dbm~–90dbm）
	亮三个灯	信号强度极好(大于–79dbm)

图 3-3-12　通信模块各指示灯状态说明图

3）复位按钮如图 3-3-13 所示。Router 设有一个复位按钮，标识为“RST”。该按钮的作用是将 Router 的参数配置恢复为出厂值。方法如下：用尖状物插入“RST”孔位，并轻轻按住复位按钮，约 15s 后放开，此时，Router 会自动把参数配置恢复为出厂值，并在约 5s 之后，Router 自动重启（自动重启现象如下：“SYS”指示灯熄灭 10s 左右，然后又正常工作）。

图 3-3-13 复位按钮

4）电源接口：24V 电源正负极如图 3-3-14 所示，电源注意事项如图 3-3-15 所示。

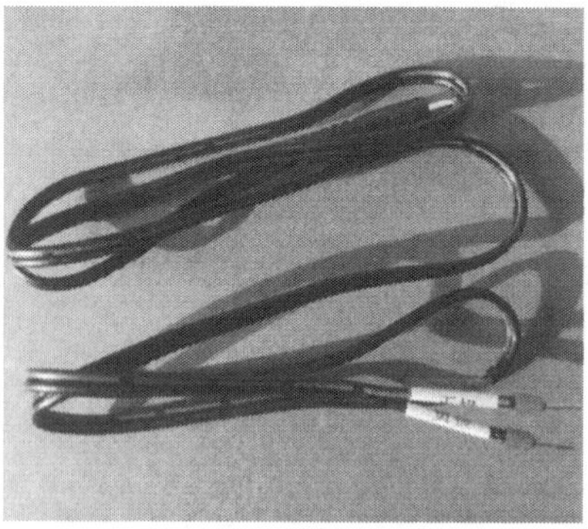

图 3-3-14 24V 电源正负极

项目	内容
标准电源	DC 12V/1.5A
供电范围	DC 5～36V
注意	Router 通常应用于复杂的外部环境。为了适应复杂的应用环境，提高系统的工作稳定性，Router 采用了先进的电源技术。用户可采用标准配置的 12V/1.5A 电源适配器给 Router 供电，也可以直接用直流 5～36V 电源给 Router 供电。当用户采用外加电源给 Router 供电时，必须保证电源的稳定性（纹波小于 300mV，并确保瞬间电压不超过 36V），并保证电源功率大于 7W 以上。 推荐使用标配的 12V/1.5A 电源适配器。

图 3-3-15 电源注意事项

5）天线安装（见图 3-3-16）。无线广域网天线接口为 SMA 阴头插座（标识为 ANT-M 和 ANT-A），将配套的无线蜂窝天线的 SMA 阳头旋到该天线接口上，并确保旋紧，以免影响信号质量。

6）SIM 卡安装（见图 3-3-17）。

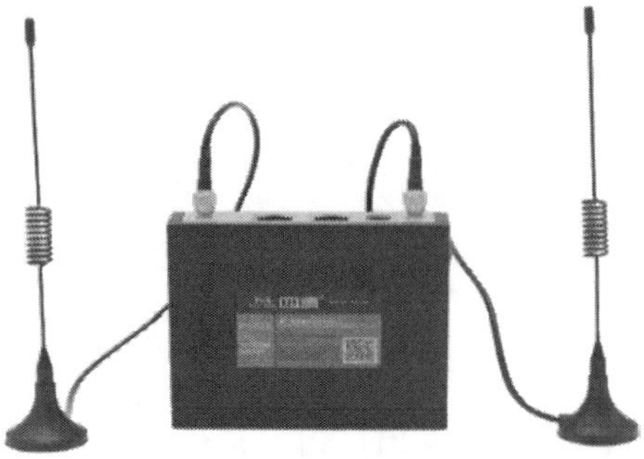

图 3-3-16 天线安装

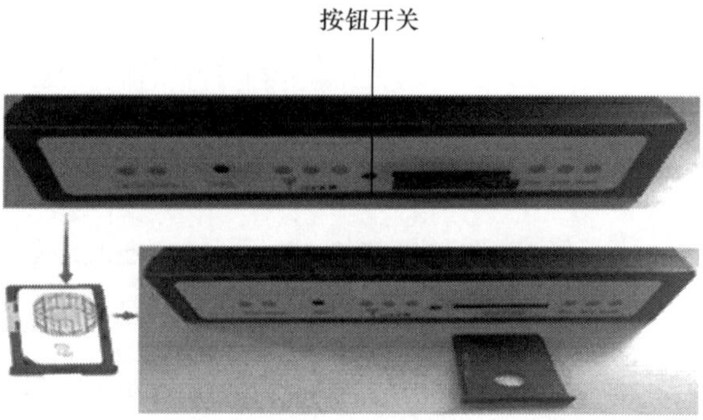

图 3-3-17 SIM 卡安装

7）电脑侧配置。网络连接方式有两种。

第一种方式：自动获得 IP 地址。

第二种方式：4G 模块 ETH 网线连接，设置 PC 的 IP 地址为 192.168.1 网段的 IP 地址，子网掩码设为：255.255.255.0，默认网关设为：192.168.1.1。

8）电脑与无线天线模块网络连接（见图 3-3-18）。

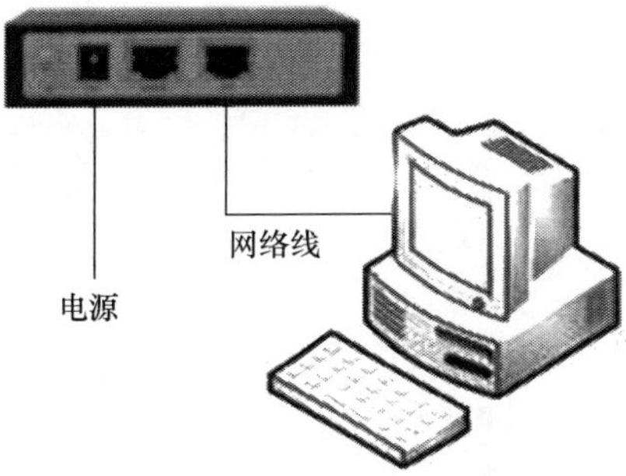

图 3-3-18　电脑与无线天线模块网络连接

9）通信模块程序升级。

a．连接四信模块成功后选择菜单：【管理】—【固件升级】—【选择文件】。

b．找到升级文件-uimage-F3x27-STD-VPN-20200326.FLASH。

c．升级完成后在网页右上角看到如图 3-3-19～图 3-3-21 所示内容，表示已经更新成功。

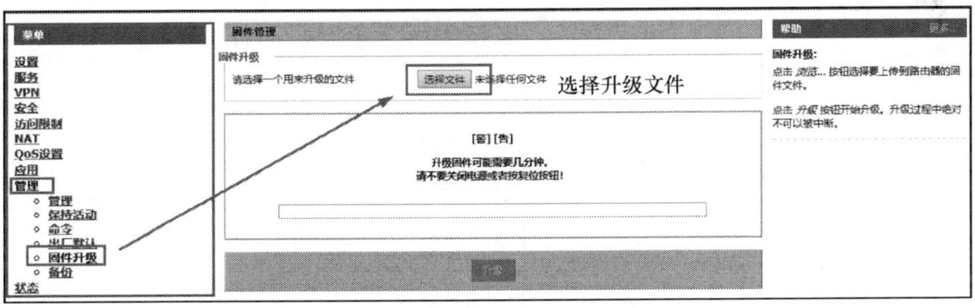

图 3-3-19　通信模块程序升级显示 1

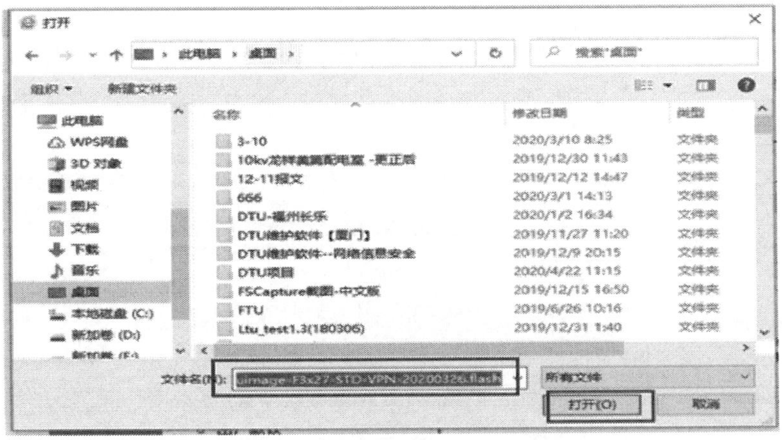

图 3-3-20　通信模块程序升级显示 2

d．连接四信模块成功后：【菜单】—【基本设置】可配置连接类型、用户名、APN、主站 IP 等参数（见图 3-3-22）。

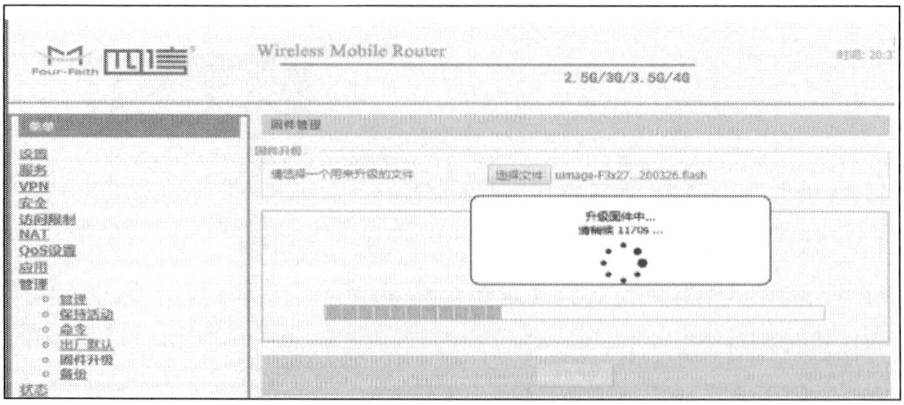

图 3-3-21　通信模块程序升级显示 3

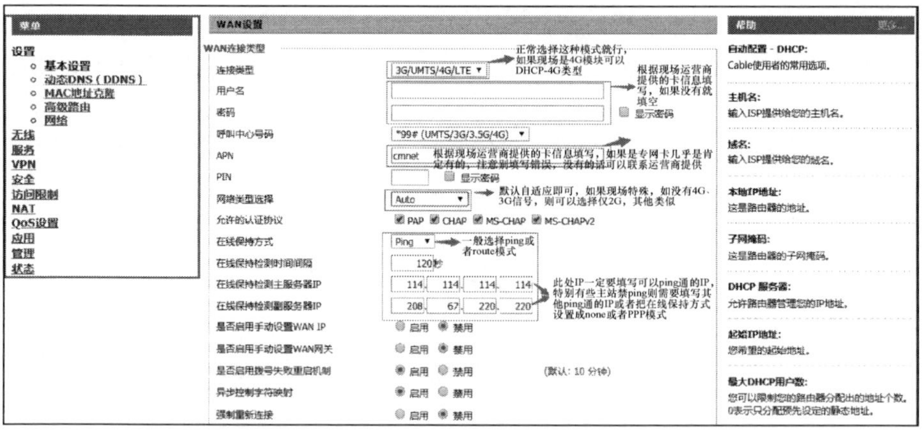

图 3-3-22　通信模块基本设置

e．连接四信模块成功后：【菜单】—【访问权限】—NAT-端口转发配置端口号与终端通信 IP，见图 3-3-23。

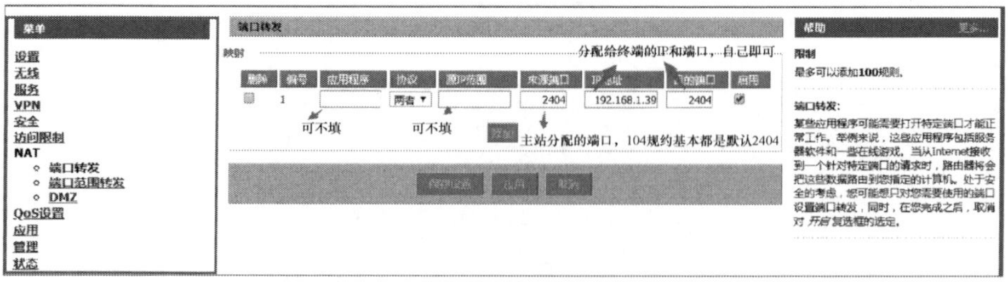

图 3-3-23　NAT-端口转发配置

f．连接四信模块成功后：【菜单】—【状态】，查看 WAN IP 获取情况及核对设备是否上线，见图 3-3-24。

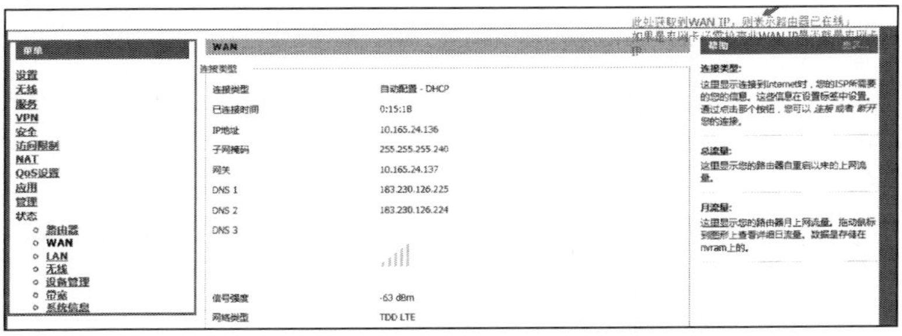

图 3-3-24　查看 WAN IP 获取情况图

（3）101 连接方式：设置串口参数，串口波特率为 9600bit/s，串口数据位为 8，串口停止位为 1，串口校验 none，见图 3-3-25 和图 3-3-26。

图 3-3-25　101 连接方式

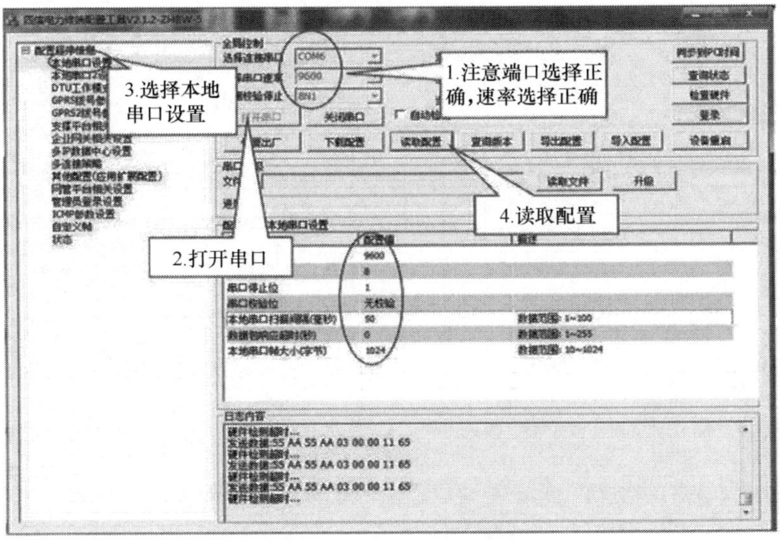

图 3-3-26　101 设置界面

（4）报文监视：将终端的 IP 与端口设置成 NAT 设置里面的 IP 端口即可，网关设置成路由器 IP（默认 192.168.1.1），然后看是否能收到主站下发的报文，有的话则表示路由器设置成功，见图 3-3-27。

图 3-3-27 报文监视

四、无线通信巡视作业危险点分析

无线通信巡视作业危险点分析表见表 3-3-1。

表 3-3-1 无线通信巡视作业危险点分析表

序号	危险点	控制措施
1	误碰、误动、误登运行设备	巡视检查时，不得攀登杆塔。作业前应认真核对线路名称及杆号
2	发现缺陷及异常单人处理	禁止巡视作业过程单人处理设备缺陷及异常
3	发现缺陷及异常时，未及时汇报	发现设备缺陷及异常时，及时汇报，采取相应措施
4	与设备保持距离不够，造成触电伤害	巡视检查时应与带电设备保持足够的安全距离（特别是低压侧避雷器安全距离），10kV（0.7m），110kV（1.5m）
5	未按规定佩戴安全防护用具	按规定着装，并佩戴相应的安全防护用具
6	未按照巡视线路巡视，造成巡视不到位，漏巡视	严格按照巡视线路图进行设备巡视
7	使用不合格的安全工器具	安全工器具定期检查试验。巡视前，检查所使用的安全工器具完好
8	生产现场安全措施不规范，如警告标识不齐全、孔洞封锁不良、带电设备隔离不符合要求，造成人员伤害	定期对现场环境进行检查，对不符合要求的警告标识和其他环境危险因素进行修复
9	夏秋季节巡视户外设备时，被蛇咬造成人身伤害	（1）行走时要注意脚下，尽量避免在草地行走。 （2）变电站应备有蛇伤药，有蛇伤紧急处理预案
10	未进行验电即开启设备柜门	柜门开启前应进行验电
11	检查杆根、杆塔表面是否正常；检查拉线是否松弛、杆塔埋深是否足够及杆根情况	登杆前应进行杆塔表面、拉线、杆塔埋深进行检查

【任务评价】 无线通信设备巡视作业考核要求

1. 理论测验

完成无线通信设备巡视知识测验，主要内容包括知识准备部分和标准化作业卡。

2. 技能考核

选择配电设备现场的无线通信设备开展巡视作业。通过技能实训场或仿真培训系统按照现场工作要求完成无线通信设备的巡视作业，巡视作业评分表见表 3-3-2。

表 3-3-2 巡视作业评分表

部门		姓名		岗位名称		
开始时间		结束时间				
考核时限	30min	考核方式	技能笔试			
说明	1.本项目为单人操作项目，采取实操进行考核，完成危险点分析、编制现场工作任务派工单、设备巡视计划。 2.考核时间结束，立即停止工作，结束前 5min 时提醒一次。 3.满分 100 分，全部项目扣分扣完本项得分为止。 4.场景描述：工作地点为 10kV××线 2#杆、10kV××线实训 1#环网柜。 5.工作任务：10kV××线 2#杆、10kV××线实训 1#环网柜无线通信设备巡视工作					
操作步骤及考核要项		考评内容	评分标准	配分	扣分	扣分原因
一	现场工作任务派工单			30		
1	工作负责人、工作班成员栏填写	正确填写部门、工作班组、工作负责人、工作班人数	错漏一处扣1分	2		
2	工作线路（电缆）或设备名称、工作地点、工作任务、计划工作时间栏填写	正确填写工作线路（电缆）或设备名称、工作地点、工作任务	错漏一处扣2分	4		
3	安全措施和注意事项	柜门开启前应进行验电	未验电该项不得分	3		
		梯子应坚固完整，有防滑措施，人在梯子上工作时，有专人扶持	正确填写相应的安全措施，每漏项扣 2 分	4		
		使用安全带、脚扣登高工作时，使用合格齐备工器具。工作前应认真检查安全工器具，保证足够的机械强度。安全带的挂钩或绳子应挂在结实牢固的构件上，并高挂低用	正确填写相应的安全措施，每漏项扣 2 分	5		

续表

操作步骤及考核要项		考评内容	评分标准	配分	扣分	扣分原因	
3	安全措施和注意事项	核对工作线路、间隔名称是否正确	未进行核对,扣2分	2			
		检查杆根、杆塔表面是否正常；检查拉线是否松弛、杆塔埋深是否足够及杆根情况	未进行核对,每漏项扣2分	8			
		城区、人口密集区或交通道口和通行道路上施工时，工作场所周围应装设遮拦（围栏），并在相应部位装设警告标示牌。必要时，派人看管	未做好安全措施扣2分	2			
二	巡视结果填写			70			
1	无线通信设备巡视	电源接线	正确填写检查结果，每漏项扣3分	20			
		通信天线	正确填写检查结果，每漏项扣3分	20			
		通信网线、串口通信线	正确填写检查结果，每漏项扣3分	20			
		运行指示灯工作状态	正确填写检查结果，每漏项扣3分	10			
综合成绩				100			

【任务扩展】

一、无线通信故障类型及主要原因

故障类型及主要原因见表3-3-3。

表3-3-3　故障类型及主要原因

故障现象	序号	故障类型
SIM卡故障	1	SIM卡或物联网卡故障：包括SIM卡或物联网卡欠费、SIM卡或物联网卡芯片损坏、SIM卡或物联网卡绑定信息错误等
	2	无线通信模块故障。常见的故障原因是SIM或物联网卡卡槽损坏；其次观察无线通信模块运行指示是否正常
通信天线异常	1	无线通信天线接口松脱或连接线断裂
	2	通信信号问题包括本地没有通信信号或信号不稳。GPRS信号强弱标准，是通过信号功率绝对值（单位dBm）来表征的，该值一般为负数，值越大代表信号条件越好，值越小代表信号条件越差。通常，衡量GPRS信号是否正常的标准可取为:城市不低于-90dBm，乡村不低于-94dBm。最简单的测试办法是用同一家运营商的手机在现场连接互联网，观察能否正常上网

续表

故障现象	序号	故障类型
设备通信故障	1	主站 APN 配置是否正确
	2	SIM 卡是否装错卡槽
	3	主站 IP、主站端口配置是否正确
	4	SIM 卡 IP 是否与上报主站一致
	5	查看主站是否发送请求链接
	6	使用串口通信设备收发是否接错
	7	通信模块通信参数配置是否正确
	8	链路地址配置是否正确
电源异常	1	通信电源故障，如终端工作电源故障或通信单元电源失压

二、解决终端信号不良或中断问题的主要方法

（1）调整天线安装位置或把天线移出室外，减少建筑物墙体对无线信号屏蔽的影响。

（2）采用增益长天线，将天线的信号接收器安装在信号好的区域。

三、运维管理

无线公网通信是借助运营商的信道，对 SIM 卡或物联网卡的管理显得尤为重要，应为每一张 SIM 卡或物联网卡建立台账，包括卡号、IP 地址、域名、入网时间、缴费期、续费期等。

模块四 网络设备运维技术

【模块描述】

本节介绍配电自动化 10kV 通信接入网基本知识，网线制作基本知识及制作方法及二层交换机配置方法。

【学习目标】

1. 掌握配电自动化 10kV 通信接入网网络结构。
2. 掌握网线制作及网络设备配置。
3. 了解配电自动化网络典型缺陷及其处理方法。

【正文】

一、配电自动化 10kV 通信接入网结构

（一）10kV 通信接入网分类

配电自动化 10kV 通信接入网根据“有线与无线结合、专网与公网结合，专业统筹、通道

共享，因地制宜、安全可靠”的总体原则，采用光纤专网、电力无线专网、无线虚拟专网、中压电力线载波、无线公网等技术体制，推进新技术研究及应用。

有线通信包括光纤通信、中压载波等通信方式，以光纤通信为主。光纤通信主要用在光缆覆盖区域内各类业务的接入。

无线通信包含电力无线专网、无线虚拟专网、无线公网等通信方式，主要用在光缆无法覆盖区域内业务接入。

1. 光纤专网

通信接入网光纤专网由汇聚层和接入层两层架构组成。光缆汇聚层由变电站至开闭所（环网室）的光缆网络组成；光缆接入层由开闭所（环网室）至配电室、环网柜等的光缆网络组成。设备汇聚层覆盖至变电站、开闭所（环网室）；设备接入层覆盖至配电室、环网柜等。

汇聚层网络负责主站至通信汇聚子站的通信，接入层网络负责通信子站至各配电端站的通信。汇聚层网络通过 IP/MPLS 技术构建，可通过 VPN 对业务进行逻辑隔离，实现接入网多业务承载的功能。汇聚层网络在地调、市区 220kV 变电站及 110kV 变电站部署汇聚路由器，路由器之间采用光路及百兆 MSTP 电路互联（主要采用光路互联，部分光纤资源紧张的站点使用 MSTP 电路），三层交换机均布放在 220kV 及 110kV 变电站内，通过光接口上联至汇聚层路由器，并作为二层业务的汇聚点。

在接入层的自建专网中，光纤专网采用工业以太网技术，组网拓扑结构主要有环形、链形，网络采用环形和链形结构，每台三层交换机下挂 1～4 个环形或链形子网，每个子网承载不大于 60 台二层交换机。

2. 电力无线专网

电力无线专网的频率使用应按照国家相关规定执行，采用无线电管理委员会许可使用的频率，并采取双向鉴权认证、安全性激活等安全措施。

电力无线专网应采用信息加密和完整性保护、双向认证鉴权等安全防护机制；应采用不同时频资源、不同基站传输板卡、不同光传输通道、不同核心网设备等方式，实现生产控制大区业务与管理信息大区业务的物理隔离。

电力无线专网应优先满足光纤无法覆盖区域的控制类业务应用需求。电力无线专网覆盖区域内，新建采集类终端应接入电力无线专网，已建的采集类终端应结合电网一次、智能化建设改造等工程，同步改造电力无线专网通信模块。

目前电力无线专网主要采用 TD-LTE 1.8G 无线专网，使用 1785～1790MHz 共 5MHz 频谱资源。电力无线专网由接入层、汇聚层、核心层、应用层等构成。接入层由无线通信终端、安全接入模块或芯片、电力业务终端组成。汇聚层主体为无线基站及传输回传网。基站部署在自有物业或租赁铁塔。基站和核心网之间的通信数据通过电力 SDH 光纤网络承载。核心层由核心网和网管系统组成（EPC+eOMC）。核心网负责管理终端鉴权和认证，数据加密，业务承载建立和数据路由等功能。网管系统实现终端、基站、核心网配置管理、状态监测、拓扑展示等功能。应用层由配电自动化主站组成。配网自动化主站位于电力内网调度生产大区，核心层通过安全接入区接入到调度生产大区。

3. 无线虚拟专网

配电通信专网覆盖范围外的终端，应根据终端业务选取相应的无线虚拟专网通信。采集类终端，可采用 4G VPN、5G 软切片、5G 硬切片等通信方式。控制类终端，在无线虚拟专网技术及安全指标满足要求前提下，宜采用 5G 硬切片通信。配电网通信网组网示意图如图 3-4-1 所示。

电信运营商物联网专用网元设备默认应屏蔽物联卡语音、短信、采用定向流量等通信方式，并向电网企业提供 API 能力接口、专用 APN、PCC、位置定位、静态 IP 服务、大数据等智能通道服务，满足电网通信 SIM 卡可观可视的需求。

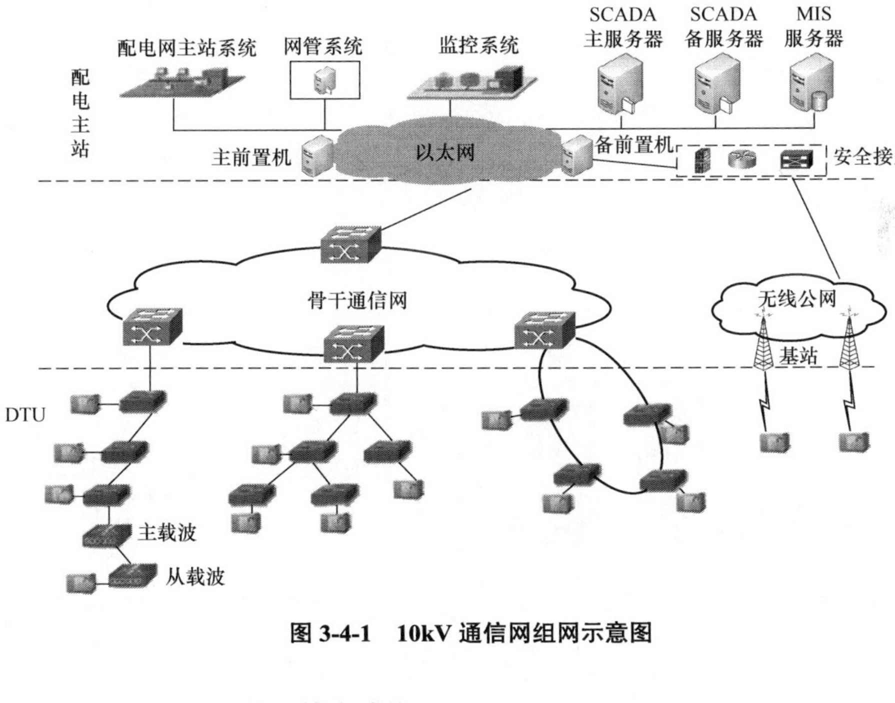

图 3-4-1 10kV 通信网组网示意图

（二）10kV 通信接入网建设技术路线

10kV 通信接入网建设技术路线采用“双平面、三层架构、主配网一体化”原则。

双平面：其中第一平面承载生产控制大区业务，主要承载配电自动化、负荷控制、融合终端（DMS）等业务。第二平面承载管理信息大区业务，主要承载计量采集、配电站房动环监控等业务。硬件设备上主要采取双平面双交换机配置，部分区域采用底层物理隔离的 xPON 设备。

三层架构：将原来的两层架构（汇聚层——接入层）拓展至三层架构（核心层——汇聚层——接入层），增加核心层，以便更好地将通信接入网（配网）融入骨干通信网（主网），见表 3-4-1。

表 3-4-1　　三层架构表

网络层级	配置原则	设备类型
核心层	部署在 220kV 及以下变电站，经 SDH/OTN（第一平面）和通信数据网（第二平面）组网互联，接入业务主站	配电自动化数据网路由器（第一平面）；通信数据网交换机（第二平面）
汇聚层	市辖区部署在机房条件良好的配电室以及部分 110kV 及以下变电站；县域部署在 110kV 及以下变电站，与核心层配网路由器直接互联，待后续网络规模进一步增加后部署至配电站所或开闭所中	配电自动化数据网三层交换机（第一平面）；通信数据网交换机（第二平面）
接入层	配置于环网柜、配电室等 10kV 站点。以网格化网络就近接入汇聚层，组网方式采用环型、链型结构	二层交换机（2 台）、xPON、白盒化交换机

主配网一体化：取消原有通信接入网专用光纤，将接入网设备在核心层向上对接主网 SDH/OTN 网络（第一平面）和通信数据网（第二平面），业务全面承载至骨干通信网，如图 3-4-2 所示。

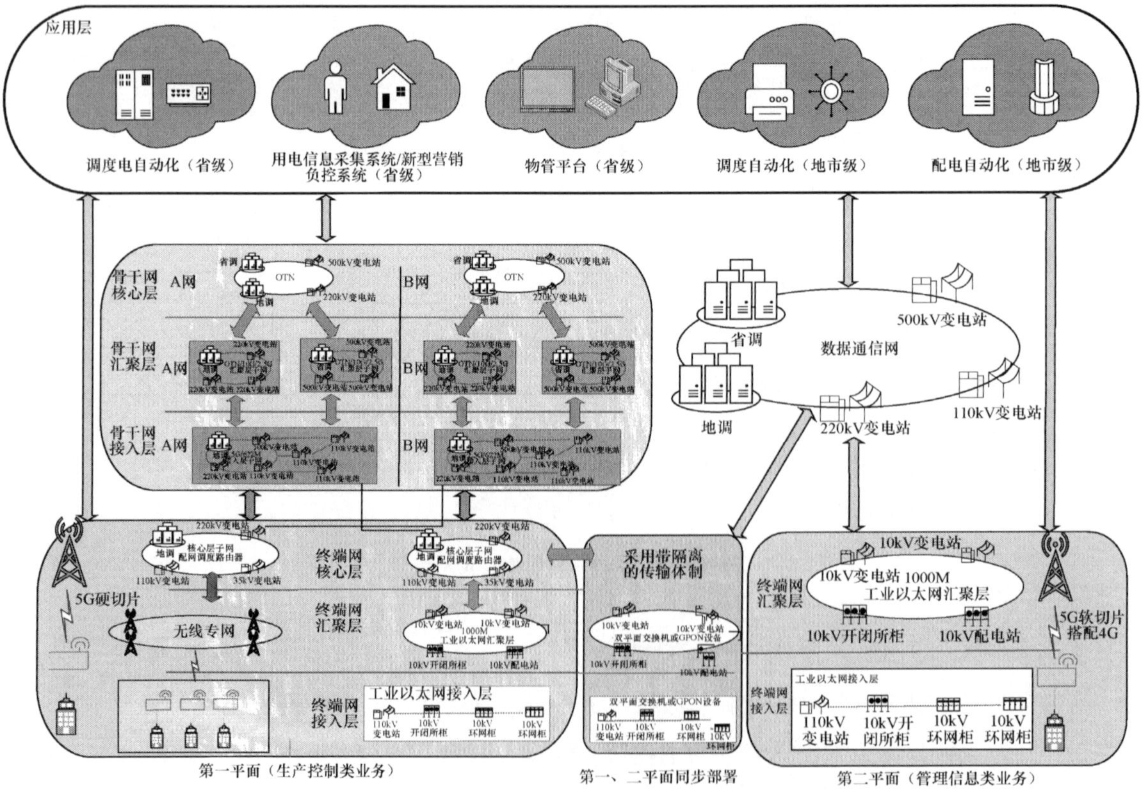

图 3-4-2　“双平面、三层架构、主配网一体化”示意图

二、网线制作

（一）双绞线简介

双绞线（Twisted pair，TP）由两根 22～26 号绝缘铜导线相互缠绕而成，每根铜导线的绝缘层上分别涂有不同的颜色，如果把一对或多对双绞线放在一个绝缘套管中便构成了双绞线电缆，如图 3-4-3 所示。

图 3-4-3　双绞线电缆

按美国线缆标准（American Wire Gauge，AWG），双绞线的绝缘铜导线线芯大小有 22、24 和 26 等规格，常用 5 类和超 5 类非屏蔽双绞线是 24AWG，直径约为 0.51mm，规格数字越大，导线越细。加上绝缘层的铜导线直径约为 0.92mm。典型的加上塑料外部护套的超 5 类非屏蔽双绞线电缆直径约为 5.3mm。

双绞线电缆不同线对具有不同的扭绞长度，叫绕距。

把两根绝缘的铜导线按一定密度互相绞合在一起，可降低信号干扰的程度，每一根导线在传输中辐射出来的电波会被另一根线上发出的电波抵消，一般扭线越密其抗干扰能力就越强。

（二）双绞线的分类

1. 按结构分类

双绞线按结构分类可分为非屏蔽双绞线电缆（UTP）（见图 3-4-4）和屏蔽双绞线电缆（STP）两类（见图 3-4-5）。

图 3-4-4　非屏蔽双绞线电缆

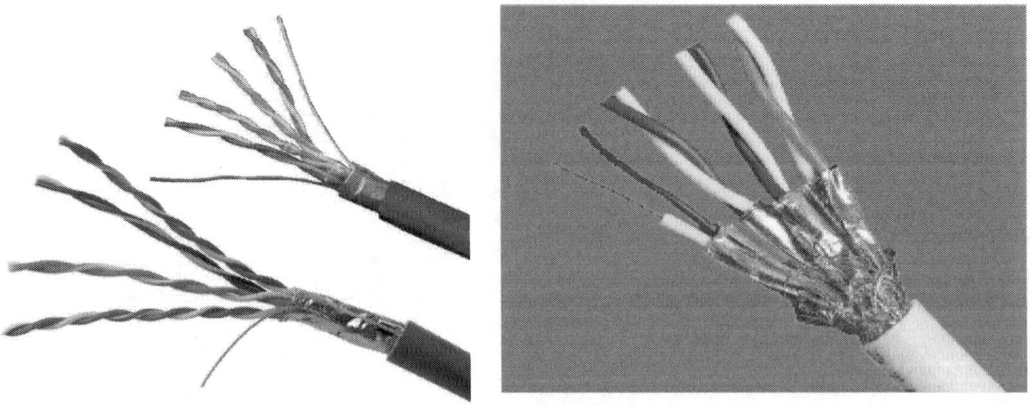

图 3-4-5 屏蔽双绞线电缆

2. 按性能指标分类

双绞线电缆可分为 1、2、3、4、5、5e、6、6e 类双绞线电缆。双绞线常见的有 3、5 类线和超 5 类线，以及最新的 6 类线，前者线径细而后者线径粗。

（1）1 类：频率带宽为 750kHz，主要用于传输语音（1 类标准主要用于 20 世纪 80 年代初之前的电话线缆），不用于数据传输。

（2）2 类：传输频率为 1MHz，用于语音传输和最高传输速率 4Mbit/s 的数据传输，常见于使用 4Mbit/s 规范以太网。

（3）3 类：该电缆的传输频率 16MHz，用于语音传输及最高传输速率为 10Mbit/s 的数据传输，主要用于 10Mbit/s 的以太网。目前部分应用于语音主干布线的 3 类大对数线缆。

（4）4 类：该类电缆的传输频率为 20MHz，用于语音传输和 10Mbit/s 的以太网以及 16Mbit/s 以太网的数据传输，未被广泛采用。

（5）5 类：传输率为 100MHz，用于语音传输和最高传输速率为 100Mbit/s 的数据传输，主要用于 100Mbit/s 的以太网。目前主要应用于语音主干布线的 5 类大对数线缆。

（6）5e 类：或称“增强型 5 类”“5e 类”，是目前市场的主流产品。满足目前大多数应用需求，超 5 类线能更好支持千兆位以太网（1000Mbit/s）。

（7）6 类：传输频率为 250MHz。6 类布线的传输性能远远高于超 5 类标准，最适用于传输速率高于 1Gbit/s 的应用。要求的布线距离为：永久链路的长度不能超过 90m，信道长度不能超过 100m。

3. 按双绞线对数分类

按双绞线对数分类可分为 1、2、4 对双绞线电缆，25、50、100 对的大对数双绞线，如图 3-4-6 所示。

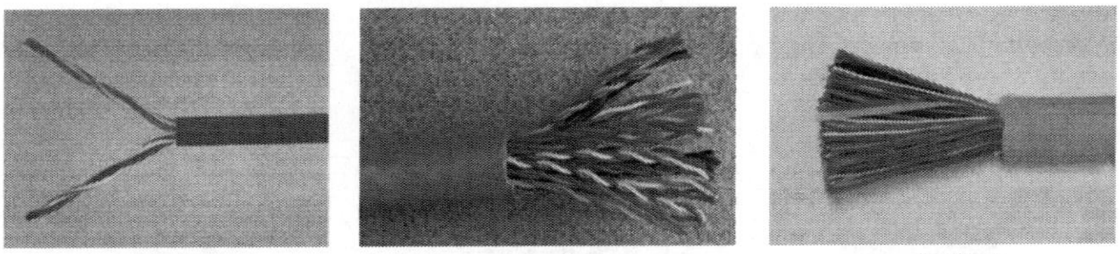

2对双绞线　　25对双绞线　　50对双绞线

图 3-4-6　双绞线

（三）双绞线连接头

通常用于制作网络线的双绞线连接头为 RJ45 连接头。RJ45 是布线系统中信息插座（即通信引出端）连接器的一种，连接器由插头（接头、水晶头）和插座（模块）组成，插头有 8 个凹槽和 8 个触点（“8P8C”结构）。RJ 是 Registered Jack 的缩写，意思是“注册的插座”。在 FCC（美国联邦通信委员会标准和规章）中 RJ 是描述公用电信网络的接口，计算机网络的 RJ45 是标准 8 位模块化接口的俗称，如图 3-4-7 所示。

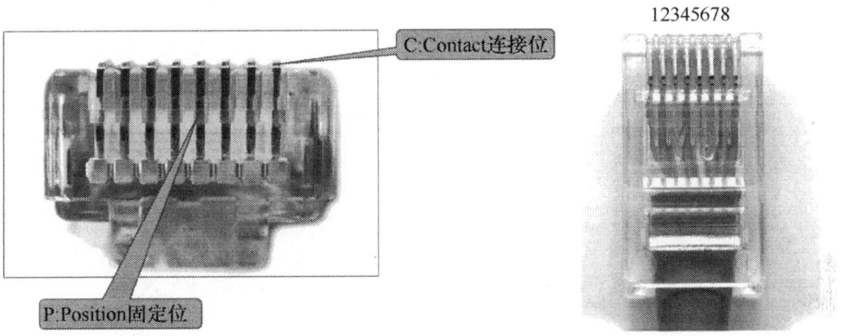

图 3-4-7　双绞线连接头

RJ45 由插头和插座组成（见图 3-4-8），这两种元器件组成的连接器连接于导线之间，以实现导线的电气连续性。RJ45 模块的核心是模块化插孔。镀金的导线或插座孔可维持与模块化的插座弹片间稳定而可靠的电器连接。由于弹片与插孔间的摩擦作用，电接触随着插头的插入而得到进一步加强。插孔主体设计采用整体锁定机制，这样当模块化插头插入时，插头和插孔的界面外可产生最大的拉拔强度。RJ45 模块上的接线模块通过 U 形接线槽来连接双绞线，锁定弹片可以在面板等信息出口装置上固定 RJ45 模块。

（四）网线制作标准

按照 EIA/TIA 标准，网线制作标准分为 T568A 和 T568B 两种。

1. T568A 标准

在使用 T568A 标准制作网线时，应该将 RJ45 水晶头的弹片朝下放置，然后按照从左到右的顺序，将双绞线的“绿白”“绿”“橙白”“蓝”“蓝白”“橙”“棕白”“棕”线插入到 RJ45 水晶头中。

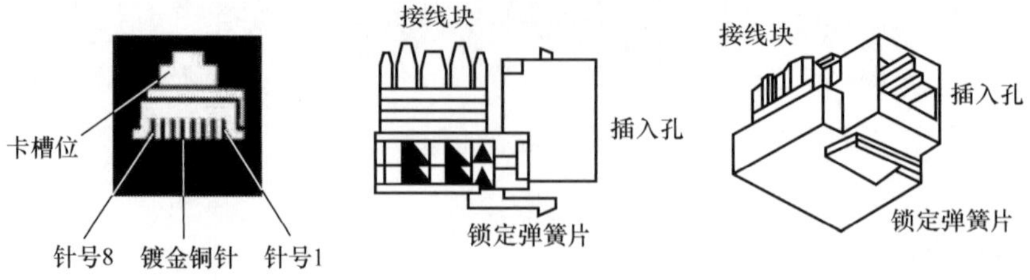

（a）正视图　（b）侧视图　（c）立体图

图 3-4-8　RJ45 接头示意图

2. T568B 标准

在使用 T568B 标准制作网线时，应该将 RJ45 水晶头的弹片朝下放置，然后按照从左到右的顺序，将双绞线的“橙白”“橙”“绿白”“蓝”“蓝白”“绿”“棕白”“棕”线插入到 RJ45 水晶头中。

两种网线制作标准示意图如图 3-4-9 所示。

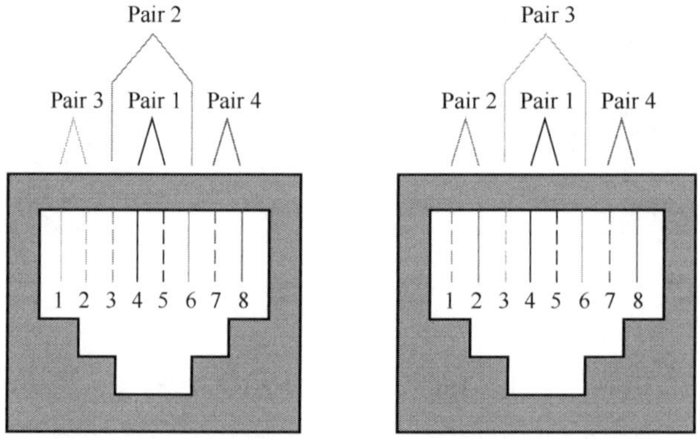

（a）T568A　（b）T568B

图 3-4-9　网线制作标准示意图

说明 1-T568A 图中将首选的 T568B 图中的绿色和橙色线对调

（五）网线制作分类

网线制作分为交叉网线和直连网线两种。

1. 交叉网线

交叉网线一头为 T568A，一头为 T568B。以下设备互联时，需使用交叉线，如图 3-4-10 所示。

（1）交换机与交换机之间通过 UPLINKS 口连接。

（2）HUB 与交换机连接。

（3）HUB 与 HUB 之间连接。

（4）两台 PC 网卡与网卡之间的连接。

（5）路由器接口与其他路由器接口的连接。

（6）PC 与路由器的连接。

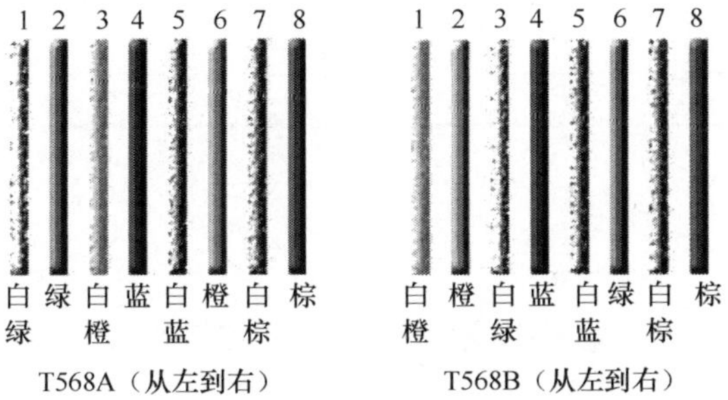

图 3-4-10　交叉网线线色示意图

2. 直连网线

直连网线两头都为 T568B 标准或两头都为 T568A 标准。以下设备互联时，需使用交叉线：

（1）将交换机或 HUB 与路由器连接。

（2）计算机（包括服务器和工作站）与交换机或 HUB 连接。

【任务实施】

一、网线制作

（一）标准化作业卡编制

标准化作业卡是使得网络线制作工作内容更加清晰明确，确保制作步骤正确的一项重要措施。网络线制作标准化作业卡见表 3-4-2。

表 3-4-2　网络线制作标准化作业卡

序号	巡视部位	内容及要求	执行完打√或记录数据或描述异常
1	剪断双绞线	使用网线钳裁出计划需要使用到的双绞线长度，不得伤及线芯	
2	剥线	使用网线钳剥去双绞线护套外皮，不得伤及线芯	
3	排序	将线芯按照 T568A 或 T568B 标准排序	
4	剪齐	将线芯理直后，水平插入网线钳中，剪齐，使得露在保护层外的网线长度为 1.5cm 左右	
5	插入水晶头	把网线插入水晶头	
6	压制	把水晶头完全插入网线钳 RJ45 口中，用力压紧	

（二）制作工具准备

工器具清单见表 3-4-3。

表 3-4-3 工器具清单

序号	名称	型号规格	单位	数量	备注
1	安全帽		顶	1	
2	双绞线		m	20	
3	RJ45 水晶头		个	20	
4	网线钳		把	1	
5	网络测试仪		套	1	
6	笔记本电脑		台	1	

（三）制作要点

1. 剪断双绞线

使用网线钳（见图 3-4-11）裁出计划需要使用到的双绞线长度，不得伤及线芯。

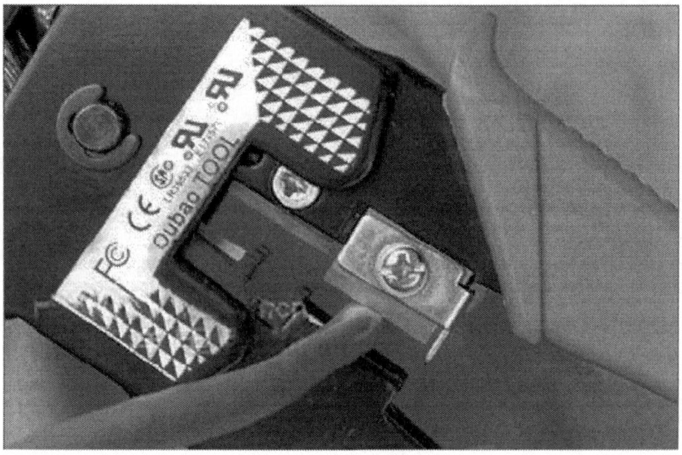

图 3-4-11 网线钳

2. 剥线

使用网线钳剥去双绞线护套外皮，不得伤及线芯。注意：①剥线时，避免剥线过长或过短，剥线长度大约 2～3cm；②不可太用力，否则容易把网线线芯剪断。网线钳剥线如图 3-4-12 所示。

3. 排序

将线芯按照 T568A 或 T568B 标准排序。注意：捋线时候，不要太用力，以免将网线拗断。技巧：①先把线按 T568B 的线序拆开，理顺，捋直，然后按照规定的线序排列整齐。②1 号与 3 号线对调，2 号与 6 号线对调，即可完成 T568A 线序。线头排序示意图如图 3-4-13 所示。

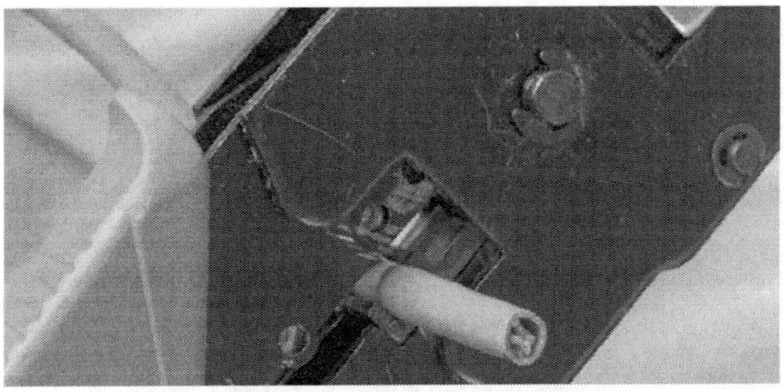

图 3-4-12　网线钳剥线示意图

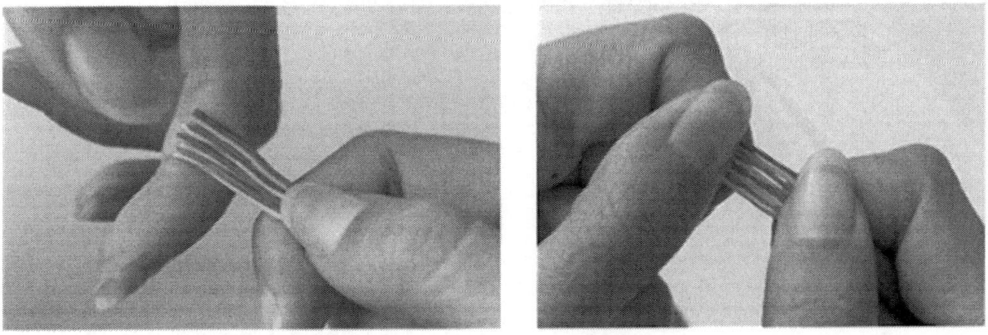

图 3-4-13　线头排序示意图

4. 剪齐

将线芯理直后，水平插入网线钳中，剪齐，使得露在保护层外的网线长度为 1.5cm 左右。线头剪齐如图 3-4-14 所示。

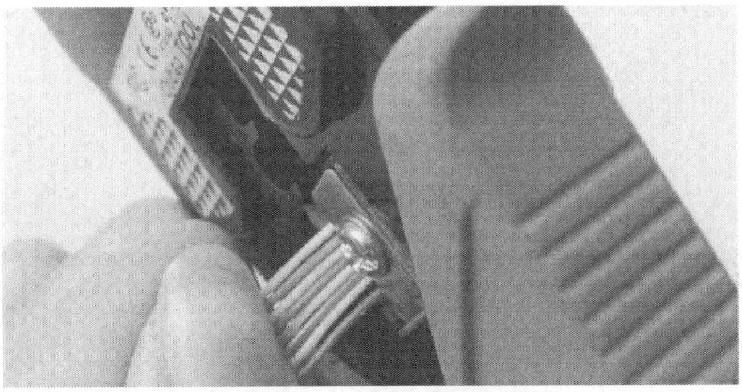

图 3-4-14　线头剪齐示意图

5. 插入水晶头

右手手指掐住线，左手拿水晶头，弹簧片朝下，把网线插入水晶头。注意：务必要把外层的皮插入水晶头内，否则水晶头容易松动；每根线都要能紧紧地顶在水晶头的末端。网线水晶头示意图如图 3-4-15 所示。

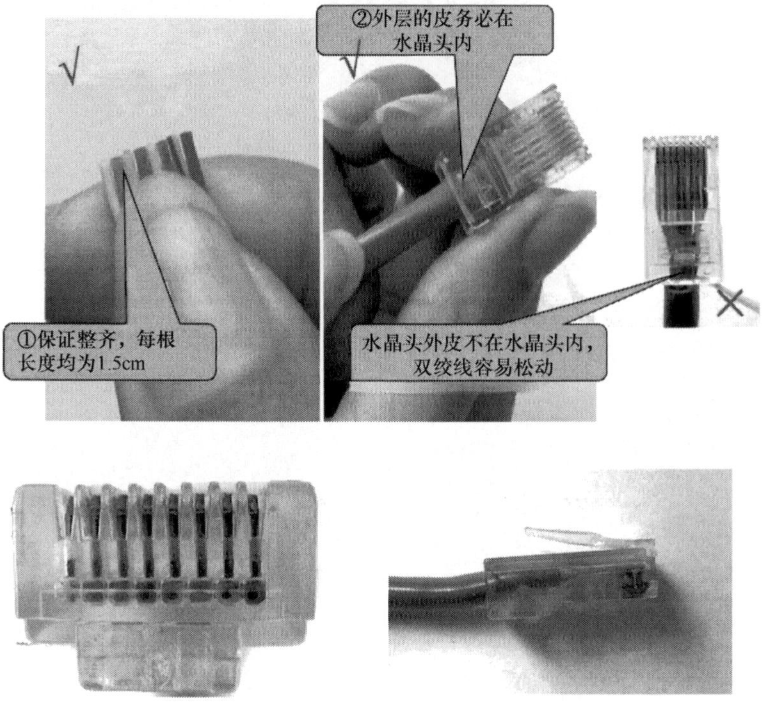

图 3-4-15 网线水晶头示意图

6. 压制

把水晶头完全插入网线钳 RJ45 口中，用力压紧，能听到“咔嚓”声，可重复压制多次。水晶头压制如图 3-4-16 所示。

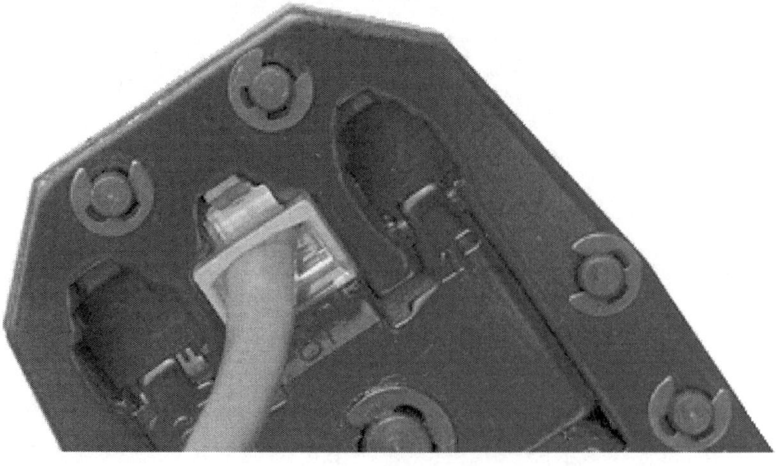

图 3-4-16 水晶头压制

二、二层交换机配置

（一）标准化作业卡编制

标准化作业卡是使二层交换机配置工作内容更加清晰明确，确保制作步骤正确的一项重要措施。二层交换机配置标准化作业卡见表 3-4-4。

表 3-4-4　　二层交换机配置标准化作业卡

序号	巡视部位	内容及要求	执行完打√或记录数据或描述异常
1	连接交换机	通过 Console 口访问到交换机	
2		通过 Web 访问到交换机	
3	配置 IP 地址	通过 Console 配置 IP 地址	
4		通过 Web 配置 IP 地址	
5	配置 VLAN	通过 Console 配置 VLAN	
6		通过 Web 配置 VLAN	
7	配置环协议	通过 Console 配置环协议	
8		通过 Web 配置环协议	
9	保存和重启	通过 Console 保存和重启	
10		通过 Web 保存和重启	

（二）配置工具准备

工器具准备清单见表 3-4-5。

表 3-4-5　　工器具准备清单

序号	名称	型号规格	单位	数量	备注
1	安全帽		顶	1	
2	二层交换机		台	1	
3	网络线（3m）		根	5	
4	笔记本电脑		台	1	含相应配置软件

（三）二层交换机配置要点（以积成电子 S2026 交换机为例）

1. 连接交换机

可以使用 Windows 系统的超级终端或者其他支持串口连接的软件，如：HTT3.3，通过 Console 口访问交换机。

下面以超级终端为例介绍怎样通过 Console 口访问到交换机。

（1）用 DB9-RJ45 电缆线连接 PC 机的串行通信口和交换机的 Console 口。

（2）从 Windows 桌面打开超级终端，[开始]→[程序]→[附件]→[通信]→[超级终端]，如图 3-4-17 所示。

图 3-4-17　超级终端示意图

（3）建立一个新连接，如图 3-4-18 所示。

图 3-4-18　新建连接

（4）选择一个正确的通信端口进行连接（如果不清楚当前设备的通信端口，可以右击[我的电脑]→[属性]→[硬件]→[设备管理器]→[端口]查看 Console 口使用的通信端口），如图 3-4-19 所示。

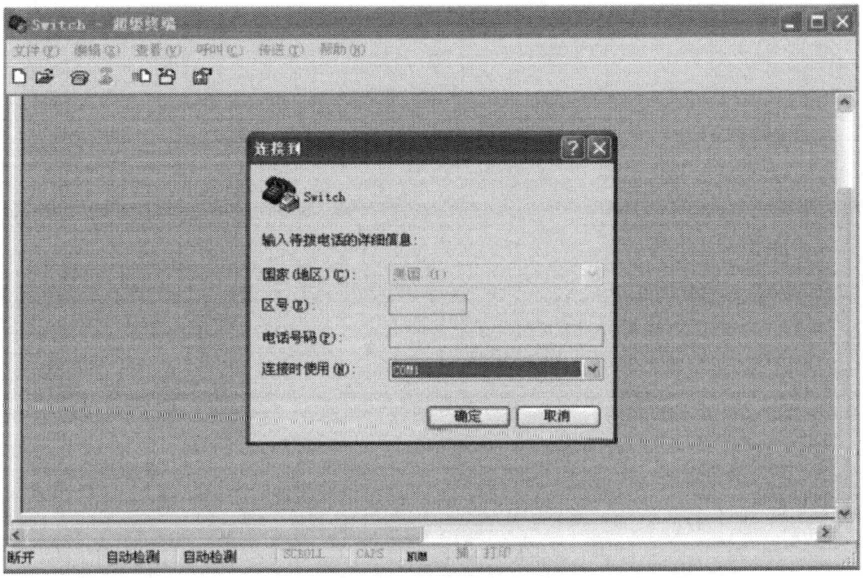

图 3-4-19　通信端口选择

（5）串口参数配置如图 3-4-20 所示。

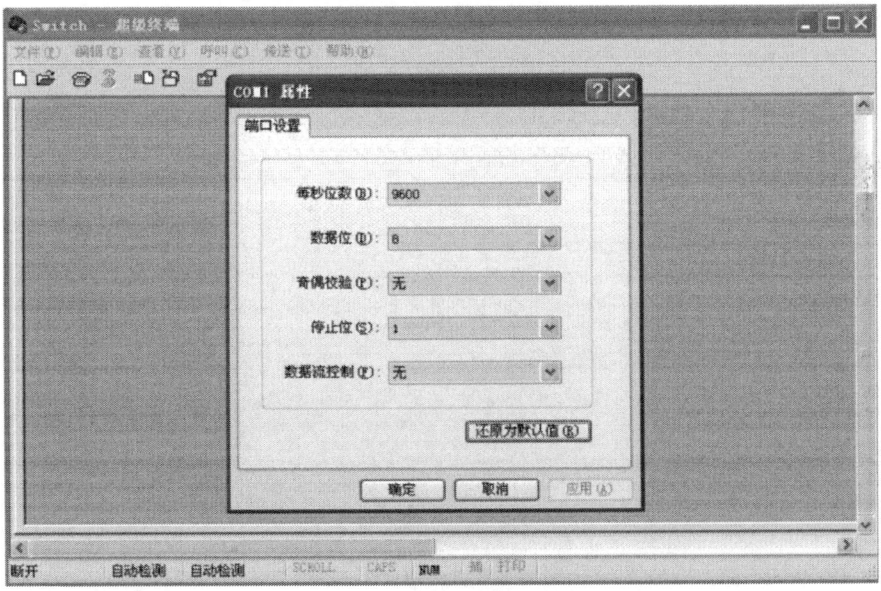

图 3-4-20　属性配置

（6）点击<确定>按钮，可以成功进入交换机的命令行界面，按回车键进入用户视图，如图 3-4-21 所示。

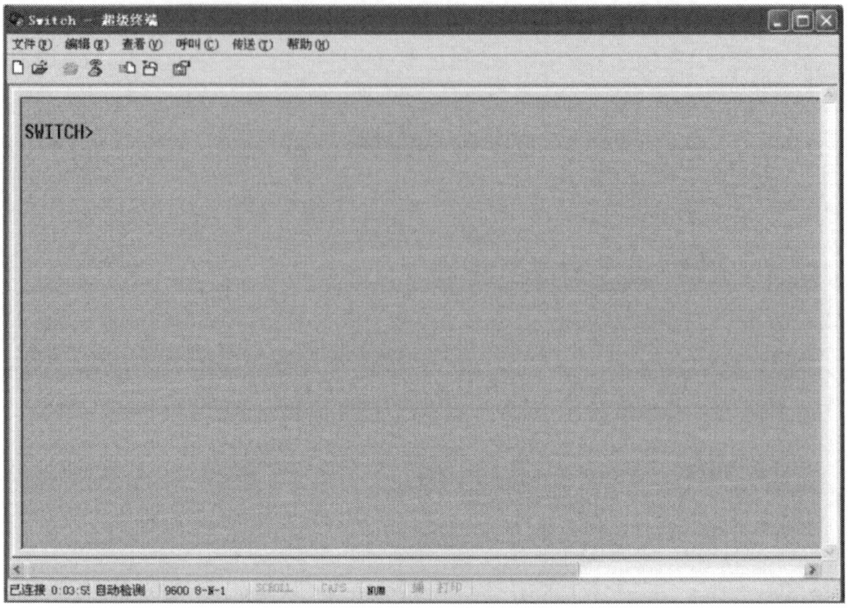

图 3-4-21 CLI（命令行）界面

2. Web 访问

（1）在浏览器地址栏中输入 IP 地址，出现登录对话框如图 3-4-22 所示，输入用户名为“admin”，初始密码“123”和下方显示的验证码，点击<登录>按钮。

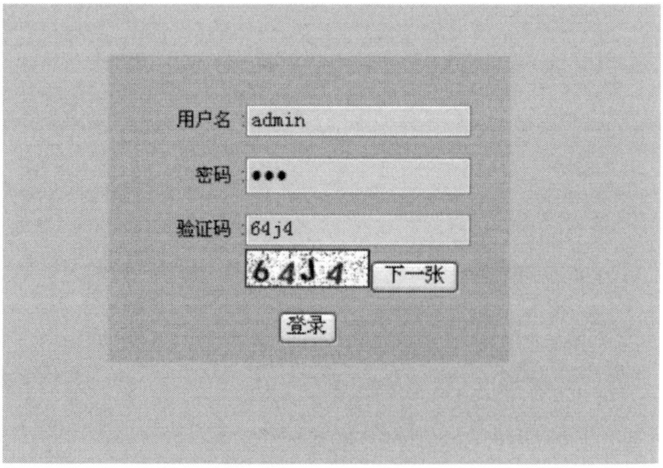

图 3-4-22 Web 登录

（2）登录到交换机页面后，左侧为配置导航树，如图 3-4-23 所示；点击导航树顶端的<闭合> <展开>按钮，可以使所有导航树闭合、展开；点击导航树中[保存所有修改][恢复默认配置]菜单可以进行相应的操作。点击右上角的<English>按钮可以切换到英文界面。

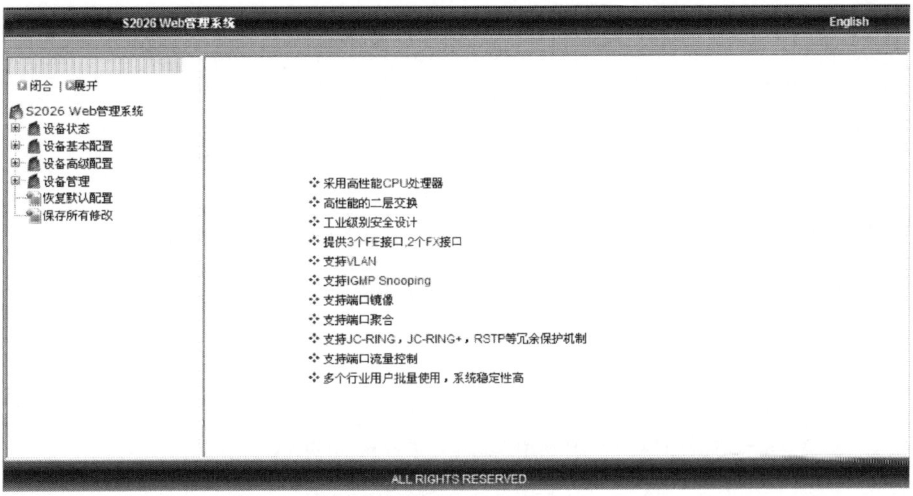

图 3-4-23　Web 界面

3. IP 地址配置

（1）通过 console 配置 IP 地址。

SWITCH> enable　　　　　　//进入 enable 模式

SWITCH# show interface　　//显示 IP 地址配置

SWITCH# config terminal　　//进入配置模式

SWITCH（config）# ip addr 192.168.12.3 mask 255.255.255.192　//配置 IP 地址

SWITCH（config）# ip gateway 192.168.12.1　//配置网关地址

（2）通过 Web 配置 IP 地址。在 Web 配置导航树中选择[设备基本配置]→[IP 地址]中进行配置，如图 3-4-24 所示。

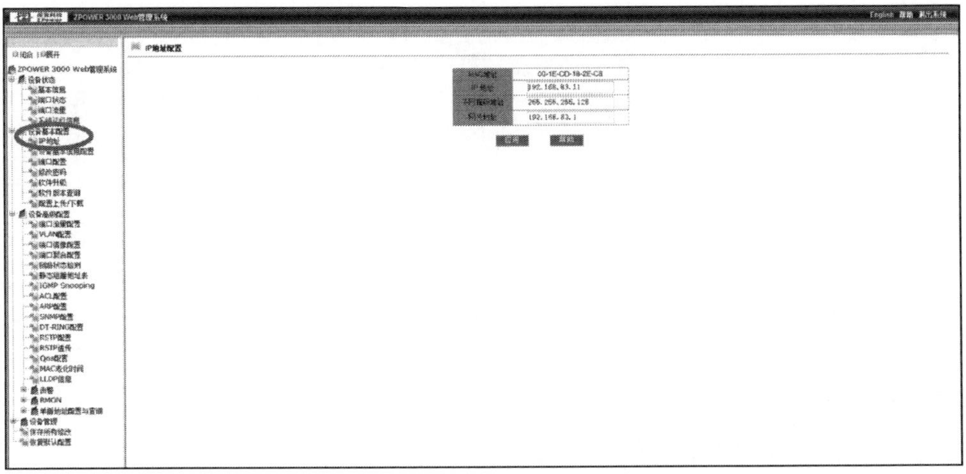

图 3-4-24　Web 界面 IP 地址配置

4. VLAN 配置

（1）通过 console 配置 IP 地址。

SWITCH# show vlan //显示 vlan 配置

SWITCH（config）# vlan 800 //增加 vlan

SWITCH（config-vlan800）# add port 1-2 tag pvlan disable //增加端口

SWITCH（config-vlan800）# add port 6 untag priority 0

SWITCH（config-vlan800）# exit //退出 vlan 配置模式

SWITCH（config）# vlan 100

SWITCH（config-vlan100）# add port 1-2 tag pvlan disable

SWITCH（config-vlan100）# add port 3-4 untag priority 0

SWITCH（config-vlan100）# exit

SWITCH（config）# vlan 200

SWITCH（config-vlan200）# add port 1-2 tag pvlan disable

SWITCH（config-vlan200）# add port 5 untag priority 0

（2）通过 Web 配置 VLAN。在 Web 配置导航树中选择[设备高级配置]→[VLAN 配置]中进行配置，如图 3-4-25 所示。

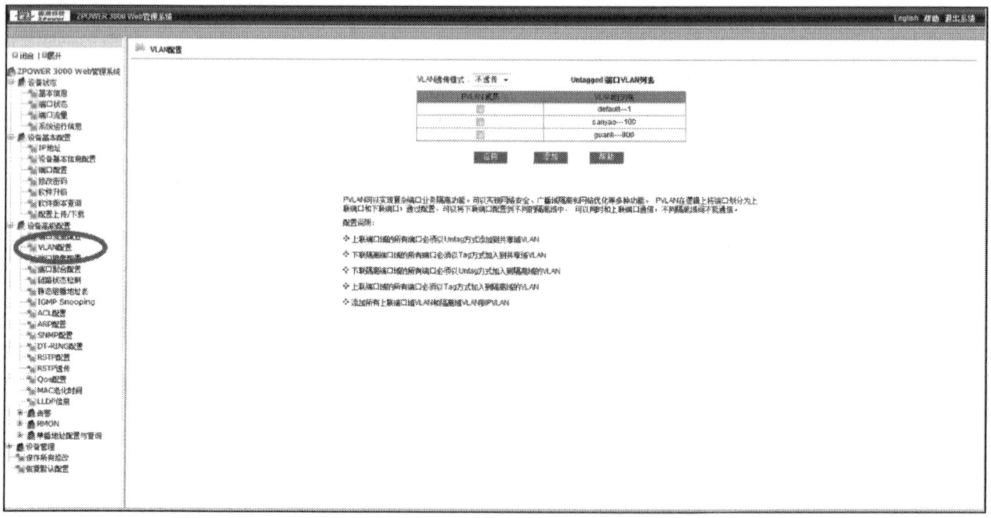

图 3-4-25 Web 界面 VLAN 配置

5. 环协议配置

（1）通过 console 配置环协议。

SWITCH# show dt-ring config //显示冗余环配置

SWITCH（config）# dt-ring new a domain 1 slave　　//新增冗余环

SWITCH（config）# dt-ring 1　　//配置冗余环 1

SWITCH（config-dt-ring-1）# ringport add 1　　//增加环端口

SWITCH（config-dt-ring-1）# ringport add 2

SWITCH（config-dt-ring-1）# protocol enable　　//协议使能

（2）通过 Web 配置环协议。在 Web 配置导航树中选择[设备高级配置]→[DT-RING]中进行配置，如图 3-4-26 所示。

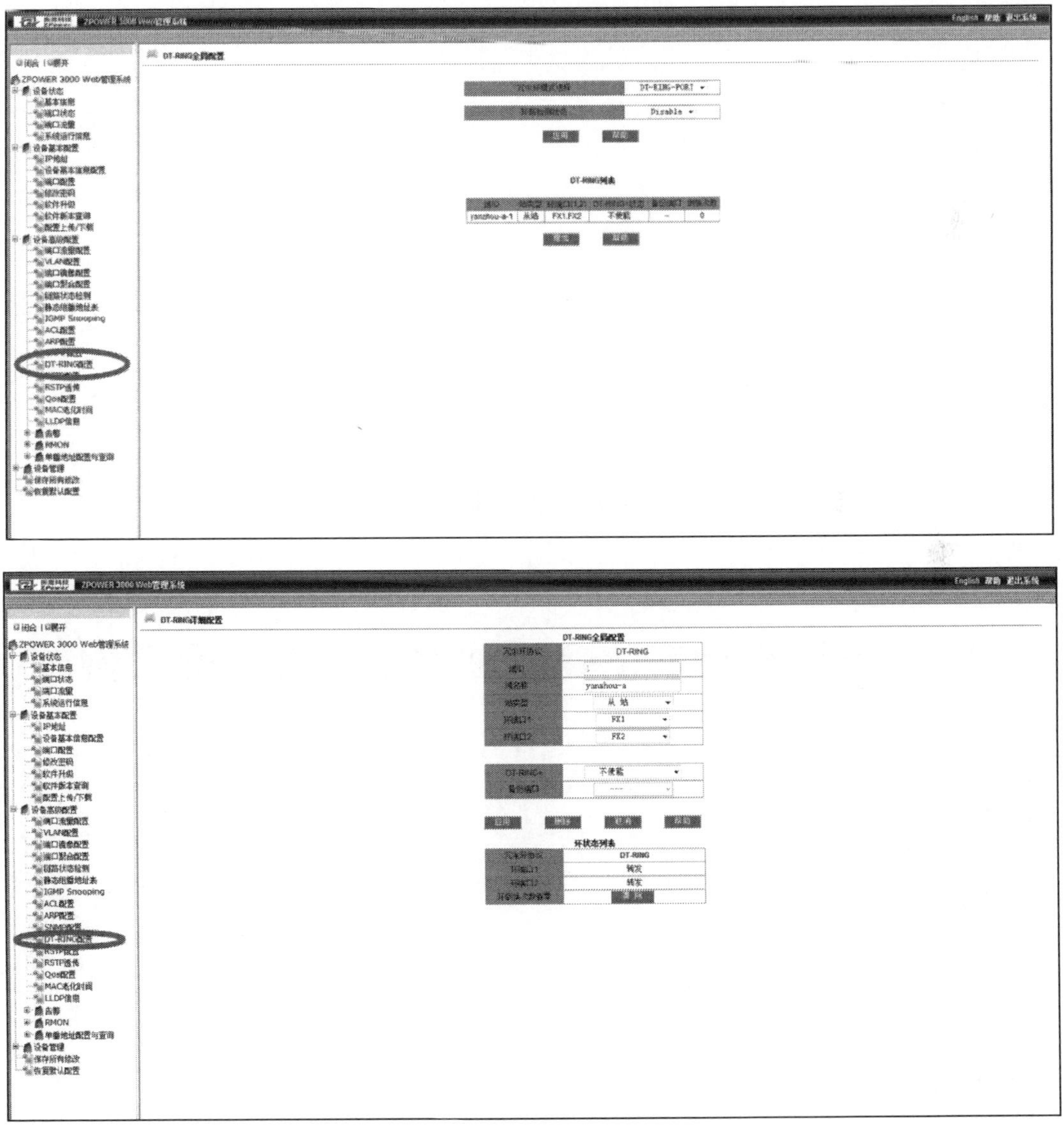

图 3-4-26　Web 界面环协议配置

6. 保存和重启

（1）通过 console 配置环协议。

SWITCH# save　　//保存

SWITCH# reboot　　//重启

（2）通过 Web 配置环协议。在 Web 配置导航树中选择[设备管理]→[保存所有修改]中进行保存，如图 3-4-27 所示。

图 3-4-27　Web 界面保存配置

在 Web 配置导航树中选择[设备管理]→[重启]中进行重启设备，如图 3-4-28 所示。

图 3-4-28　Web 界面重启设备

（四）二层交换机配置考核要求

二层交换机配置作业考核评分表见表 3-4-6。

表 3-4-6　　二层交换机配置作业考核评分表

题目名称：配电自动化二层交换机参数配置						
任务描述：将给定的配电自动化二层交换机参数，配置到指定的二层交换机						
序号	作业名称	质量要求	分值	扣分标准	扣分原因	扣分
一	安全文明生产		10			
1	工作前的准备	正确佩戴安全帽、安全带，着装符合电气作业规定要求	1	未正确佩戴安全帽、安全带，扣 0.5 分		
				着装未符合电气作业规定，扣 0.5 分		
2	工作票、作业卡等齐备	检查工作票、作业卡等是否已准备齐全（直接向考评员口头汇报）	2	未口述提出办理工作票、作业卡，扣 1 分		
				未口述与运行人员许可扣 1 分		
3	班前会	简明扼要、语言清晰、流畅地交代工作内容、安全措施、危险点预控及注意事项，并做好记录（直接向考评员口头汇报，征得许可后开始工作）	5	未交代或交代不清晰工作内容扣 1 分		
				未分析或分析不全危险点及安全措施，每错漏一项扣 1 分		
				未征得考评员许可后开始工作，扣 1 分		
4	班后会	进行本次作业的安全总结（直接向考评员口头汇报，征得同意后结束工作）	2	未进行本次作业的安全总结，未办理工作票结束，扣 1 分		
二	配电自动化二层交换机参数配置		80			
1	二层交换机参数配置	给定配置信息，正确配置二层交换机 IP 地址、交换机名称	30	检查错漏项一项扣 4 分		
		给定配置信息，正确配置二层交换机 VLAN	20	检查错漏项一项扣 5 分		
		给定配置信息，正确配置二层交换机端口流量限值、环协议、告警信号	30	检查错漏项一项扣 5 分		
三	巡视结果记录		10			
1	工作现场恢复	清理工作现场，恢复设备状态	5	未清理现场扣 2 分；未检查恢复设备状态扣 3 分		
2	填写二层交换机参数配置报告	完整填写二层交换机参数配置情况	5	填写不完整一项扣 1 分		